大跨装配式钢桁架梁组合楼盖体系平面内刚度及抗连续倒塌性能

张再华　著

哈爾濱工業大學出版社

图书在版编目(CIP)数据

大跨装配式钢桁架梁组合楼盖体系平面内刚度及抗连续倒塌性能/张再华著. —哈尔滨:哈尔滨工业大学出版社,2021.9

ISBN 978-7-5603-9694-1

Ⅰ.①大… Ⅱ.①张… Ⅲ.①装配式构件-混凝土楼板-研究 Ⅳ.①TU375.2

中国版本图书馆 CIP 数据核字(2021)第 197858 号

策划编辑 常 雨
责任编辑 杨 硕 谢晓彤
封面设计 童越图文
出版发行 哈尔滨工业大学出版社
社 址 哈尔滨市南岗区复华四道街 10 号 邮编 150006
传 真 0451-86414749
网 址 http://hitpress.hit.edu.cn
印 刷 哈尔滨圣铂印刷有限公司
开 本 787mm×1092mm 1/16 印张 16.75 字数 328 千字
版 次 2021 年 9 月第 1 版 2021 年 9 月第 1 次印刷
书 号 ISBN 978-7-5603-9694-1
定 价 62.00 元

前　　言

楼盖体系平面内刚度性能的确定对结构的整体分析具有重要意义，刚性楼盖可以使结构分析的自由度数目大大减少，使计算过程和计算结果的分析大为简化，而半刚性或柔性的楼盖在整体结构分析过程中必须考虑楼盖自身平面内的变形，使结构的整体分析变得相对复杂。如何评定楼盖体系平面内的刚度性能，目前我国规范尚无明确规定。在大力发展装配式建筑的行业发展背景下，楼盖结构的装配化目前已成为建筑结构装配化的一个重要处理方式。对于大跨楼盖，楼盖结构拆分后再装配，其平面内对荷载的传递与分配能力、平面内刚度性能、楼盖局部失效后可能引发的连续倒塌等问题，都成为这类型楼盖结构分析设计必须予以考虑的问题。本书以一种适用于高层密柱束筒钢结构的新型大跨装配式组合楼盖体系为研究对象，针对这类型大跨装配楼盖开展了试验研究与有限元分析，探讨分析了楼盖体系平面内的变形与刚度性能及其相关影响因素，以及该类型楼盖在装配连接失效情形下，楼盖结构连续倒塌的分析设计方法，主要研究成果如下：

(1)在详细揭示大跨装配式楼盖体系构造组成与装配方式的基础上，对楼盖体系的关键装配连接节点的承载能力及初始连接刚度进行了试验研究与理论分析，构建了装配连接的基本力学模型。

针对带内套筒高强螺栓拼装连接、带填板高强螺栓拼装连接这两类高强螺栓的抗剪、抗拉连接性能，设计制作了 1∶1 的足尺试验模型并进行了试验研究及相关的有限元分析，研究表明：带内套筒的高强螺栓拼装连接抗拉、抗剪性能都非常良好；带填板的设置对高强螺栓抗剪有一定不利影响，但影响程度不大，抗剪承载力降低不到 8%。

(2)在试验研究基础上，对大跨装配式楼盖平面内面受力与面变性能开展了研究，详细探讨了该楼盖结构的平面内刚度性能。

设计制作了两组共四个 1∶3 的缩尺楼盖试验模型，分别从荷载平行楼盖拼装板缝方向与垂直拼装板缝方向考虑楼盖结构的平面内受力变形性能。试验研究表明：新型装配式组合楼盖体系垂直板缝方向受荷时，其整体性比顺板缝方向受荷情形要差，但平面内刚度性能要比顺板缝受荷情形好，同样构造的楼盖体系，二层楼盖的平面内整体刚度性能要比一层楼盖的好，基于美国规范 ASCE 7-10 关于楼盖刚度性能的分析评估方法，缩尺楼盖试验模型垂直板缝受荷时，二层楼盖体系都属于刚性楼盖，而一层楼盖属于半刚性楼盖；顺板缝受荷时，一、二层楼盖体系均属于半刚性楼盖。

（3）在构建与验证装配楼盖结构精细有限元分析模型基础上，对装配式楼盖平面内刚度性能的影响因素开展了研究，研究表明：新型装配式组合楼盖体系垂直板缝受荷时楼盖平面内刚度性能要好于顺板缝受荷情形；新型装配式组合楼盖体系的关键连接刚度对楼盖平面内变形与刚度性能具有重要影响，其中，影响最为显著的是楼盖体系的板－板拼装连接及板－角柱的拼装连接；新型装配式组合楼盖体系平面内刚度性能受体系混凝土面板厚度影响较大，不论是顺板缝受荷还是垂直板缝受荷，增加混凝土面板厚度都显著提高楼盖体系的平面内刚度性能，这可以克服楼盖体系平面内刚度性能受楼盖拼装板缝方向的影响：当装配式组合楼盖的混凝土面板等效厚度达到 120 mm 时，该楼盖体系在两个方向的刚度性能已经基本相当。

（4）针对大跨装配式楼盖考虑装配连接失效情形下的连续倒塌设计分析进行了研究，详细探讨了关键连接的判别方法、连接失效的模拟方法，同时针对我国规范动力放大系数取值规定在大跨楼盖连续倒塌分析中的适用性问题进行了研究。研究结果显示：对于本书大跨装配式楼盖，线性静力计算的结果相较于非线性静力计算的结果偏保守，考虑荷载局部放大的计算结果与动力分析的结果更符合。

本书由湖南城市学院刘再华撰写。本书的出版获湖南省自然科学基金项目（2018 JJ2020）、国家自然科学基金项目（51778219）、湖南省教育厅科学研究优秀青年项目（19A095）、土木工程湖南省“双一流”应用特色学科的资助。感谢本书作者的工作单位湖南城市学院的领导和同事对本书出版给予的无私帮助与大力支持；同时，诚挚感谢湖南大学舒兴平教授对本书作者的指导与帮助。

由于时间较为仓促，加之作者水平有限，书中难免存在不足，衷心希望各位专家和广大读者批评指正。

作　者

2021 年 7 月

目　　录

第1章　绪　　论

1.1　装配式楼盖体系的应用与发展

楼盖体系作为建筑结构的水平受力体系，依据其施工方法的不同，可以分为整体式楼盖、装配整体式楼盖与装配式楼盖三种类型；依据所采用的主要建筑材料的不同，它又可以分为木楼盖体系、混凝土楼盖体系以及组合楼盖体系。所谓整体式楼盖，是指楼盖体系面层为一个整体连续结构的楼盖，也就是通常所说的混凝土现浇楼盖；装配整体式楼盖是指在离散的楼盖单元之上再叠合一层连续整体面层的楼盖形式，通常的叠合面层都是现浇的钢筋混凝土结构，而下部的离散结构单元则可能是木结构、混凝土结构或其他形式的组合结构；装配式楼盖则是完全由离散的结构单元通过一定的连接构造装配而成的楼盖体系，通常包括装配式木楼盖、装配式钢筋混凝土楼盖以及装配式组合楼盖等形式。

传统观念认为：整体式或装配整体式楼盖的刚度大，整体性好，对不规则平面的适用性较强，具有较好的抗震性能，而装配式楼盖体系则由于其结构单元的离散性，结构抗震性能差，只适用于一些低矮房屋和非抗震设防地区。事实上，不论哪种类型的楼盖体系，只要能满足楼盖体系的水平与竖向的导荷传力要求，同时又能给施工带来方便，都应该是可以推广使用的。在楼盖体系中采用预制装配技术，可以最大限度地满足构件工厂化生产的要求，极大地推动建筑的工业化发展，在各个国家都得到了广泛的推广与应用，特别是随着建筑技术的发展，楼盖体系的性能也不断完善，通过适当的设计，即便在高烈度区，这种类型的楼盖也能得到很好的应用。

1.1.1　装配式木楼盖体系／钢—木楼盖体系

木楼盖体系是使用历史非常悠久的一种楼盖体系，其典型的结构形式如图1.1所示。它主要有三部分组件：木格栅（包括横撑杆）（joist & blocking）、覆面板（sheathing）、栓钉（fasteners）。通常覆面板受到尺寸的限制都难以做到完全连续，是一种典型的装配式楼盖体系。该类型楼盖质量轻、结构性能良好、装配简单方便，运用十分广泛。在长期的实际应用过程中，楼盖体系的三类型组件也衍生发展出了非常多的构件形式。楼盖格栅由最初的原木已发展到矩形材、复合工字形材以及桁架等多种形式；覆面板也有了多种门类的板材形式，如软木材胶合板（Softwood Plywood，SP）、旋切板胶合木板（Laminated Veneer Lumber，LVL）、定向木片板（Oriented Strand Board，OSB）等。

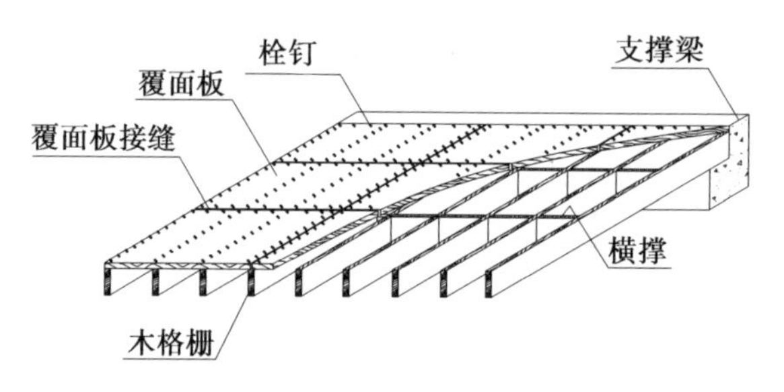

图 1.1　典型装配式木楼盖体系

装配式木楼盖通常要保证木格栅是连续的，而离散的覆面板与木格栅之间通过栓钉连接（图 1.2），栓钉的抗剪连接性能对楼盖的整体水平受力性能具有十分重要的作用。

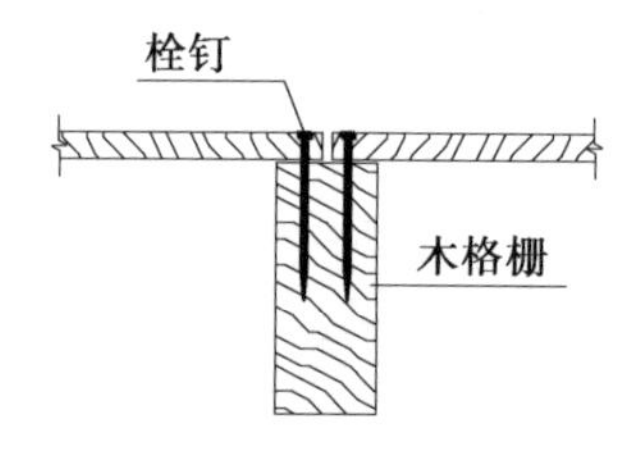

图 1.2　覆面板单元与格栅连接

1.1.2　装配式混凝土楼盖体系

装配式混凝土楼盖体系是另外一种传统的楼盖体系，20 世纪 50 年代初英国最早制作了预应力混凝土板以后，装配式混凝土楼盖体系就在世界各国得到了广泛的应用发展，其中应用最为广泛的应属装配式空心楼盖体系与装配式实心楼盖体系两种类型。

1. 装配式空心楼盖体系

通过一定技术在实心楼盖的中间设置贯通或不贯通的孔洞，这样对楼盖的强度与刚度并不会产生太大的影响，但它可以显著减轻楼盖的自重。在工厂预制加工好这样的空心楼盖再运至现场进行装配，相比传统的现浇施工方式，其在施工周期以及工程造价上具有非常明显的优势。通常对于设置贯通孔的空心板，其受力形式为单向受力，而设置不贯通孔洞时，楼盖单元可以是双向受力。图 1.3 所示为常见的一些不同贯通孔型空心楼盖形式，而图 1.4 所示则为由这类型单向受力楼盖装配而成的一种典型空心楼盖体系。

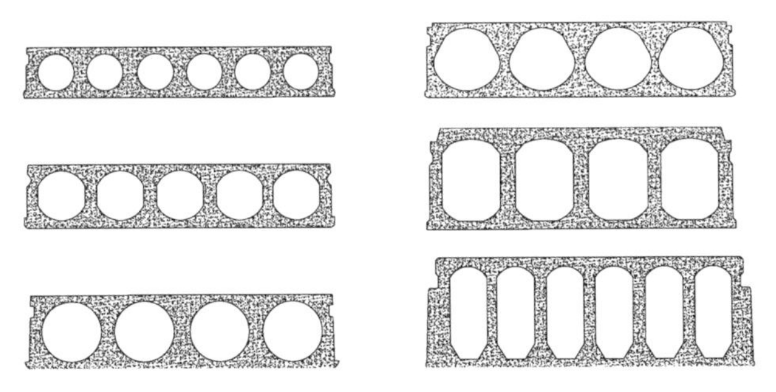

图 1.3　常见贯通孔型空心楼盖

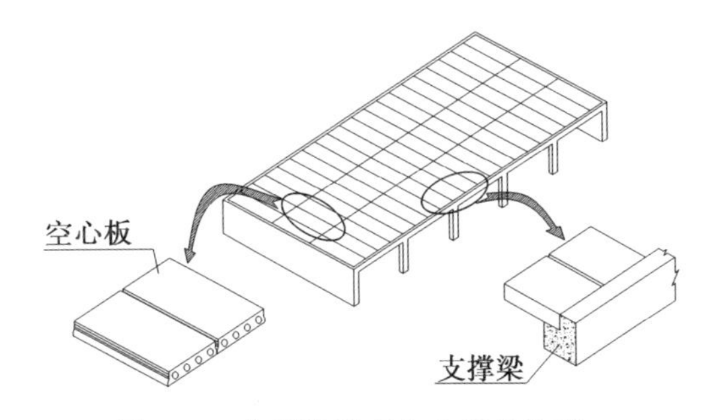

图 1.4　典型装配式空心楼盖体系

图1.4所示的楼盖体系应用十分广泛，我国绝大多数装配式楼盖均采用此种类型，其最大特点就是空心楼盖直接搁置在混凝土梁的顶部。这种装配方式施工简单，但由于梁必须设置在楼盖下面，对建筑的净空高度会产生不利影响，图1.5所示的一种名为Girder-slab的空心楼盖体系则最大限度地克服了这种不利影响。Girder-slab楼盖将图1.4体系中下置的支撑梁改为一种特殊设计的工字梁，该梁形式如图1.5中大样C所示，下翼缘予以加宽，空心楼盖则直接搁置在下翼缘上，这最大限度地降低了支撑梁所占的空间。

上述贯通孔型的空心楼盖绝大多数都是预应力的空心板，板单元自身的抗弯、抗剪性能良好，而单元之间的连接通常采用的是灌缝形式，楼盖单元间水平剪力的传递依靠空心楼盖单元与灌缝砂浆间的黏结以及机械咬合进行传递，设计使用过程中楼盖的整体性需要认真考虑。

当空心楼盖内部设置的孔洞为非贯通形式时，装配式楼盖可以设计成双向受力体系。Bub ble-deck® 楼盖体系是这类型双向受力装配式楼盖的典型代表，它采用可重复利用的塑料球填充在楼盖中间，减少了混凝土的使用，因而结构自重也减轻了。塑料球通过楼盖顶、底的钢筋网格卡紧定位，通过双向双层钢筋网片的设置，楼盖可以实现较大的跨越能力，图1.6所示为该类型楼盖塑料球与钢筋网片的布置情形。

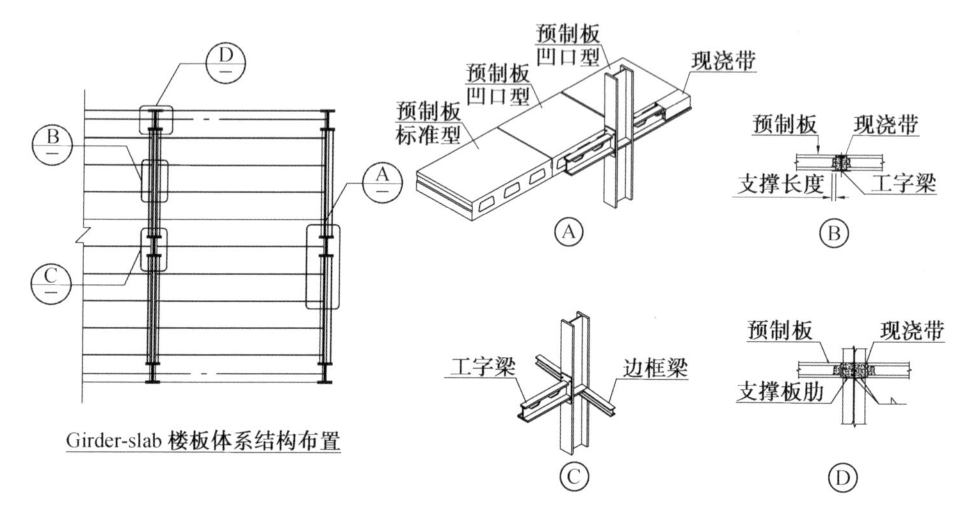

图 1.5　Girder-slab 空心楼盖体系

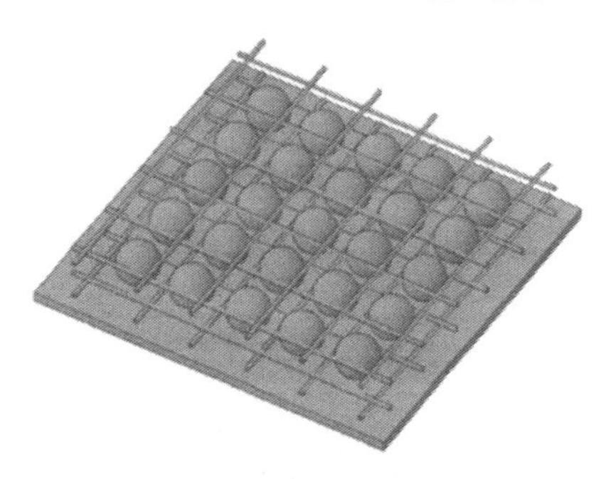

图 1.6　Bub ble-deck® 楼盖内部结构布置

2. 装配式实心楼盖体系

装配式混凝土楼盖另一类型的装配单元则是预制的实心楼盖。通过合理的断面形式设计,预制实心混凝土楼盖也能取得理想的力学与经济效果。图 1.7 所示为常见的实心预制楼盖断面形式。这类型楼盖断面设计的基本思路均为在预制平板的基础上设置用以增大楼盖抗弯能力的纵向肋,由于纵向肋基本上都采用单向布置,因而这类型楼盖均为单向受力的装配式楼盖。

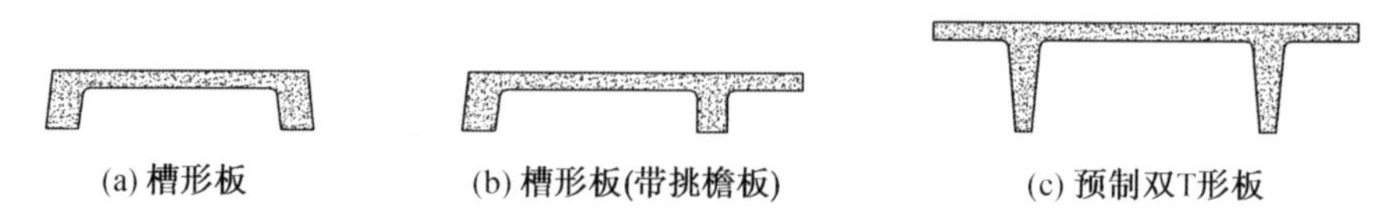

图 1.7　常见的实心预制楼盖断面形式

在装配式实心楼盖体系中,预制双 T 形楼盖在国内外应用都非常广泛,国外对该类型楼盖的装配连接节点性能及楼盖抗震设计方法进行了广泛的研究。图

1.8所示为典型的预制双T形装配式楼盖体系的结构布置与单元拼装方式，该类型楼盖板以板端的墙、梁为结构支撑，板单元之间的连接通常采用预埋连接件进行。

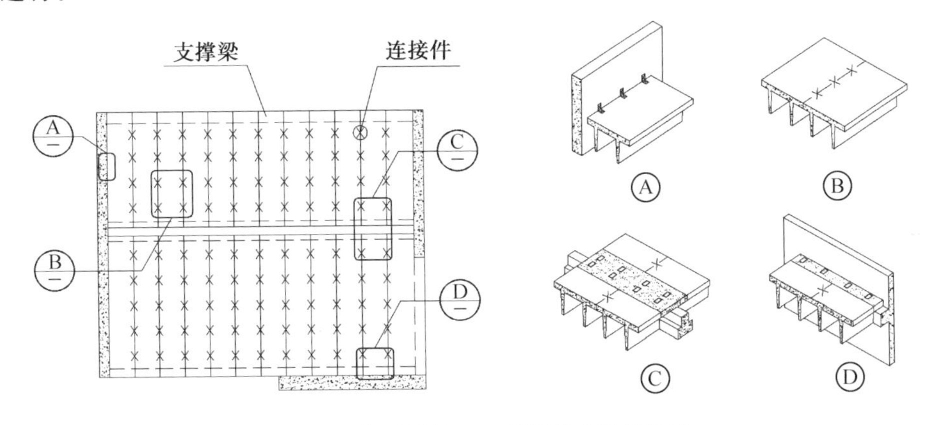

图1.8　典型预制双T形装配式楼盖体系

1.1.3　装配式组合楼盖体系

为充分发挥不同力学性能建筑材料的优势，将两类或多类型材性的构件组合成一个整体受力的水平楼盖，这就是目前应用十分广泛的组合楼盖体系。当组合楼盖体系与装配式技术相结合时，就衍生出了多种类型性能非常优异的装配式组合楼盖体系。

1.装配式钢－混凝土组合楼盖体系

钢－混凝土组合楼盖体系通常是指压型钢板组合楼盖与工字梁之间通过剪力栓钉连接而成的楼盖体系，通过剪力栓钉的设置，现场整体浇筑的混凝土面板与钢梁之间共同受力而形成组合梁，使整个楼盖体系有良好的抗弯刚度与承载能力。当采用预制装配技术后，面层楼盖则由现浇的连续板改为离散的预制装配单元，板梁之间通过装配连接构造，使面层混凝土板依然可以与下部钢梁建立组合作用，因而较好地发挥了预制装配技术与组合楼盖体系各自的优点，图1.9所示为典型装配式钢－混凝土组合楼盖体系的板－梁连接构造情形。由于混凝土面板采用钢筋桁架单向布置的组合楼盖，这类装配式钢－混凝土组合楼盖也多为单向受力形式楼盖体系。

Janis Vacca(2012)等提出了另一种装配化程度更高的钢－混凝土组合楼盖形式：利用T形钢在工厂加工成蜂窝梁，然后将T形蜂窝梁直接与混凝土面板进行组合。其组合方式通过板内的钢筋与T形钢焊接，利用板内的钢筋网片传递钢梁与混凝土板之间的剪力。试验证明这种组合方式效果良好，能达到完全组合作用。图1.10示意了该类型组合楼盖的装配方式，整体楼盖在工厂加工成型，

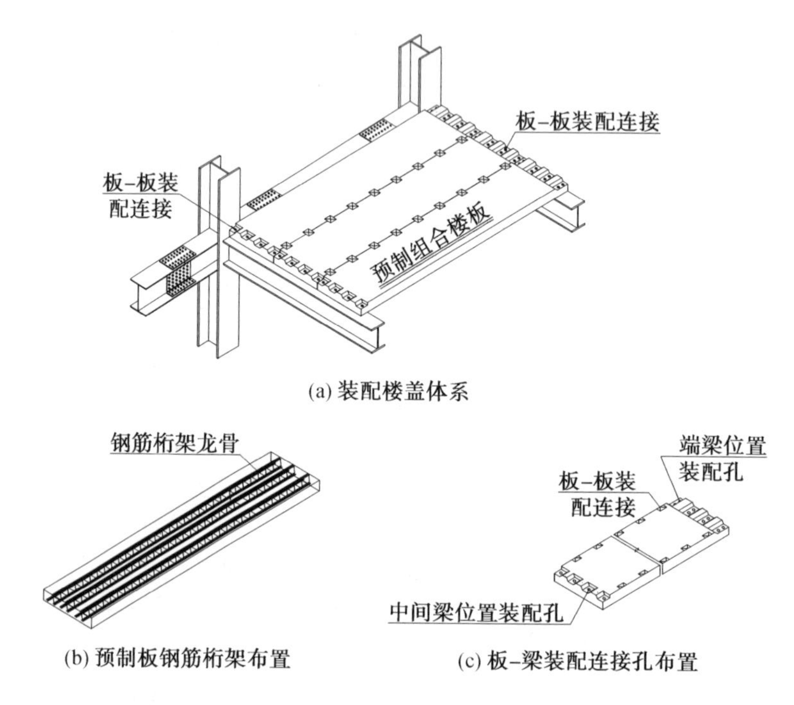

(a) 装配楼盖体系

(b) 预制板钢筋桁架布置

(c) 板-梁装配连接孔布置

图 1.9　典型装配式钢－混凝土组合楼盖体系

运输至现场通过板周边的支撑角钢与钢框架的支撑框架梁连接即可完成装配。由于该楼盖混凝土面板内采用双向配筋方式,T 形钢安置方式比较灵活,成型后的楼盖体系整体性能良好,通常能够实现双向传力,是值得借鉴的装配式组合楼盖形式。

在大跨楼盖结构中,钢桁架梁组合楼盖是一种力学性能十分优越的组合结构形式,它将传统钢－混凝土组合梁中的 H 形钢梁替换成了钢桁架,实现了楼盖结构更大的跨越能力。张再华(2015, 2017, 2021) 等对该类型楼盖的装配化连接构造及装配后楼盖的整体性能进行了试验研究与分析。

2. 装配式木－混凝土组合楼盖体系

木－混凝土组合楼盖体系在我国并不常见,在一些木材资源丰富的国家,木－混凝土组合楼盖形式是一种应用较广的楼盖形式。通常木－混凝土组合楼盖的混凝土面板采用整体现浇面板,但随着建筑工业化的发展,该类型楼盖也逐渐与装配式建筑技术结合,衍生发展出了装配式木－混凝土组合楼盖体系。Lukaszewska (2008, 2009)、Yeoh (2010) 等学者对装配式木－混凝土组合楼盖体系进行了广泛的研究,分析研究了该类型楼盖的组合连接方式、设计方法、动力静力性能等。

木－混凝土组合楼盖的组合连接方式可以概括为仅设置连接件的组合、连

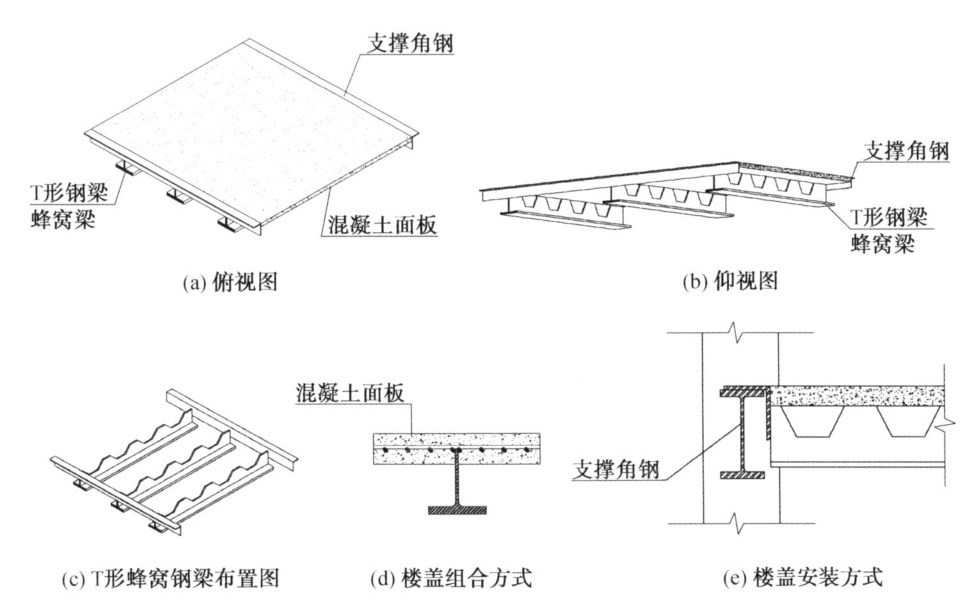

(a) 俯视图　(b) 仰视图

(c) T形蜂窝钢梁布置图　(d) 楼盖组合方式　(e) 楼盖安装方式

图 1.10　整体装配式钢－混凝土组合楼盖体系

接件与木梁凹口相结合两种形式。Fragiacomo (2011) 对常见的组合连接进行了归纳总结,而 Yeoh (2011) 则对常见的连接件形式进行了概括分析。图1.11 所示为 Bathon (2006) 提出的一种组合楼盖体系及其组合连接方式,其连接件为一种沿木梁连续布置的钢网片。

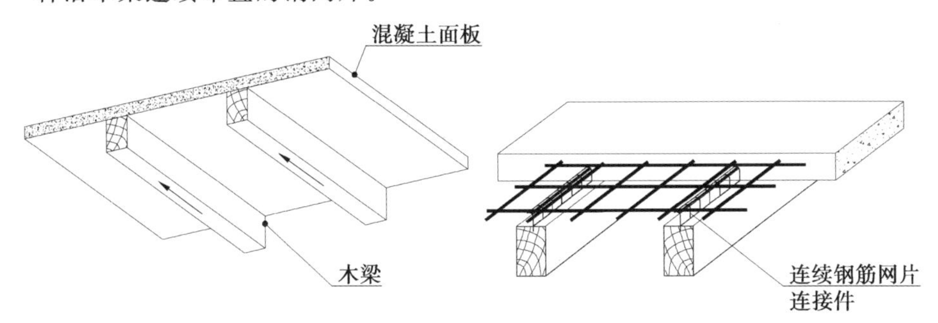

图 1.11　整体装配式木－混凝土组合楼盖体系

这类型木－混凝土组合楼盖由于具有在工厂整体浇筑的混凝土面板,与 Frangi (2009) 介绍的楼盖体系类似,整块板就是一个装配单元,是一种整体性能非常良好的楼盖体系,通过合理设计可以实现楼盖的双向传力,多用于多层混合结构楼盖系统。

3. 装配式 SPS 组合楼盖体系

SPS(Sandwich Plate System) 板是一种在两层钢板之间填充硬质聚氨酯内核的复合板材(图 1.12),最初在船舶与桥梁结构工程中应用广泛,随后被引入房屋结构中。由于其具有轻质高强的特性，与钢梁通过组合连接方式，就形成了一种具有良好性能的装配式组合楼盖体系，同时还具有较大的跨越能力。

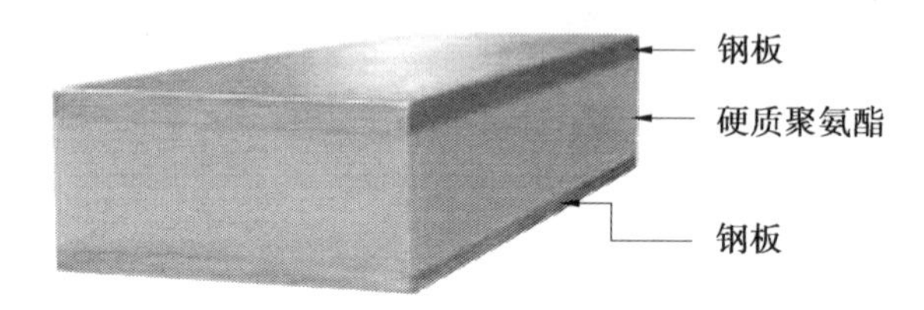

图 1.12　SPS 板基本构造

英国智能工程有限公司(Intelligent Engineering (UK) Limited) 提出了一种 SPS 组合楼盖体系。该楼盖体系以 SPS 复合板为装配单元，装配面板通过螺栓与框架主梁连接，以螺栓为连接件传递面板与钢梁之间的剪力而形成一种组合楼盖体系。通过调整 SPS 面板的上下层钢板厚度，可以使这种类型装配式楼盖体系具备非常良好的整体性能以及跨越能力。硬质聚氨酯内核的使用，能够对楼盖面板的上下层钢板提供有效的支撑与约束，很好地解决了钢板局部屈曲的问题，同时也具有非常良好的保温隔热性能以及较大的平面内、平面外刚度。不过 Abeysinghe (2011) 指出，这种楼盖体系的用钢量相对较高，其经济效果还值得思考。

1.2　装配式楼盖体系平面内受力变形性能的相关研究概况

1.2.1　楼盖平面内水平作用力

1. 楼盖平面内水平作用力与楼盖水平加速度

楼盖体系平面内水平作用力的分析与评估，既是装配式楼盖体系连接节点分析与设计的基础，也是楼盖平面内整体性能分析的关键。在楼盖平面内存在着两种类型的水平作用力。一种称为惯性力(inertial force)，它由地震作用引发的楼盖水平振动而产生，是楼盖系统中最基本的水平作用，其量值由给定楼层的楼盖质量及楼盖水平加速度决定。给定楼层的水平加速度与地面震动加速度，结构的强度、刚度及动力性能密切相关，因为楼盖的水平惯性力也受上述各因素的影响。另一种楼盖水平作用力称为协调与传递作用力(transfer force/compatibility force)，它通常是由于与楼盖连接(tie together)的抗侧构件布置发生改变或是连接的抗侧体系类型不一致引发的。Paulay (1992) 的研究结果表明，对水平荷载作用下的双重抗侧体系结构(图 1.13 所示的框架剪力墙结构体系)，由于不同抗侧体系的变形模式不一致，两种体系通过楼盖连接在一起共同受力变形时，会在楼盖平面内形成较大的作用力(compatibility force)。Sabelli (2011) 指出，几乎所有类型的结构楼盖平面内都会有这种协调与传递作用力存在，只考虑惯性力对楼盖平面内水平作用的分析是不够的。该文献同时指出，图 1.14 所示的抗侧构件刚度突变也会引发很大的楼盖面内水平作用力。

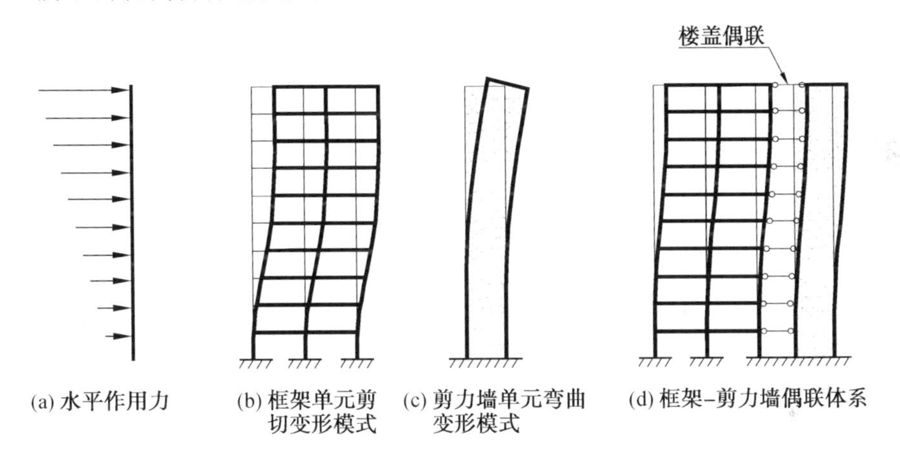

图 1.13　双重抗侧体系结构变形模式

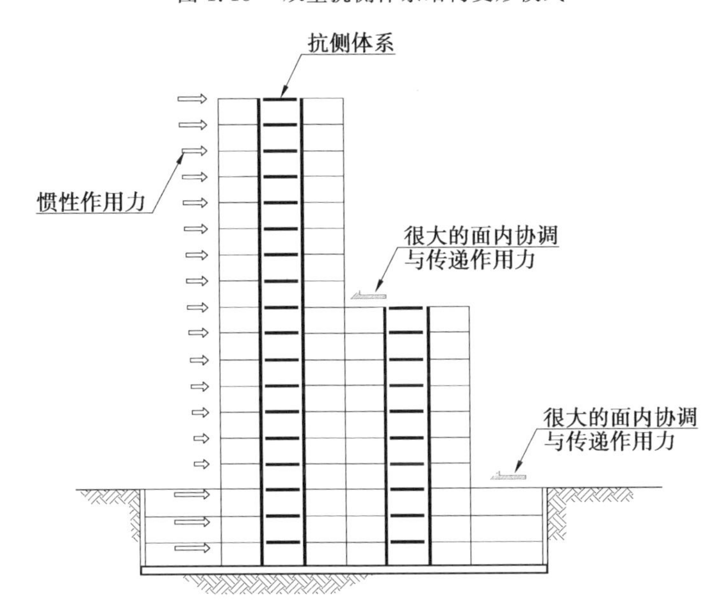

图 1.14　双重抗侧体系结构变形模式

由于楼盖平面内两种类型的水平作用通常同时存在，因此准确分析与评估楼盖平面内的水平作用力具有非常大的难度。在楼盖平面内水平作用力的分析研究过程中，楼盖水平加速度取值及加速度放大系数的研究，一直是众多研究者关注的一个热点，它不仅是楼盖平面性能分析研究的一个重点，也是依附于楼盖的非结构构件(non-structural elements)抗震设计的关键。大量研究结果显示：楼盖水平加速度量值受结构的高阶模态及体系的延性性能影响显著，与短周期模态对应的结构楼盖水平加速度能够在楼盖平面内引发很大的惯性力；结构的非线性性能对楼盖水平加速度峰值具有非常大的影响。关于楼盖水平加速度放大系数Ω(楼盖水平加速度峰值与地面加速度比值)沿房屋竖向高度方向的分布模式，Chaudhuri (2004)和Angelos(2006)的研究结果均显示楼层水平加速度放大系数Ω沿结构竖向高度呈S形分布，且与结构的延性性能相关，这和目前美国及新西兰的相关抗震设计规范规定不太一致。图1.15所示为Chaudhuri (2004)给出的楼层水平加速度放大系数沿结构高度方向的分布模式，图中对比了美国规范建议的楼层水平加速度放大系数分布情形，从中可见美国规范NEHRP 2000及UBC 1997对楼层水平加速度放大系数的取值都采用了直线分布规律。图1.16所示为新西兰抗震设计规范建议的楼层水平加速度放大系数C_{Hi}沿竖向的分布规律，图中显示该分布规律为一种折线形式。

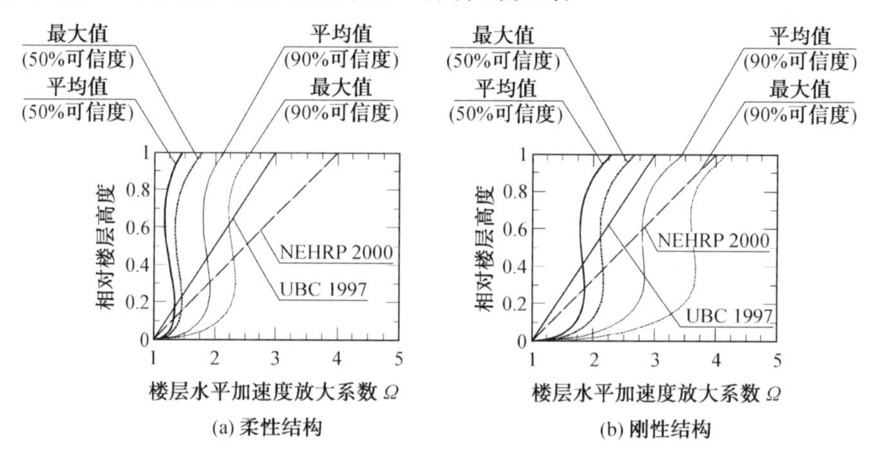

图1.15　楼盖水平加速度放大系数沿结构高度方向的分布模式

针对混凝土楼盖平面内协调与传递作用力(transfer force/compatibility force)的量值及分布特点，Debra Gardiner、Bull等研究者进行了较为详细的研究。研究结果显示：① 结构低阶模态的楼盖协调与传递作用力最大(对应该模态的楼盖惯性力引发位移最大)；② 当框架与墙体的抗侧刚度相差比较悬殊时，楼盖协调与传递作用力非常小，而当两种抗侧体系的抗侧刚度比较接近时，这种楼盖协调与传递作用力则非常大；③ 结构的弹塑性变形可以减小楼盖平面内协调与传递作用力的量值；④ 对低地震烈度区域的柔性结构，楼盖协调与传递作用力一般比较小，通常可以不用考虑；⑤ 带退台的结构(图1.14)，在退台的楼盖平面内会产生很大的传递作用力，退台相对整体结构的高度越高，则这种传递作用力

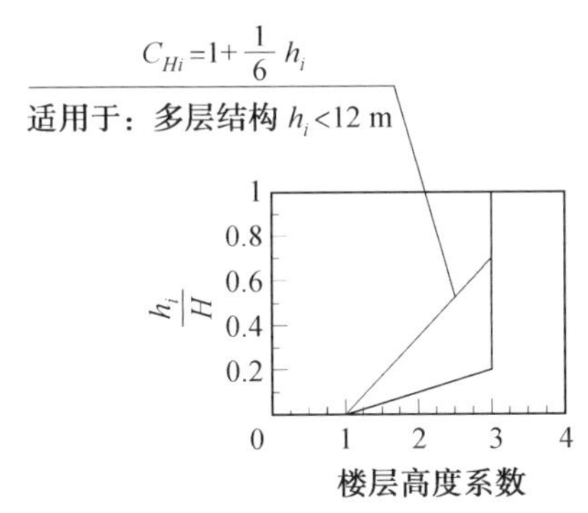

图 1.16　楼层水平加速度放大系数沿竖向分布规律

越小。

2. 楼盖平面内水平作用力的典型分析方法

楼盖平面内水平作用力的典型分析方法可以概括为：等效静力分析(Equivalent Static Analysis，ESA)法、部件分析(parts and components)法、模态分析(modal analysis)法、时程分析(time history analysis)法。

(1) 等效静力分析法。

等效静力分析(ESA)是楼盖水平惯性力评估最基本的方法。该方法基本的假定就是结构的变形依据其基本振型模式进行，楼盖水平作用通过楼盖系统质量乘以一个地震影响系数而得到，而地震影响系数依据场地类别、结构重要性系数、结构自振周期及延性系数等因素决定。由于该方法计算分析简单，运用十分广泛。但众多的研究发现，楼盖平面内水平作用力受结构超强(over-strength)与高阶模态影响，ESA 法低估了楼层水平加速度，特别是在结构的底部楼层位置，该方法偏差较大。Bull (2004)、Gardiner (2008，2011) 等针对 ESA 法的缺陷提出了采用等效拟静力分析(pseudo-Equivalent Static Analysis，pESA) 法分析评估楼盖平面内水平作用力。pESA 法将结构分为底部区域与上部区域，上部区域主要考虑结构超强的影响，楼盖水平作用力在 ESA 法的基础上引入结构超强系数，底部区域则主要考虑弹塑性高阶模态的影响，该区域的楼盖水平作用力取值为各楼盖体系质量与一恒定的侧向作用力影响系数(L_{fc}) 的乘积。Gardiner (2011) 给出了 L_{fc} 的确定方法，同时指出底部区域与上部区域的界限划分的依据。

(2) 部件分析法。

部件分析法是与等效静力分析法非常相似的一种分析方法。该方法将楼盖视为整体结构抗侧体系中的次结构，对结构整体抗侧性能影响不大。楼盖面内水平作用力分析时将楼盖体系视为一个与主抗侧体系隔离的单元，引入楼层高度影响系数(floor height coefficient)，水平作用力为楼盖单元质量与高度影响系数的乘积。新西兰荷载规范(NZS 1170.5:2004) 中楼盖抗震设计作用力取值即按上述的规定进行，但 Uma (2009) 的研究显示，该方法高估了这种楼盖惯性力，分析结果过于保守。同时由于它将楼盖与整体隔离开来，不能考虑楼盖平面内的协调与传递作用力。

(3) 模态分析法。

为考虑高阶振动模态对楼盖水平作用的影响，模态分析法是另一种应用较多的分析方法。为分析评估楼盖的水平作用力，需要对结构的不同模态进行组合，通常采用的方法有平方和根值(the Sum Root Sum of the Squares，SRSS) 法以及完全二次项组合(Complete Quadratic Com bination，CQC) 法。Rodriguez (2007) 指出，在楼层高度 j 位置处的楼盖水平作用力 F_{pj}，采用 SRSS 法评估时，可按下式进行计算：

$$\frac{F_{pj}}{m_j g}=\sqrt{\sum_{i=1}^{r}\left[\frac{\Gamma_i\varphi_i^j S_a(T_i,\zeta_i)}{R_M g}\right]^2} \tag{1.1}$$

式中，Γ_i 为模态 i 的参数系数；$S_a(T_i、\zeta_i)$ 为谱加速度，T_i、ζ_i 为对应的结构自振周期与阻尼比；m_j 为计算楼盖体系的质量；φ_i^j 为模态 i 在楼层高度 j 位置处的振幅；R_M 为考虑结构延性影响与超强作用的谱加速度折减系数。Rodriguez 等通过研究发现，结构一阶模态作用下的楼盖水平作用力受结构延性性能的影响最为显著，并据此提出了一阶模态折减法及简化的一阶模态折减法。

(4) 时程分析法。

评估结构非线性性能对楼盖水平作用力的影响时，时程分析法是一种最常用的分析方法。该方法可以用来校核 ESA 法及模态分析法楼盖水平作用力评估的误差，分析确定楼盖进入弹塑性以及塑性阶段的平面内水平作用力，应用十分广泛。但由于采用该方法进行分析时，需要选取不同的地震波进行输入，并且分析过程耗费时间比较长，分析模型建立相对也比较复杂，在一般工程结构的分析设计中普遍应用还有些困难。

3. 各国规范关于楼盖平面内作用力的相关规定

(1) 美国规范规定。

美国联邦紧急事务管理署(Federal Emergency Management Agency，FEMA) 在其规范性文件 FEMA450 中给出了楼盖平面内水平作用力的取值规定。该规范指出，楼盖水平作用取值依据结构的抗震设计分类以及结构特性(抗侧体系、结构基频与构造等) 确定，结构的抗震设计分类依据结构的重要性及所在场地的抗震性能分为 A、B、C、D、E、F 六个类别，A 类地震危害最轻而 F 类最重。对于 A 类设计，(第 x 层) 楼盖水平作用力 F_{px} 取值为式(1.2) 所示结果；对于 B、C 类设计，楼盖水平作用力取值 F_{px} 按式(1.3) 确定：

$$F_{px}=0.01w_{px} \tag{1.2}$$

式中，w_{px} 即附属于分析楼层楼盖的重力荷载。

$$F_{px}=0.2S_{DS}w_{px} \tag{1.3}$$

式中，S_{DS} 是美国规范规定的特征周期 0.2 s 处设计地震动加速度值。

对于 D、E、F 类设计，楼层水平作用力取值按下式确定：

$$F_{px}=\frac{\sum_{i=x}^{n}F_i}{\sum_{i=x}^{n}w_i}w_{px} \tag{1.4}$$

式中，F_i 为分析楼盖上部第 i 层的楼层水平作用力，$\sum_{i=x}^{n}F_i$ 即分析楼层（第 x 层）的楼层总剪力；w_i 为附属于第 i 层楼盖体系的重力荷载；w_{px} 为附属于分析楼层楼盖的重力荷载。

FEMA450 同时规定，对平面或竖向不规则结构，楼盖水平作用力应予以调整，其中，楼盖与抗侧体系连接水平作用力应放大 25%。

基于 FEMA 的美国国家地震灾害减少计划（National Earthquake Hazards Reduction Program，NEHRP）最新抗震技术的发展，美国规范 ASCE 7-10 也对楼盖平面内水平作用力的评估做了明确的规定，该规范统一规定：在楼盖平面内受力性能分析中，楼盖平面内水平作用力取值不得小于式(1.4)的规定值，且按式(1.4)确定楼盖平面内作用力时，该荷载取值不得低于式(1.5)规定的下限值，也不得高于式(1.6)所规定的上限值。

$$F_{px}=0.2S_{DS}I_e w_{px} \tag{1.5}$$

$$F_{px}=0.4S_{DS}I_e w_{px} \tag{1.6}$$

式中，S_{DS} 为设计地震动加速度值；I_e 为结构的重要性系数。

除了美国规范对楼盖体系水平作用力取值有明确规定外，其他国家多数都只有楼层总剪力的规定，没有针对楼盖体系的水平作用取值的规定，但针对非结构构件（non-structural components）的抗震设计的相关规定中，包含楼层水平加速度取值的相关内容，比较典型的是澳大利亚与新西兰的国家规范。

(2) 澳大利亚规范规定。

澳大利亚荷载规范关于地震作用取值的规定与美国规范 FEMA450 的做法有些类似，在确定楼盖平面内水平作用力时，也需要考虑抗震设计分类的影响。该规范依据结构重要性、场地类别以及结构高度将抗震设计区分为 Ⅰ、Ⅱ、Ⅲ 三个类别。分析之前依据结构所在场地及容许的失效概率确定一个危险因子 Z 以及概率因子 k_p，然后依据不同设计类别采取了不同的分析方法：对 Ⅰ、Ⅱ 类抗震设计，楼盖水平作用取值采用等效静力分析（ESA）法确定，其中 Ⅰ 类抗震设计（EDC Ⅰ）对应于结构高度不超过 12 m 的情形，各层楼盖水平作用取值统一按下式确定：

$$F_i=0.1w_i \tag{1.7}$$

式中，w_i 为分析楼盖的重力荷载代表值。

对于 Ⅱ 类抗震设计(EDC Ⅱ)，当结构高度不超过 15 m 时，规范基于 ESA 法给出了式(1.8) 所示的简化水平荷载取值。

$$F_i = K_s \left[\frac{k_p Z S_p}{\mu}\right] w_i \tag{1.8}$$

式中，K_s 为楼层位置系数；S_p 为结构性能系数；μ 为结构延性系数；w_i 为分析楼盖的重力荷载代表值。

对于 Ⅲ 类抗震设计(EDC Ⅲ)，结构水平地震作用取值，该规范要求采用动力分析方法，楼盖平面内水平作用取值可以按式(1.9) 确定：

$$F_c = \alpha_{floor}\,[I_c \alpha_c / R_c]\, w_c \leqslant 0.5 w_c \tag{1.9}$$

式中，α_{floor} 为分析楼盖位置处的楼盖水平加速度；I_c 为组件重要性系数，楼盖取值为1.5；α_c 为组件加速度放大系数，楼盖取值为 1.0；R_c 为组件延性系数，一般取 2.5；w_c 则为楼盖重力荷载。该表达式将楼盖作为一个独立组件考虑，需要通过动力分析得出楼层的楼盖水平加速度。

(3) 新西兰规范规定。

新西兰荷载规范关于楼盖平面内水平作用取值的规定与澳大利亚荷载规范规定采用的方法一致，都是组件分析法，但它没有引入抗震设计分类的概念，设置有与澳大利亚规范楼层位置系数相似的楼层高度系数，楼盖平面内水平荷载取值按式(1.10) 确定：

$$F_{ph} = C_p(T_p) C_{ph} R_p w_p \tag{1.10}$$

式中，$C_p(T_p)$ 为组件的水平地震影响系数；C_{ph} 为考虑组件延性性能的影响系数，楼盖取值为1.0；R_p 为组件重要性系数，楼盖取值为 1.0；w_p 为分析楼盖的重力荷载代表值。关于组件水平地震影响系数 $C_p(T_p)$，规范规定按式(1.11) 确定：

$$C_p(T_p) = C(0) C_{Hi} C_i(T_p) \tag{1.11}$$

式中，$C(0)$ 为对应模态反应谱分析周期为 0 的场地风险系数；C_{Hi} 为楼层高度系数(图1.16)；T_p 为组件自振周期；$C_i(T_p)$ 为三线型表达的组件谱形状系数(图1.17)。

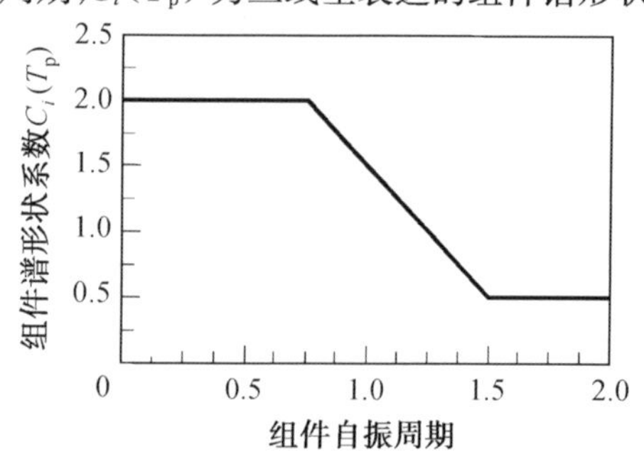

图 1.17　组件谱形状系数 $C_i(T_p)$

(4) 我国规范规定。

我国荷载规范同样也没有明确给出楼盖平面内水平作用取值的规定，但在2015年出版的非结构构件设计行业规范《非结构构件抗震设计规范》中，对依附于楼层的构件设计给出了等效静力分析法与反应谱分析法两种方法。在等效静力法确定水平地震作用当中也引入了楼层位置系数，规定在建筑的顶点宜取2.0，在建筑的底部取1.0，中间则线性插值。在反应谱分析法中，要求采用非结构构件的楼盖反应谱值，但规范没有给出楼盖反应谱值的确定方法。

1.2.2　装配式楼盖关键连接节点受力性能

在装配式楼盖体系中，为确保其整体性及楼盖平面内水平作用力的可靠传递，楼盖关键装配连接节点的受力性能是十分重要的。在分析楼盖的整体性能之前，通常必须先对关键连接的受力性能进行分析研究(一般是在试验研究的基础上对连接进行分析模拟，得出连接的分析模型)。只有在清楚了连接的受力性能后，才能在楼盖整体性能分析中考虑连接的特性，进而对楼盖整体性能进行研究。

1. 装配式木楼盖(钢木楼盖) 连接性能分析

装配式木楼盖(钢木楼盖) 以离散的覆面木板作为装配单元，典型的木楼盖装配连接方式如图1.1所示，覆面板通过连接栓钉与下部的支撑梁(木格栅或钢梁) 连接，楼盖这类型钉节点连接主要传递楼盖平面内的水平剪力。对于装配式木楼盖的这类型钉连接在水平作用力下的荷载—滑移性能，国内外都进行了非常广泛的研究。研究方法一般都采用单个钉连接单元进行试验分析，分析研究木格栅与覆面板材质、栓钉材质、连接构造以及荷载性质(单调/往复；长期作用/短期作用；受剪作用/拉剪作用；平行木纹/垂直木纹) 等各种因素对连接的荷载—滑移性能的影响，在试验研究的基础上提出一些栓钉抗剪连接的荷载—滑移关系的经验模型，基于试验数据进行回归分析得出一些具有一定适用范围的模型参数，利用经验模型进一步对连接的性能进行预测。

试验研究是装配式楼盖连接性能研究的一种重要方法，美国测试与材料协会的文献(ASTM D1761-12) 规定了装配式木楼盖钉连接性能试验研究的基本试验方法，对试件的加工、试验装置的设计以及加载方式都进行了详细的规定。对这类连接性能的标准试验方法，欧洲规范也有类似的规范规定(BS-EN-383-2007)。Santos (2010)、王春明(2011) 分别对这两种试验标准进行对比分析，Santos (2010) 侧重比较了两种规范在钉连接嵌入强度(embedding strength) 的试验评估上的差异，王春明(2011) 则对两种规范在连接性能评估方法上进行了比较全面的对比分析。

连接性能研究过程中，与试验研究相配合的就是基本理论的分析研究，这两种方式是相辅相成、相互配合的。Johansen (1941) 最早提出了钉连接的屈服理论,随后 Moller (1950) 在此基础上提出了钉连接的 Moller 屈服理论。基于有限元分析的钉连接性能研究则开展得非常多,Xu (2009) 等基于 Abaqus 提出了木结构栓钉连接的滞回分析模型。对栓钉的模拟可以是三维、二维和一维的,Nishiyama (2003) 等提出了栓钉模拟的二维分析方法,Meghlat (2013) 等则提出了栓钉模拟的一维分析方法。

2. 装配式混凝土楼盖连接性能分析

(1) 装配式空心楼盖体系连接性能研究。

空心楼盖体系是最传统的装配式混凝土楼盖体系,典型连接形式为板缝灌浆。该类连接的抗剪性能对楼盖平面内受力性能具有非常重要的影响,众多的研究者对该类型连接进行了研究。Davies (1990) 等在试验基础上对该类型连接的抗剪承载力进行了量化分析,通过研究发现:在连接界面产生相对滑移之前,界面摩擦力是抗剪承载力的主要来源,而滑移产生后,销栓作用力则是另外一种主要的抗剪作用形式。Moustafa (1998) 对装配式空心楼盖体系中界面摩擦传递剪力的有效性进行了分析研究,通过计算分析以及试验验证表明,这种摩擦抗剪是可靠而有效的。为提高连接的抗剪承载力以及连接的变形性能,Menegotto(2005) 等提出了一种新型的波纹状空心板侧壁形式,并对其承载力性能进行了试验研究与分析。空心楼盖体系除了板 — 板连接以外,板与支撑的墙(梁) 连接也是影响楼盖体系整体性能的一个关键连接,Mejia-McMaster(1994) 等针对该类型连接开展了较多的试验研究,探讨了支撑的长度对楼盖体系抗震性能的影响。

(2) 装配式实心楼盖体系连接性能研究。

装配式实心楼盖体系装配单元之间通常通过埋入式的机械连接件进行连接,机械连接件通过锚筋埋置于实心的楼盖内。典型的装配式实心楼盖体系为双 T 形楼盖体系,楼盖通常的装配形式如图 1.8 所示。对于该类型楼盖,连接节点的性能是决定楼盖体系整体性能的一个关键性因素,同时由于连接所处部位的不同,楼盖体系对连接的性能要求也会有所区别。在美国查尔斯潘科基金会 (The Charles Pankow Foundation)、自然科学基金会 (National Science Foundation) 以及预制 / 预应力混凝土协会 (Precast/Prestressed Concrete Institute) 联合资助的预制楼盖抗震设计方法 (Diaphragm Seismic Design Methodology, DSDM) 研究项目中,双 T 形楼盖装配式连接性能就是一项非常重要的研究内容,项目由理海大学负责,以 Clay Naito、Fleischman 等为代表的一批研究者对其进行了大量的试验研究与分析。Beemer (2007) 概括了理海大学进行的第 Ⅰ、Ⅱ 阶段的试验研究内容,针对 12 个不同连接构造的连接形式进行了试验研究,包括跨中位置的连接(web connector) 以及支座位置的连接(chord connector),形成了较为详细的连接性能试验数据库。

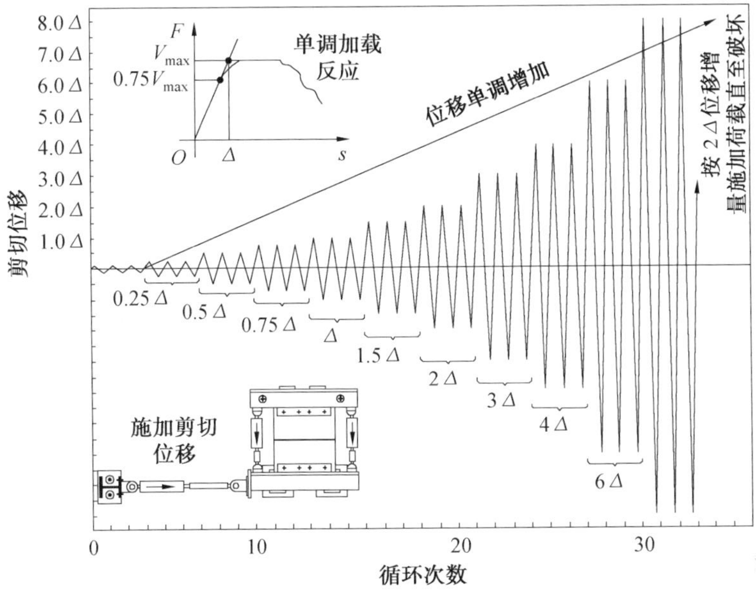

图 1.18　连接抗剪性能试验研究加载制度(Ren、Naito 等,2013)

Naito (2013) 对 200 多个试件试验的分析计算结果进行了归纳概括,形成一个连接性能试验数据库,给出了不同构造类型连接的强度、刚度与变形性能,同时基于试验测试得到的连接变形性能,将连接分为了三种类型,即小变形能力单元 (Low Deformability Element,LDE)、中等变形能力单元 (Moderate Deformability Element,MDE) 和高变形能力单元 (High Deformability Element,HDE),划分依据见表 1.1。

表 1.1　楼盖连接基于变形能力的分类界限

变形能力	受拉变形 ΔT/mm	受剪变形 ΔV/mm
LDE	$0 < \Delta T \leqslant 3.8$	$0 < \Delta V \leqslant 7.6$
MDE	$3.8 < \Delta T \leqslant 12.7$	$7.6 < \Delta V \leqslant 17.8$
HDE	$\Delta T > 12.7$	$\Delta V > 17.8$

Ren (2013) 提出了预制装配式楼盖埋入式连接节点抗震性能的标准试验研究方法,包括试验步骤、试件制作要求、试验装置设计、加载方式、数据处理以及试验报告的内容与要求等。图 1.18 所示为该文献给出的连接抗剪试验研究的加载制度,采用位移加载,参考位移 Δ 代表着连接的屈服位移。

Ren (2010) 依据 FEMA 的建议(FEMA, 2000),提出了一种由试验确定连接性能的 4 点标准骨架曲线方法(图 1.19)。图中粗实曲线为试验测得连接的荷载－滑移曲线，而代表连接性能的简化曲线（细折线）则由 1、2、2a、3 四个点控制，确定四个控制点时要用到 a、b 两个辅助点，各个控制点按如下方法确定：

① 确定控制点 2：控制点 2 为连接的最大荷载点，$P_2 = P_{max}$。

② 确定辅助点 a：由 $P_a = 15\% \times P_{max}$ 得出 a 点荷载，由试验记录确定 Δ_a。

③ 求初始刚度 k_e，$k_e = \dfrac{15\% \times P_{max}}{\Delta_a}$。

④ 由初始刚度确定辅助点 b，$\Delta_b = \dfrac{P_2}{k_e}$，由试验记录确定 P_b。

⑤ 由 $O - a$ 连线交 $2 - b$ 的连线，确定控制点 1，$\Delta_1 = \dfrac{P_b\Delta_2 - P_2\Delta_b}{k_e(\Delta_2 - \Delta_b) - (P_2 - P_b)}$。

⑥ 由下降点荷载 $P_3 = 15\% \times P_{max}$，确定控制点 3，$\Delta_3$ 由试验记录确定。

⑦ 由变形条件 $\Delta_{2a} = \dfrac{\Delta_2 + \Delta_3}{2}$ 确定控制点 2a，P_{2a} 则由试验记录确定。

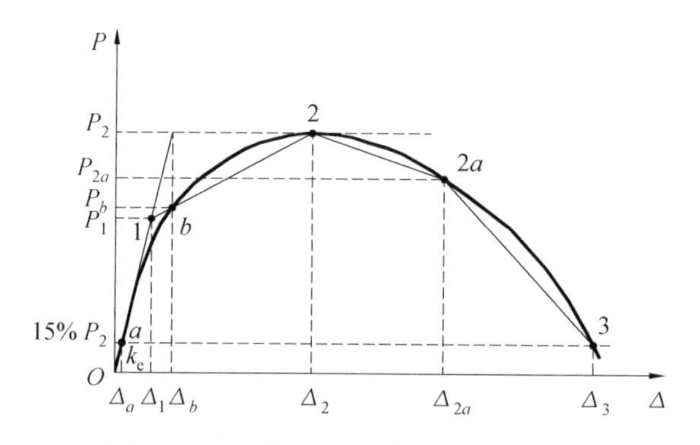

图 1.19　连接性能简化的标准骨架曲线

通过试验研究，可以确定连接的强度、刚度、变形能力等连接性能。在楼盖的整体结构分析过程中，如何对连接的这些性能进行模拟也是一个重要的问题。Wan (2015) 等在试验研究基础上，提出了一种能够体现连接拉－剪交互作用以及截面摩擦机理的耦合连接单元，该单元的基本连接性能参数包含方向角参数 θ 以及强度参数 ω_t、ω_v，两个强度参数分别反映拉剪影响的强度折减性能。

对于装配式实心楼盖体系，近年来国内也开展了一些相关的研究，如东南大学梁书亭、庞瑞课题组针对一种全预制装配的混凝土楼盖体系进行了研究。该楼盖体系的装配单元之间通过埋入式的连接件进行连接，梁书亭(2011) 等基于有限元分析方法探讨了一种发卡式连接节点细部构造对该类型连接性能的影响（连接的强度、刚度、变形能力）；庞瑞(2011) 针对五种不同构造类型的连接节点（发卡式节点、大头钉式节点、盖板式节点、发卡－盖板混合式节点、大头钉盖板混合式节点）分别在水平单调 / 往复荷载作用下的连接抗剪性能，节点在平面内拉力作用下的抗拉性能以及拉－剪复合作用下的连接受力性能进行了试验研究与有限元分析，探讨分析了不同构造的连接节点的强度、刚度与变形能力。

河南工业大学张硕(2014)针对全装配式混凝土楼盖的三种连接构造(发卡式、盖板式、发卡－盖板混合式)节点在拉－剪复合受力情形下的性能进行了分析模拟，揭示了该类型楼盖在拉剪组合作用下的受力机理，并建立了楼盖板缝连接节点的剪力－拉力相关方程。

北京工业大学张爱林(2014)等在有限元分析的基础上，探讨了一种装配式压型钢板组合楼盖的装配连接性能及其对楼盖面内刚度与整体性的影响。

1.2.3　装配式楼盖体系平面内变形与刚度

传统的结构分析与设计一般会假定楼盖为平面内的刚性体，因而不会考虑楼盖体系的平面内变形。但事实上，并非所有楼盖体系的平面内受力性能都能视作刚性体受力，比如对开设大洞的楼盖结构，一般结构分析都不会将其视为刚性体受力。对于装配式楼盖，由于其平面内受力性能的不连续，在结构整体分析之前，必须要认真考虑是否能将其视为刚性楼盖。关于装配式楼盖体系平面内变形性能的分析，国内外都开展了相关的研究。

1.试验研究

(1)楼盖体系平面内性能基本试验研究方法。

由于楼盖体系的构造形式多种多样，对其平面内受力性能的研究，最基本的研究方法就是试验研究，它也是对理论分析最直接的验证手段，但如何设计试验方案，应该根据试验目的进行规划。

美国测试与材料协会的试验标准(ASTM D455-11)提出了楼盖体系平面内受力性能测试的标准试验方法，其中的楼盖体系包括楼盖面板及其支撑构件(梁)。该标准试验方法强调对楼盖面板的刚度与强度的测试，对试件加工、加载方式、试验报告内容等做了规定，没有对加载装置做统一规定。试验方法设计的总体思路是将楼盖体系视为一个深梁(deep beam)，板边缘垂直于加载方向的支撑构件视为深梁的翼缘(flange)，楼盖面板视为深梁的腹板，楼盖中间的支撑构件则视为腹板加劲肋，通过设置成悬臂或简支两种加载方式来评估楼盖的抗剪性能及平面内刚度。

在ASTM D455-11规定的试验方法中，楼盖试件的短边尺寸不得小于2.4 m，或是楼盖单元板块不得少于4块，同时规定，当楼盖体系周边支撑框架(不包楼盖体系中间支撑梁)的刚度不超过整个楼盖体系刚度的2%时，楼盖平面内刚度评估可以不考虑支撑框架的影响。通过试验分析，该文献最后给出了楼盖体系的等效水平剪切刚度表达式：

$$G' = \frac{P}{\Delta'_s}\left(\frac{a}{b}\right) \tag{1.12}$$

$$\Delta'_s = \Delta_t - \Delta_b \tag{1.13}$$

式中,Δ_t 为试验测得的楼盖总位移(悬臂试件的自由端或简支试件的跨中);Δ_b 为试件的弯曲变形,当试件为均匀连续体时,通过计算还可以较方便地求出 Δ_b,但当试件为离散的装配体时,则要确定 Δ_b 还是不太方便。

ASTM D455-11 为针对楼盖体系平面内刚度的单调加载试验方法,针对木(钢) 框架带蒙皮支撑的这类抗侧体系在往复荷载作用下的抗剪性能研究,ASTM 协会也提出了相应的标准试验方法 ASTM 2126-11。由于框架带覆面板支撑的抗侧结构,其受力性能与楼盖体系的平面内受力十分相似,因而楼盖在平面内往复荷载作用下的受力性能研究通常也参考 ASTM 2126-11 的试验方法进行。该试验方法主要测试楼盖的弹性抗剪刚度、抗剪强度以及延性性能,对试验装置、试件数量、加载制度以及性能指标的确定方式进行了规定。考虑为抗侧构件,试件采用底部约束的悬臂加载方式(图 1.20),加载模式为位移控制的拟动力加载方式。该试验方法提出了三种不同的加载制度,试验者可以根据实际条件确定相应的加载制度。通过对试件的平面内拟动力试验研究,该试验方法最终给出楼盖的简化性能曲线,如图 1.21 所示,即以弹塑性能量等效(EEEP) 曲线作为楼盖的简化性能曲线。同时该方法规定,楼盖通过试验测定的抗剪刚度以 0.4P_{peak} 位置处的割线模量 G' 表示(式 1.14),该规定与我国《建筑抗震试验规程》(JGJ/T 101—2015) 关于试验测定试件刚度的确定方法类似。

$$G' = \frac{P}{\Delta}\left(\frac{H}{L}\right) \tag{1.14}$$

式中,楼盖尺寸 H、L 的规定如图 1.20 所示。

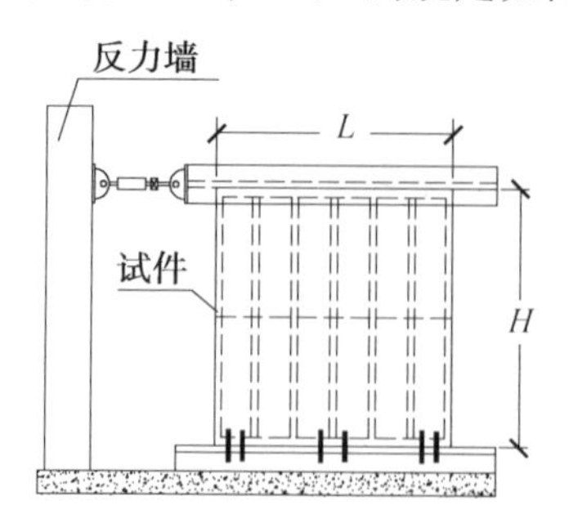

图 1.20　ASTM 2126-11 规定加载方式

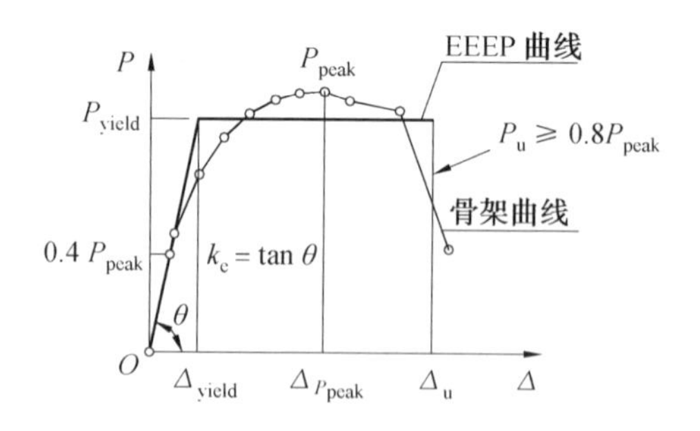

图 1.21　基于 EEEP 的试件简化性能曲线

上述试验方法采用的加载方式均为试件的立式加载,需要设置较强的平面外支撑以维持试件平面外的稳定。但考虑到楼盖作为水平构件的实际工作方式,目前楼盖平面内受力性能的试验研究大多采用楼盖试件平躺的试验装置。

此外，在楼盖平面内性能的试验研究过程中，楼盖的边界约束条件并非都采用标准试验方法建议的简支与悬臂这两种方式，多数试验均模拟了楼盖实际工作状况的边界条件来分析研究楼盖平面内的受力性能。由于楼盖体系的平面内刚度包含楼盖面板刚度以及面板支撑框架的平面内刚度，试验过程真实模拟楼盖面板的边界约束条件，则更能满足具体研究项目楼盖体系实际平面内受力性能的要求。

(2) 装配式楼盖体系平面内变形与刚度性能的典型试验研究。

国内关于装配式楼盖平面内性能的分析研究开展得比较早，但多数研究都集中在针对楼盖平面内刚度与变形性能的研究，而针对楼盖平面刚度性能的分析研究很少。东南大学梁书亭、庞瑞课题组针对全装配式混凝土楼盖平面内变形性能进行了模型试验研究，试验采用平躺的简支加载形式，加载模式为位移控制的循环往复加载。通过试验研究探讨了该类型装配式楼盖的滞回性能以及楼盖刚度退化情况，同时分析了楼盖平面内变形性能与刚度退化情况。

对于装配式空心楼盖体系，侯雪岩(1985, 1988) 等以一个框架－抗震墙房屋结构中的装配式钢筋混凝土楼盖为原型，按 1∶5 的比例对楼盖体系进行了模型试验。试验同样采用平躺的简支加载方式，分析研究了该类型楼盖在水平荷载循环往复作用下的受力性能，研究表明：对于无现浇面层装配式空心楼盖，只要板端与支撑框架梁进行二次叠合浇筑，板－板拼缝之间不进行配筋而只保障灌缝密实的情况下，楼盖在8度地震作用下还能具有与现浇楼盖相近的水平刚度性能。

国内针对装配式木楼盖体系的平面内受力性能的试验研究开展得比较多，同济大学马仲(2012) 就针对典型的木格栅覆面板装配式木楼盖系统的平面内刚度进行了试验研究，试验方案基本参照 ASTM D455-11 进行，采用了简支加载方式，不过其加载方式采用的是单向的加载—卸载—再加载的单向循环方式。试验得出了楼盖的荷载－滑移曲线以及循环作用下的楼盖刚度退化情形，并通过对比试验分析楼盖的格栅撑杆对楼盖平面内性能的影响，但没有定量分析楼盖的平面内刚度。

多数楼盖平面内性能的试验研究过程中还同时考虑了楼盖支撑体系与边界条件的影响。Brignola (2012) 等针对装配式木楼盖体系在砌体结构当中可能存在的不同边界条件，分别设计了相应的试件来针对其平面内刚度进行试验研究，同时还分析了楼盖组件(面板、连接) 对楼盖平面内刚度的影响。同济大学马仲(2012) 等为考察钢框架结构中钢梁－木板组合楼盖的平面内刚度及其对水平荷载传递与分配的能力，直接对单层钢框架施加楼盖平面内的往复作用水平力。Filiatrault (2002) 等针对两层足尺木框架结构的装配式木楼盖平面内刚度开展研究，在一层楼盖平面内施加拟静力水平荷载，考察木楼盖的覆面板连接栓钉的设置、楼盖格栅的横撑设置、抗侧框架的抗剪面板设置等参数对楼盖平面内刚度的影响。Bournas (2013) 及 Negro (2013) 等针对一个三层的预制装配式混凝土框架的足尺结构进行拟动力试验研究，在各层楼盖平面内施加水平激振，通过 4 个试件的试验，考察了抗侧体系类型(框架 / 框架剪力墙)、梁柱连接方式对楼盖平面内性能的影响。

对楼盖平面内变形与刚度的研究，除了上述缩尺或足尺的模型试验以外，有的还直接针对实体工程进行了原型结构试验研究。哈尔滨建筑工程院等单位针对 11 幢多层厂房进行了实体结构的荷载试验，在各测试房屋的中央开间柱(墙)的楼盖标高位置处施加水平力，测试得出了楼盖平面内的变形曲线，同时通过分析得出楼盖的等效剪切刚度值约为 1.0×10^5 kN/m^2。武汉建筑材料工业学院等单位，针对一幢无墙体的三层框架结构进行了整体破坏性试验研究。该结构采用了 3.2 m × 4.5 m 整体开间井字肋形的大楼盖，纵向、横向接缝均采用了整体现浇式接头，在顶层屋盖的中点处施加了 40 kN 水平集中力，对柱顶位移进行了实测，通过计算，得出各开间楼盖的等效水平剪切刚度平均值约为 0.95×10^5 kN/m^2。

装配式楼盖体系实际上是一个各向异性的受力体系，不同的受力方向，楼盖的平面内刚度性能也会有所不同，部分研究同样还考虑了装配式楼盖这种方向性的影响。Sarkissian (2006) 针对一个单层支撑－钢框架结构的装配式压型钢板组合楼盖平面内受力性能进行了研究，考虑楼盖支撑梁布置方式及压型钢板加劲肋的影响，通过设置两个试件分别在平行于支撑梁方向和垂直于支撑梁方向施加楼盖平面内拟静力往复循环荷载。试验结果显示：荷载方向垂直于支撑梁方向的楼盖平面内刚度与抗剪承载能力都要高于荷载平行于支撑梁方向的试件，在刚度退化方面，前者出现的时间要比后者晚得多，也就是说荷载垂直于支撑梁方向的平面内受力性能要好于荷载平行于支撑梁方向的性能。针对轻型钢木混合结构楼盖，马仲(2014) 等通过试验研究，分析了该类楼盖在平行及垂直于楼盖格栅的两个不同方向上楼盖的平面内受力性能，通过在这两个方向分别施加水平往复拟静力荷载，探讨分析了楼盖的变形特征、抗剪强度以及平面内刚度、延性及耗能特征等性能。试验同样表明：在垂直于格栅方向，楼盖平面内受力性能要比平行于格栅方向好，平面内刚度、延性及耗能性能都要高出许多，该结论与 Brignola (2012) 的试验结论相一致。Wilson (2014) 针对装配式木楼盖体系进行了类似的试验，同样也得出了类似结论：荷载垂直于楼盖格栅方向的平面内受力性能要好于平行于格栅时的楼盖平面内受力性能。

2. 理论分析

考虑到试验研究费用大、耗时长的特点，在楼盖平面内刚度与变形性能的研究中，理论分析则是与试验研究相配合的一种常用研究方法。目前，装配式楼盖平面内性能的理论分析主要有以下几种方法。

(1) 等效梁模型(equivalent beam model) 理论。

ASTM E455 的楼盖标准试验方法就是基于梁模型理论提出来的，该理论将楼盖等效为水平放置的深梁，在水平荷载作用下，楼盖在发生弯曲变形的同时将发生显著的剪切变形。在该模型当中，楼盖体系的面板视为梁的腹板，而面板支撑梁视为等效深梁的翼缘。利用深梁理论来分析模拟楼盖的平面内刚度以及受力变形特点，是目前应用非常广泛的理论分析方法。Zheng (2005) 基于该理论提出了装配式双 T 形楼盖体系平面内变形实用分析方法，将该类通过离散的机械连接件装配而成的楼盖体系等效成了一连续的整体，得出等效连续梁的等效弹性模量 E' 及等效梁高 d'。该方法可以适用于其他类型的机械连接件装配的楼盖面变形分析，庞瑞(2011) 研究装配式楼盖面内变形即采用的该分析方法。

(2) 拉－压杆模型(strut and tie model) 理论。

拉－压杆模型理论是比等效梁理论更具适用性的一种楼盖平面内受力性能分析方法，该方法最早由 Schlaich (1987) 等提出，它根据钢筋混凝土构件的内力分布规律，将连续的钢筋混凝土构件转换成满足静力平衡以及结构屈服条件的静定杆件模型，力学概念明确，分析简单，在混凝土结构分析中应用十分广泛。在楼盖平面内受力性能的分析中，Bull (2004) 指出，对于规则的楼盖体系，等效梁模型能给出比较好的分析结果，但对于不规则楼盖体系、楼盖开洞的体系，等效梁模型就不是合适的分析方法了，而拉－压杆模型则非常适合这类楼盖的分析。新西兰混凝土设计规范以及 DSDM 也建议针对楼盖平面内受力性能，采用拉－压杆模型来分析处理。

(3) 桁架模型分析法。

Huang (2013) 在针对装配式木楼盖的平面刚度分析时，提出了一种简化的桁架模型分析方法。该方法认为楼盖剪切变形主要发生在楼盖覆面板变形，将楼盖的格栅及横撑视为刚性杆，而将格栅与横撑之间的覆面板依据剪切变形相等的原则将它们等效成了一对斜撑杆，求出该斜撑杆的轴向刚度即可得出整个楼盖简化的桁架分析模型。图 1.22 所示为一个装配式木楼盖的桁架模型建立方法示意图。对于其他类似的装配式楼盖结构，这种简化分析方法应该具有借鉴意义。

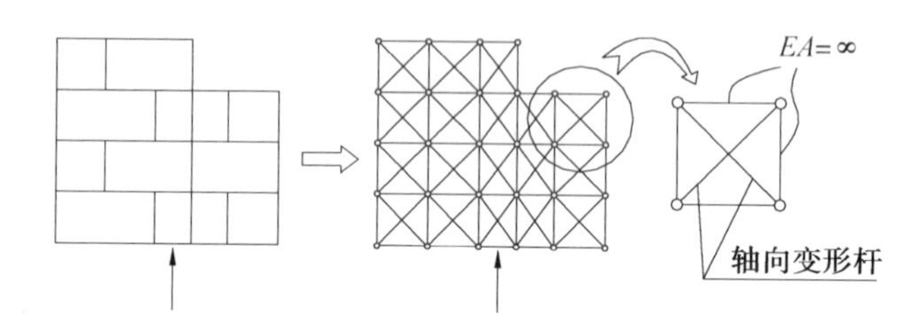

图 1.22 楼盖桁架模型分析法建模方式
EA— 格栅和横撑的轴向刚度

(4) 有限元分析法。

随着有限元分析软件的日益发展与完善，该分析方法应该是目前应用最为广泛的楼盖平面内刚度与变形性能研究的理论分析手段，基于有限元分析的理论成果也非常多。针对钢筋混凝土结构楼盖平面的内变形性能的研究，Saffarini (1992) 等对 37 个结构进行了建模分析，通过对比分析指出，楼盖的刚性假定对无剪力墙的纯框架结构精度很高，但是对框架－剪力墙结构体系则存在一定偏差，同时还提出了刚度比系数 R_i 的概念，通过该系数对钢筋混凝土结构中楼盖平面内变形对结构内力分布的影响进行了评估。聂建国(2006) 等针对支撑钢框架结构中的压型钢板组合楼盖平面内的变形特征进行了有限元分析，指出支撑的布置方式对楼盖的面内变形性能影响显著，同时也提出了组合楼盖的刚度比系数概念，针对楼盖平面内变形对结构内力分布的影响开展了分析评估。

1.2.4 目前研究存在的问题

尽管目前国内外针对楼盖体系平面内受力变形性能开展的研究比较多，但大多数研究内容集中在楼盖的平面内刚度与受力机理的研究，真正对于楼盖体系平面内刚度性能的研究则很少。事实上，楼盖的刚度性能不同于楼盖的平面内刚度，它是指楼盖能够形成刚性楼盖的能力，即在考虑楼盖面内变形情况下分析结构内力，若与楼盖刚性假定时结构内力差异较小，则认为楼盖为刚性。

国内外虽然已有相关规范对楼盖平面内刚度性能进行规定，但每一类型的规定都只是针对具体构造的楼盖形式进行归纳总结而得出的。由于楼盖体系构造形式多样，且各类型楼盖体系的受力变形性能的差异也非常显著，目前针对楼盖体系平面内刚度性能的分析评估，并没有一种统一的分析评估方法。我国现行《建筑抗震设计规范》(GB 50011—2010) 规定：结构抗震分析时，应按照楼、屋盖的平面形状和平面内变形情况确定为刚性、分块刚性、半刚性、局部弹性和柔性等的横隔板。规范明确了结构抗震分析需确定楼盖的刚度性能，但针对实际工程楼盖，如何对其刚度性能进行分析评估，则还需要进行具体的分析研究。

1.3　结构抗连续倒塌研究现状

从1968年英国Ronan Point公寓发生连续倒塌事故至今，结构连续倒塌领域的相关研究工作已经开展了几十年，国内外众多研究人员采用理论和试验手段，研究了结构倒塌机理、倒塌的影响因素等相关问题，采用了多种方法模拟结构的连续倒塌过程，不断寻求更精确、更简单、适应性更好的分析方法，并将这些成果应用到指导工程设计的实践中去。

1.3.1　理论研究

结构的连续倒塌过程涉及动力效应、材料屈服、接触碰撞、大变形和大位移等问题，是一个动态的过程，理论分析往往需借助数值模拟分析手段来进行。国内外学者在抗连续倒塌理论研究方面的成果较为丰硕，涵盖了结构倒塌机理与失效机制研究、倒塌过程的数值模拟方法研究和倒塌性能影响因素研究等。

Kim (2009) 等为了研究悬链线机制在钢框架结构抗连续倒塌分析中的影响，对多榀不同跨数、带支撑和不带支撑的钢框架模型进行了非线性静力和非线性动力分析。结果表明结构的倒塌荷载随层数的增加而增大，但悬链线机制受层数的影响并不明显，当框架跨数和支撑增加时悬链线效应也随之增强；当考虑悬链线效应时，动力分析下的结构最大位移结果相比不考虑时要小。

李易(2011) 等对RC框架结构的连续倒塌机制和连续倒塌抗力需求计算展开了一系列研究。Khandelwal (2008) 采用拆除构件法，对比了非整体现浇和整体现浇楼盖框架的倒塌模式和规律，获得了框架结构以“梁机制”和“悬链线机制”状态抗连续倒塌的一般规律和影响因素。Khandelwal (2011) 基于能量平衡原理，建立了RC框架连续倒塌抗力需求的分析步骤，推导了RC框架的抗连续倒塌子结构在梁机制作用下的非线性动力与线性静力抗力需求的关系，并用数值算例验证了所提出方法的正确性。李易(2011) 用类似的方法推导了子结构在悬链线机制作用下的非线性动力与非线性静力抗力需求的关系。

Khandelwal (2008, 2011) 对抗连续倒塌竖向推覆(pushdown) 分析方法展开了研究。Khandelwal (2008) 第一次提出了这种方法，其类似于结构抗震分析中的推覆(pushover) 分析，只是在荷载施加的方向上从水平向变成了竖向，它在结构上施加不断增大的竖向荷载，记录该过程中荷载与位移的变化关系，从而获得结构的极限承载能力、倒塌机制及结构薄弱位置。Khandelwal (2011) 又对竖向推覆分析方法进行了优化，提出了满跨竖向推覆(Uniform Pushdown，UP)、受损跨竖向推覆(Bay Pushdown，BP) 和增量动力竖向推覆(Incremental

Dynamic Pushdown，IDP)，并采用上述方法对两榀不同抗震设防烈度的10层钢框架结构进行了分析。分析表明了竖向推覆方法的实用性，并指出受损跨竖向推覆分析是兼顾了计算效率和精度的方法。

利用有限元法可以准确高效地进行结构连续倒塌数值模拟，目前有关研究人员利用LS－DYNA、ANSYS、SAP2000和ABAQUS等有限元软件开展了大量的模拟分析。陆新征(2001)等利用LS－DYNA对“9·11”事件中遭受恐怖袭击的世贸中心塔楼进行了倒塌全过程模拟分析，是国内较早应用有限元分析软件对大型工程进行连续倒塌模拟的案例。熊进刚(2011)等、王赞(2014)等和大连理工大学的刘金凤(2014)应用SAP2000软件对框架结构的连续倒塌进行了分析，分别研究了转换梁、楼梯对结构连续倒塌的影响以及结构连续倒塌概率的评价方法。黄鑫(2012)、刁延松(2016)和天津大学的刘世鹏(2015)应用ANSYS软件分别对钢框架结构的连续倒塌展开了研究，分别探讨了水平加强层、偏心支撑和梁柱节点刚度对钢框架结构抗连续倒塌性能的影响。

1.3.2 倒塌试验研究

由于整体结构连续倒塌问题具有复杂性且耗资巨大，目前多数结构倒塌试验的研究对象局限于足尺比例构件或缩尺的抗倒塌子结构。1984年Mitchell (1984)对一组缩尺的钢筋混凝土板进行了倒塌试验，并记录了试件板从产生初始破坏到完全坍塌的过程，试验表明当板底部配有穿过柱或板支撑梁的连续钢筋时，楼盖即便受损严重，也能保持与边界的连接而不完全坍落。

2007年，Sasani (2007)对一幢废弃的10层钢筋混凝土框架结构房屋进行了连续倒塌试验，试验中采用定向爆破的方式拆除了结构外部的一根承重柱，使结构发生内力重分布，试验表明混凝土的断裂模量(modulus of rupture)是限制结构最大竖向位移的重要参数。该试验是国内外为数不多的针对实际结构的倒塌试验，为连续倒塌分析提供了宝贵的试验数据。

在国内，比较有影响力的连续倒塌试验是易伟建(2007)等针对混凝土框架抗倒塌子结构(1∶3缩尺比例模型)进行的拟静力试验，试验框架为四跨三层平面框架，底层中柱是拆除对象，采用分级卸载的方式以模拟中柱的拆除过程，试验揭示了RC框架抗连续倒塌机制的转换过程，即由主要受弯的塑性机构到主要受拉的悬索机构的转变。该试验所采用的拟静力方法以其良好的适用性启发了国内众多学者，使其适用范围也扩展到了空间框架结构领域。

王磊(2010)等研制了一种可由人工控制引入初始破坏的特殊装置，并将其用于一榀空间桁架梁结构的倒塌试验，试验中结构的动力响应由动态应变数据采集系统记录，试验揭示了桁架梁结构在初始破坏下的连续倒塌过程和抗倒塌机制，试验结果表明构件的承载力富余和结构的空间效应形成了桁架梁抗连续倒塌的重要冗余度。

韩春(2017)等通过两跨连续板四点弯曲试验,研究了一种带横向拼缝的新型预制装配式楼盖在支座失效时的抗连续倒塌性能,采用突然拆除中间支座的方法模拟支座失效,观察并记录试件的破坏模式、裂缝开展情况和极限承载能力等结果。试验结果表明楼盖没有发生因连接失效而坍塌的情况,装配式楼盖的连接设计是可靠的,可以形成有效的悬索受力机制。

1.3.3　设计方法研究

Marjanshvili (2006) 按照美国规范 GSA 2003 中的方法对多高层空间钢框架结构进行了连续倒塌分析,分别采用线性静力和动力、非线性静力和动力方法计算了结构在底层外围中柱失效时的响应。分析表明由于线性静力和动力分析的最大位移结果相近,荷载动力放大系数取 2.0 是比较恰当的;分析结果采用规范的准则进行评判时,线性分析结果相较于非线性分析的结果更容易满足要求。

舒赣平(2009)等研究了英国规范中拉结力法提高钢框架结构抗连续倒塌能力的有效性后,认为按照该方法设计的传统简单框架并不能有效地抵御连续倒塌的发生,其原因是节点所能提供的拉结力不足以支持梁板形成悬链线机制,解决这一问题的方法是采用一种半刚性梁柱节点设计。

梁益(2010)等参考美国 DOD 2005 规范的设计流程,对按我国规范要求设计的 8 层 RC 框架结构进行了连续倒塌分析和评估,结果表明按分析的算例不能满足美国规范的抗连续倒塌要求,在经过拉结加强设计后,抗连续倒塌能力也没有明显改善;而经过拆除构件法重新设计后,其抗连续倒塌能力满足了要求。因此,采用拆除构件法进行连续倒塌设计,可以有效提高结构的冗余度和抗连续倒塌能力。

蔡建国(2011)等研究了建筑结构抗连续倒塌概念设计方法,在对英国和美国规范中的连续倒塌定义进行分析比较之后,总结了连续倒塌的特征和本质,并指出加强结构抗震设计和结构基础设计能够提高整体结构的抗连续倒塌性能。

清华大学张建兴(2013)运用 ANSYS 有限元软件,针对按不同地震烈度、荷载大小、材料强度、结构层数、跨数和跨度等参数设计的多层钢框架结构进行了抗连续倒塌性能分析,结果表明满足我国钢结构设计规范和抗震设计规范的多层钢框架在单柱失效情况下的连续倒塌风险较小,抗震等级高的结构抗连续倒塌能力强。同时,作者针对我国多层钢框架结构抗连续倒塌性能设计等级,建议根据建筑物的用途、面积和抗震要求等因素来划分,在进行抗连续倒塌设计时,应将结构整体设计与细部构造设计相结合。

1.3.4 研究存在的问题

目前国内外研究人员对建筑结构连续倒塌问题的关注对象大多集中于典型框架结构领域，其研究理论、研究方法和设计方法日趋成熟。备用荷载路径法（AP 法）通过逐个拆除结构中的关键构件，考察剩余结构是否具有新的荷载传递路径而不发生连续倒塌，能够较为准确地模拟结构的连续倒塌过程，是目前使用最为广泛的分析方法。

大跨装配式桁架梁组合楼盖体系作为一种新型的空间楼盖结构体系，其装配式连接是楼盖装配单元由离散到整体的重要纽带，极大地影响了楼盖乃至整体结构的性能，若装配连接在意外情况下突然失效，楼盖的整体性受损将有可能引发严重的倒塌事故，对该新型楼盖开展基于连接失效的连续倒塌分析，是该类型楼盖体系设计必须予以考虑的问题。对于大跨装配式桁架梁组合楼盖结构体系而言，在连接失效的情况下，能否套用现有的分析方法，尚待进一步验证和研究。

1.4 本书主要工作

本书针对高层密柱束筒钢结构中一种新型大跨装配式钢桁架梁组合楼盖体系（简称大跨装配式组合楼盖体系）的平面内受力变形与刚度性能以及基于装配连接失效的连续倒塌性能开展研究。

1.4.1 平面内刚度

针对大跨装配式组合楼盖体系的平面内变形与刚度性能，从试验研究与理论分析两方面开展研究。

1. 试验研究

（1）在全面剖析了新型大跨装配式组合楼盖体系的构造组成后，针对大跨装配式组合楼盖体系各类型的关键装配连接节点，设计制作足尺的试验试件，对连接的承载能力与连接刚度进行试验研究。

（2）为全面了解这种新型大跨装配式组合楼盖体系平面内变形与刚度性能，取束筒结构中一个单筒结构楼盖为研究对象，设计制作两组共四个 1∶3 的缩尺试验模型，第一组两个试件分别为一层框架结构楼盖和二层框架结构楼盖，探讨楼盖平面内水平作用力平行于装配式楼盖拼装板缝方向时，楼盖体系平面内变形与刚度性能；第二组两个试件构造形式与第一组完全一样，同样为一层框架结构楼盖与二层框架结构楼盖各一个，该组试件用来分析研究楼盖平面内水平作用力垂直于楼盖拼装板缝方向时的楼盖平面内变形与刚度性能。

2. 理论分析

(1) 在楼盖体系装配连接节点试验研究的基础上，得到连接简化分析的力学模型，采用 Midas 通用有限元分析软件，建立试验楼盖的有限元分析模型，通过有限元分析与试验研究结果的对比，验证 Midas 分析模型对该装配式组合楼盖体系分析模拟的有效性。

(2) 基于上述验证的 Midas 分析模拟方法，对实际工程楼盖进行模拟分析，探讨分析新型装配式组合楼盖体系的平面内变形与刚度性能及其各种影响因素，考虑如下因素对楼盖体系平面内刚度性能的影响：

① 荷载作用方向与楼盖拼装板缝方向的不同变化的影响。

② 楼盖所处楼层位置的影响。

③ 楼盖体系关键装配连接节点刚度的影响。

④ 楼盖体系混凝土面板厚度的影响。

针对新型大跨装配式组合楼盖体系平面内刚度性能，结合如下几方面因素进行分析评估：

① 参考欧洲规范关于楼盖刚度性能的分析评价标准。

② 取楼盖平面内变形、相邻抗侧框架柱侧移以及框架柱柱脚剪力三个参数为比对对象，对比新型装配式组合楼盖、相同构造的装配整体式组合楼盖、采用刚性假定的组合楼盖三种楼盖形式，从而对新型大跨装配式组合楼盖刚度性能进行分析评估。

1.4.2 抗连续倒塌性能

针对大跨装配式组合楼盖体系抗连续倒塌性能，重点探讨现行设计方法在装配式楼盖系统中的适用性，包括如下几方面内容：

① 首先介绍了现有抗连续倒塌设计的主要方法和内容，并重点阐述了 AP 法中的首要步骤，即关键构件的判定方法，找出了具有工程实用性的重要构件选择方法，并通过 Midas 软件建立了楼盖算例模型，运用该方法对大跨装配式组合楼盖体系的关键连接进行了判别。

② 其次介绍了典型结构基于 AP 法的连续倒塌动力计算中失效构件移除的模拟方法和步骤，并讨论了瞬时加载法、等效荷载瞬时卸载法和全动力等效荷载瞬时卸载法在新型大跨装配式楼盖关键连接模拟中的应用，总结了三种模拟方法的特点，讨论了三种方法下相关时间参数的合理取值并对比三种模拟方法的结果。

③ 最后介绍了 AP 法静力计算考虑动力效应而引入的荷载动力放大系数的定义和确定方法，归纳对比了国内外不同规范对动力放大系数的规定，针对我国规范中动力放大系数的取值规定进行了新型大跨装配式楼盖体系的适用性研究，并对适用性结论的影响因素进行了讨论。

第 2 章　大跨装配式钢桁架梁组合楼盖体系的组成与构造

2.1　大跨装配式组合楼盖体系的基本性能需求

本书研究的大跨装配式组合楼盖体系，是为适应一种束筒状装配式高层钢结构的装配工艺与结构性能需求而设计构思的。图 2.1(a) 所示为该装配式束筒结构体系示意图，组成束筒的单筒结构形式为密柱框架与装配式楼盖的组合体系(图 2.1(b))。

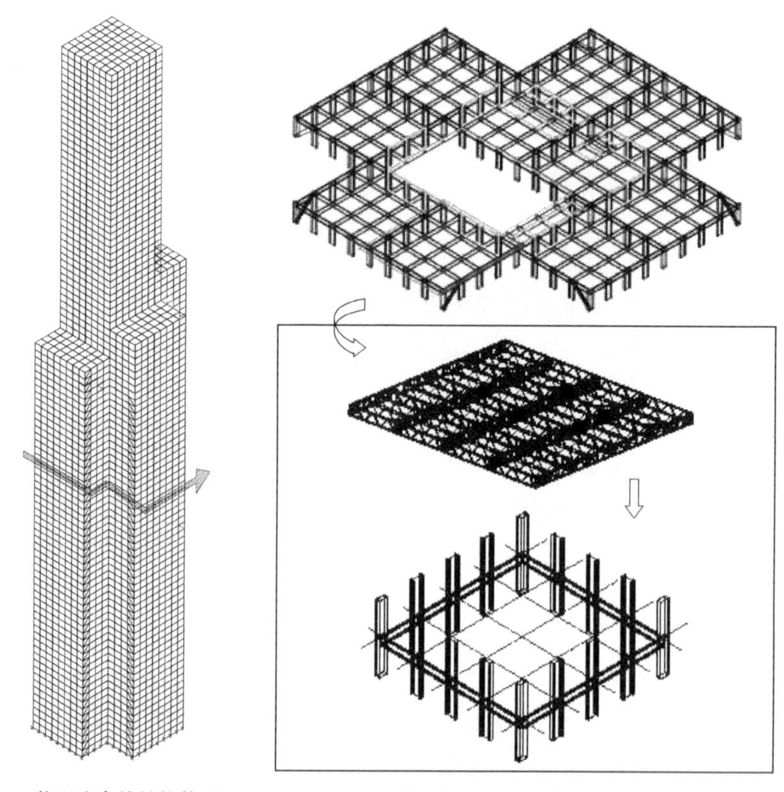

(a) 装配式束筒结构体系　　(b) 楼盖装配方式与单筒的楼盖组成

图 2.1　束筒结构体系与装配式楼盖基本性能要求

分析图 2.1 所示的结构体系与楼盖的组成与装配方式不难发现，这种高层束筒钢结构先是由密柱框架装配成一个一个的标准单筒，再通过模数化的平面组合形成结构设计所需的平面形式。其中，作为研究对象的装配式楼盖则是联系各个单筒使其成为整体受力结构的关键传力体系，其性能应该满足如下几点要求：

(1) 该装配式楼盖体系跨度较大，楼盖应该具有足够的竖向承载能力。

(2) 装配式楼盖体系是离散的板单元通过一系列的连接单元构件装配而成的，作为高层结构体系的楼盖，它必须具备足够的水平刚度，保证楼层水平作用力的合理传递以及整体结构性能要求。

(3) 作为一种大跨度的组合楼盖体系，楼盖应该满足正常使用的舒适度要求。

(4) 作为一种装配式楼盖，楼盖体系应该满足模数化的设计与便捷的现场装配需求。

本书着重研究该新型装配式楼盖体系的水平刚度及其刚度性能。

2.2　大跨装配式组合楼盖体系的基本组成

研究新型装配式楼盖的水平刚度，首先应该了解该楼盖体系的基本组成及其相关构造特征。图 2.2 所示为该高层束筒钢结构工程一个 57 层项目的典型单筒结构的楼盖平面布置情形，该装配式结构整体效果如图 2.3 所示。

图 2.2 所示标准单筒结构楼盖是一个 15.6 m×15.6 m 的方形楼盖单元，体系包括周边支撑框架(图 2.4) 以及四块组合楼盖板单元(也称为主板，如图 2.2 所示)。支撑框架的角柱为箱型截面，中柱为 H 型钢柱，框架梁为 H 型钢截面，图 2.4 中框架的定位轴线为框架梁的形心轴。

楼盖结构考虑设计与装配过程中的模数化需求，选择以 3.9 m 为基本模数，由于支撑框架的定位轴线为框架梁的，一个单筒的楼盖包含了边区板与中区板两个装配式板单元。楼盖装配板单元由下部空腹桁架梁与上部的压型钢板混凝土面层组合而成，桁架梁体系组成如图 2.5 所示，面层压型钢板楼盖组成如图2.6 所示。压型钢板混凝土楼盖与下部桁架梁通过建立栓钉连接形成一个标准的组合楼盖装配单元，每类型装配单元的具体结构布置形式如图 2.7 所示。

分析楼盖装配单元的构件布置可以发现，楼盖体系桁架梁的基本截面形式是以冷成型槽型截面为主。该类型截面由热轧卷板经冷加工成型，具有质量好、强度与刚度大，且适合工业化生产的特点，由槽型截面做主要杆件加工而成的桁架结构则更是一种具有良好经济效果的构件形式。上述宽、窄两类型基本的装

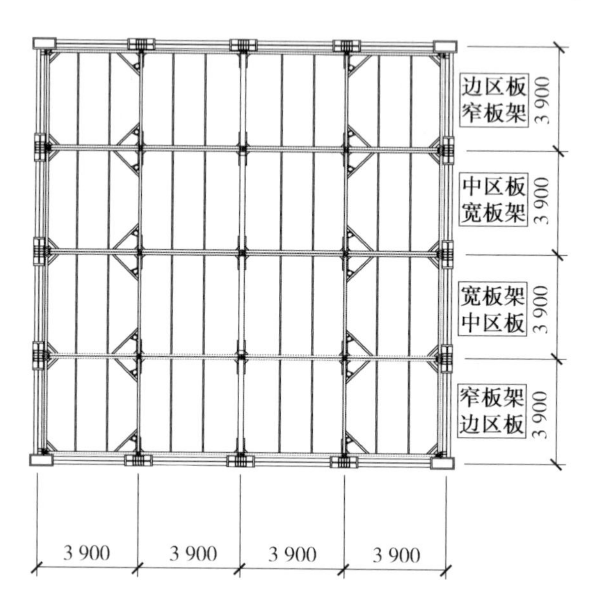

图 2.2　典型单筒结构楼盖(单位 mm,下同)

图 2.3　装配式高层束筒钢结构实体工程效果图

配板单元均可以在工厂加工成标准化的构件,运至施工现场再进行组装。

楼盖体系支撑框架与装配单元的各基本构件截面尺寸,应由整体结构的受力与性能需求决定,本书以图 2.3 所示的 57 层结构为工程背景,楼盖体系的各组成构件截面尺寸见表 2.1,对该装配式楼盖的平面内变形与刚度性能进行分析研究,本书后面对该类型楼盖统一称为新型装配式楼盖。

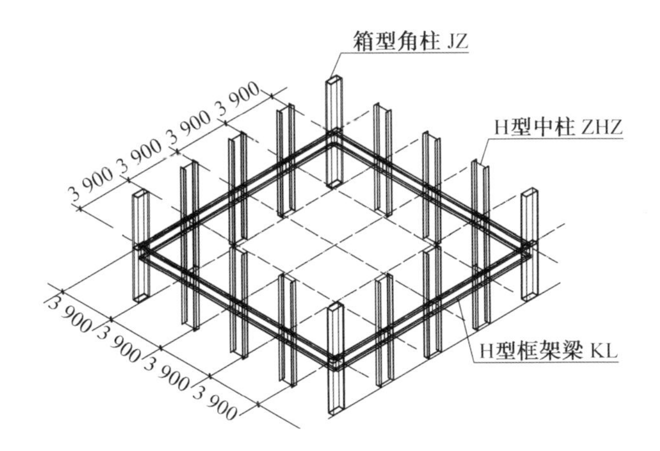

图 2.4　楼盖支撑框架体系

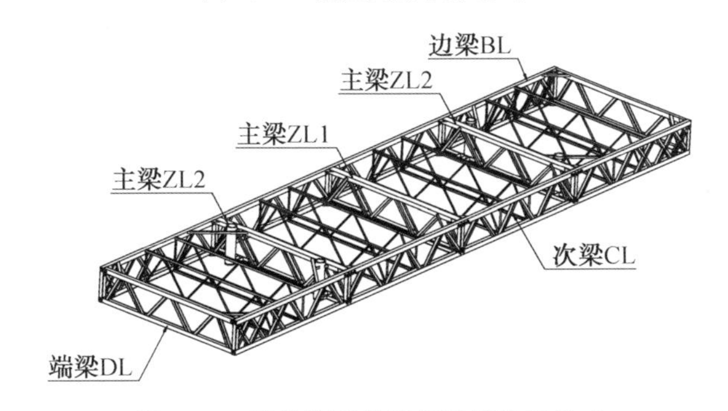

图 2.5　楼盖装配单元桁架梁体系组成

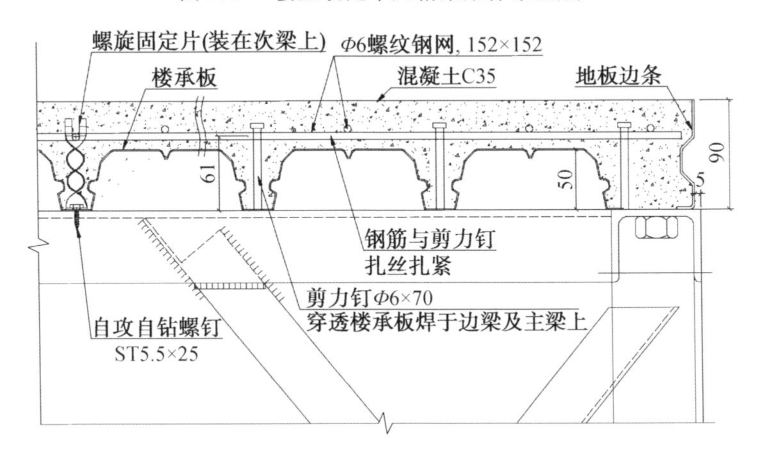

图 2.6　楼盖装配单元混凝土面层组成

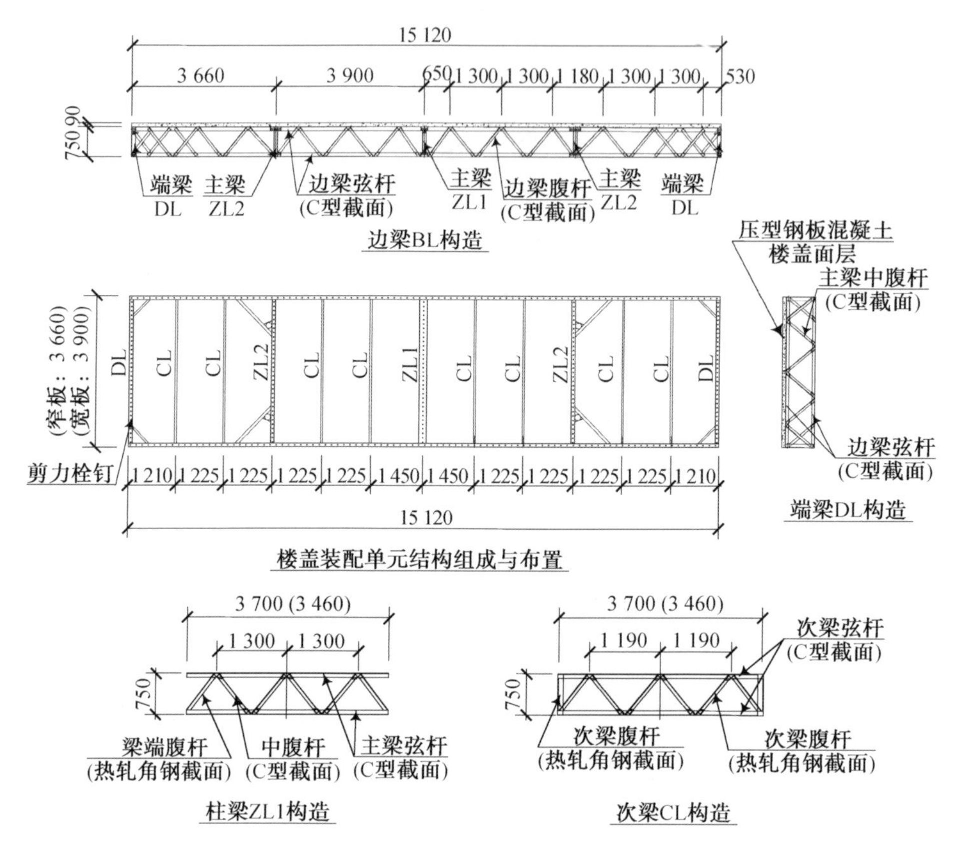

图 2.7　楼盖体系装配单元结构构件布置

表 2.1　新型装配式楼盖体系与支撑框架体系各组成构件截面尺寸

体系		构件	截面 /mm	材性
楼盖体系	ZL1	弦杆	冷弯槽钢[200 × 80 × 8	Q235B
		腹杆	双拼冷弯槽钢[75 × 60 × 4.5	Q235B
	ZL2/DL	弦杆	冷弯槽钢[100 × 80 × 8	Q235B
		腹杆	冷弯槽钢[75 × 60 × 4.5	Q235B
	BL	弦杆	冷弯槽钢[100 × 100 × 8	Q235B
		腹杆	冷弯槽钢[75 × 60 × 4.5	Q235B
	CL	弦杆	冷弯槽钢[48 × 45 × 3	Q235B
		腹杆	热轧角钢∟ 30 × 3.0	Q235B
支撑框架	柱	角柱	箱型钢 900 × 440 × 40 × 50	Q420B
		中柱	焊接 H 型钢 1 030 × 407 × 30 × 48	Q420B
	梁	框架梁	焊接 H 型钢 800 × 300 × 14 × 26	Q345B
面板		压型钢板	$\delta = 1.0$ mm	Q235B
		面板混凝土	40 mm(压型钢板上部厚度)	C30

2.3　楼盖体系典型连接构造

在装配结构体系中，装配单元之间的连接是影响结构整体性能的一个关键因素，同时它也对结构的制作、安装以及维护产生重要的影响。对于装配式楼盖体系，装配单元之间的连接方式通常有两种：一种称为湿式连接（装配整体式），即在装配楼盖单元上在现场浇筑一个混凝土面层，通过现浇的整体面层保证结构体系的整体性；或是装配单元之间设置一个现浇的板带，通过现浇板带将各装配体连接而成一个整体。另外一种称为干式连接（全装配式），装配单元之间通过设置一定的连接件而将结构连接成一个整体。比较而言，干式连接的装配化程度高，更加适合工业化生产，是目前装配式楼盖体系发展的一个重要方向。本书研究的新型装配式组合楼盖体系采用干式连接，若要对其水平受力变形性能进行分析研究，必须对该楼盖体系装配单元之间的连接构造有详细的了解。

连接构造设计既应该保证楼盖在竖向与水平两个方面可靠传力的要求，同时还应满足安装方便与加工简单，以及适应于装配的模数化与标准化要求。图 2.8 概括了新型楼盖体系楼盖装配单元之间及楼盖与支撑框架之间的典型连接布置情形。图中显示，楼盖体系的典型连接可以分为 A、B、C 三大类型，其中，A 型连接为楼盖装配单元之间的桁架主梁连接（根据主梁截面形式可分为 A1、A2 两种形式）；B 型连接为楼盖与支撑框架柱之间的连接（根据装配方式及柱截面不同，可以分为 B1、B2、B3 三种形式）；C 型连接为楼盖与支撑框架梁之间的连接。下面对 A 型和 B 型连接的具体构造进行说明。

（1）A 型连接。

A 型连接为装配单元之间的连接（板－板连接）。由图 2.5 和图 2.6 可知，装配单元的混凝土面板厚度并不大而面板下部的桁架梁高度则相对较高，板－板最好的连接方式就是通过机械连接方式将各板单元的桁架上下弦相连。A 型连接正是出于这样的考虑而设计的带套管高强螺栓连接，它适应于槽型杆件的平行相拼的连接方式，图 2.9 所示为 A 型连接的基本构造单元。由于槽钢截面为开口截面形式，对它直接开口是不方便采用高强螺栓连接的，由图 2.9 的构件解析可以看出，槽型弦杆与对应的槽型盖板配合，在连接部位连接杆件实际就成了闭口箱型截面，再通过在开孔部位设置钢套管，高强螺栓通过钢套管对两连接件进行紧固，这样两个平行的槽型截面就能可靠地连接到一起并能抵抗相互之间的剪切变形。同时，通过调整各拼装连接的螺栓个数，就能满足板－板拼装的整体抗剪性能需求。图 2.10 显示了 A 型连接可能出现的几种构造形式，分别是两螺栓、四螺栓以及三螺栓的装配连接。图 2.11 和图 2.12 则分别显示了板－板两螺栓连接与三螺栓连接的装配方式，在桁架带竖向位置进行连接时，三螺栓的装配又可以分成图 2.12 所示的 A1 型与 A2 型两种装配方式。

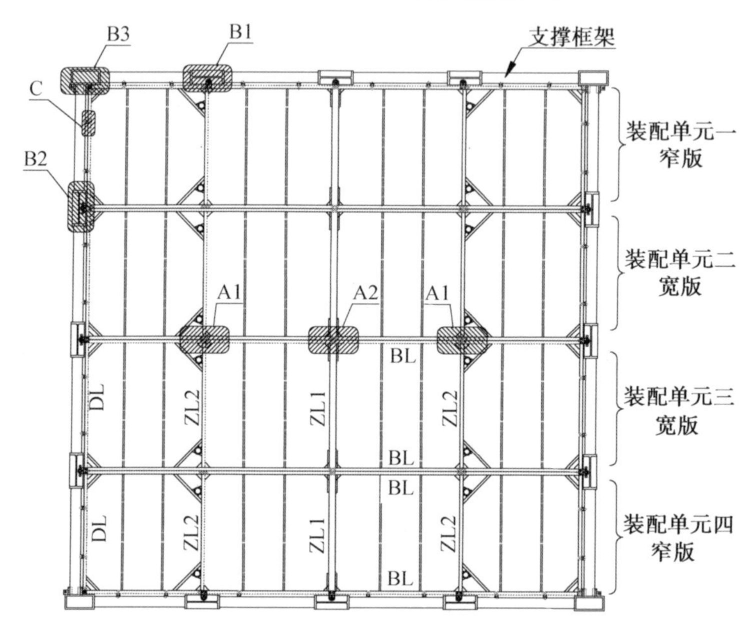

图 2.8　楼盖体系的典型连接布置

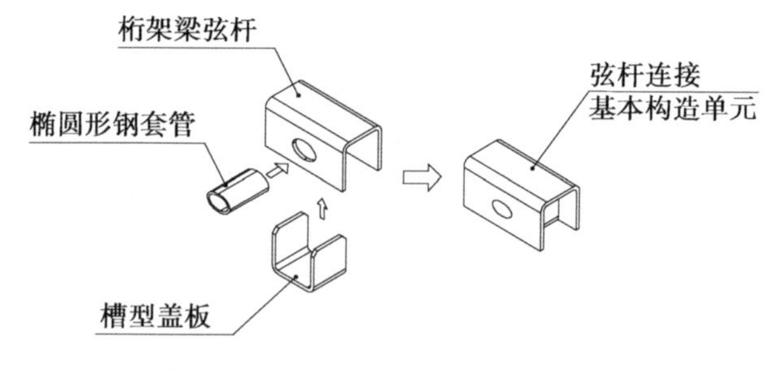

图 2.9　A 型连接的基本构造单元

板－板连接的上述套管连接构造当中，套管的设置也是一个值得注意的问题。从装配施工的角度讲，套管与螺栓之间的间隙大能方便楼盖的装配，但过大的间隙对结构受力又是不利的。我国关于高强螺栓设计安装的相关规范(《钢结构设计标准》(GB 50017—2017)、《钢结构高强度螺栓连接技术规程》(JGJ 82—2011) 都有关于扩大孔与槽型孔的孔型规定，为尽可能地满足现场装配的要求，板－板套管连接的套管选择按槽型孔的孔型特征确定(图 2.13)。对于常用的 M30 高强螺栓，套管可以采用内径 50 mm 的钢管加工而成，图 2.14 所示为项目工程中三螺栓连接的套管设置情形。

(2)B 型连接。

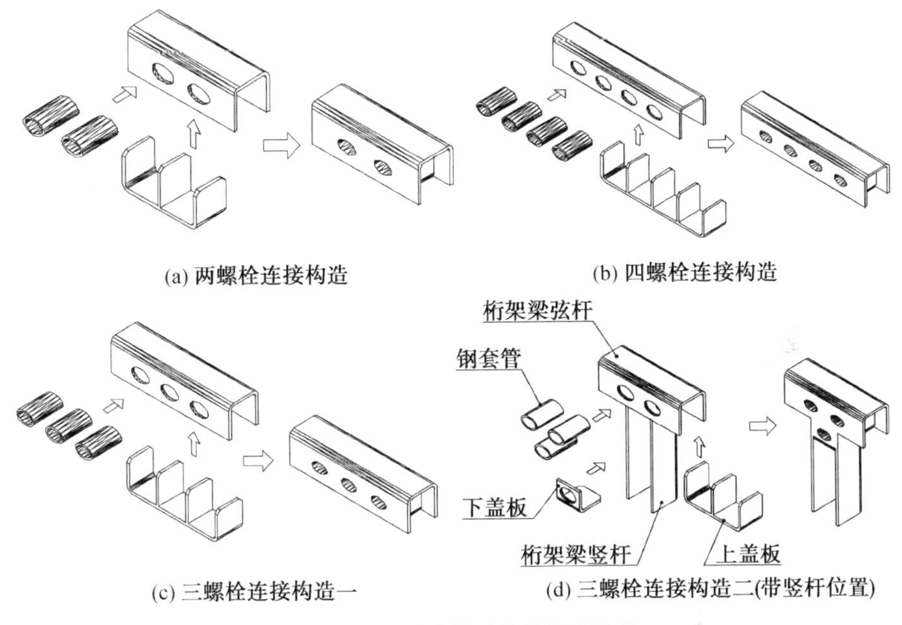

图 2.10　A 型连接可能的构造形式

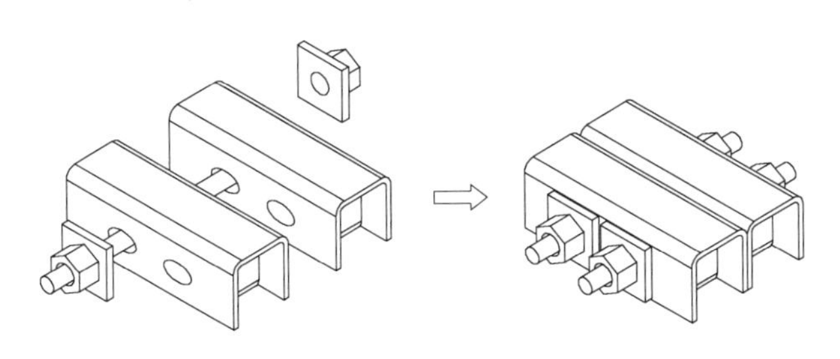

图 2.11　板－板两螺栓连接装配方式

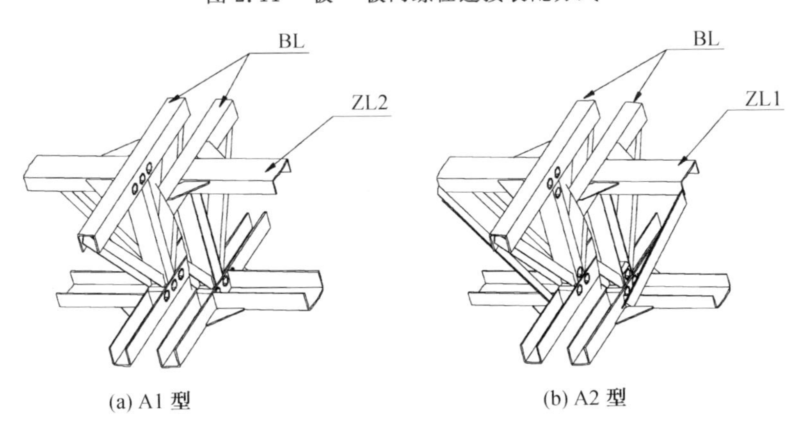

图 2.12　板－板三螺栓连接装配方式

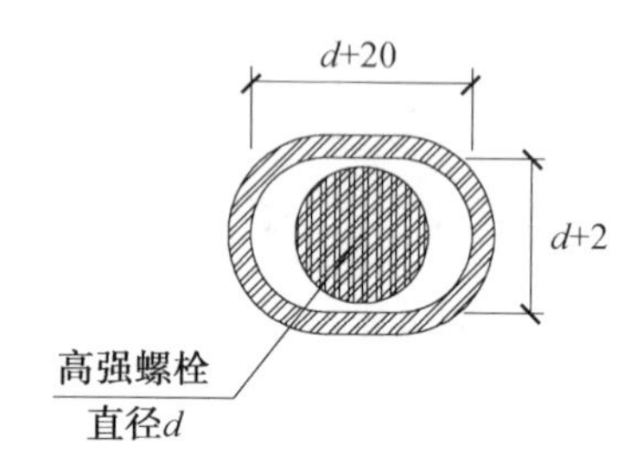

图 2.13　板－板套管连接的孔型特征

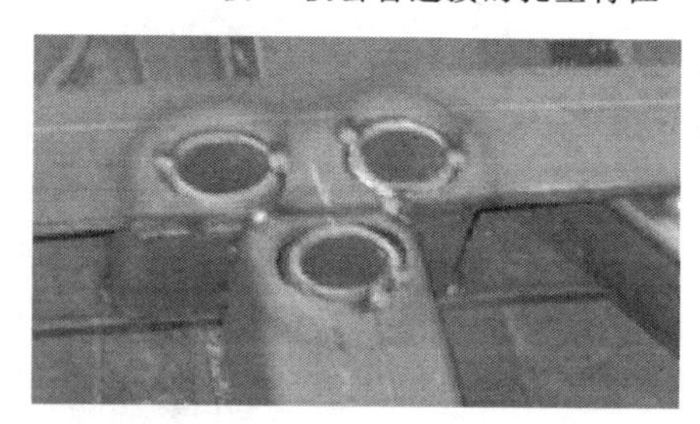

图 2.14　三螺栓连接套管设置情形

B 型连接为楼盖与支撑框架柱的连接，图 2.8 所概括的三种子类型 B1、B2、B3 分别对应与如下三种情形：

(1)B1 类型适用于装配单元的边梁与 H 型钢柱弱轴方向的连接。

(2)B2 类型适用于双拼桁架梁与 H 型钢柱弱轴方向的连接。

(3)B3 类型适用于装配单元角部与密柱单筒的角柱(箱型柱)的连接。

板－柱连接在构造设计上，除了需满足受力性能的要求，还需与相应的装配工艺相适应，能够满足装配方便的要求。新型装配式楼盖的板－柱连接依靠楼盖桁架梁的上下弦杆与柱连接，不考虑混凝土面板与支撑框架的梁柱连接，同时考虑装配工艺的需求来设计上下弦杆的连接构造。

为适应该楼盖的装配方式，楼盖体系板－柱连接采用了图 2.15 所示的连接构造形式：在 H 型钢柱的梁柱节点域范围设置四道水平加劲肋，在与楼盖装配单元的桁架梁上下弦装配位置各设置两道，在两道水平加劲肋之间通过轴销连接一个专门设计的连接铸件(图中所示的上弦连接与下弦连接)与桁架梁连接。由于在梁柱节点域范围内板－柱连接只能是高强螺栓从桁架梁方向的单侧紧固，上下弦连接铸件在与桁架梁连接方向设置内螺纹，这样就实现了板－柱装配的单侧紧固连接。图 2.16 所示为项目工程中楼盖装配单元与框架的 H 型钢柱连接的实际装配方式，基本按照图 2.15 的连接构造方式进行。

轴销连接是考虑到下弦连接连接件带有外伸托板的构造而设计的，该托板(图 2.17)是楼盖就位时的竖向支撑。在楼盖吊装时需要从上部标高的楼层下降至底部楼层进行就位，这个过程中，外伸的托板会妨碍楼盖板的下降，而轴销连接可以使托板在楼盖板下降过程中通过绕轴旋转进入两水平加劲肋中间，当楼盖下降至安装标高后，再将其旋转出来，将楼盖支撑在下弦连接件的托板上，进行下一步的就位与安装。

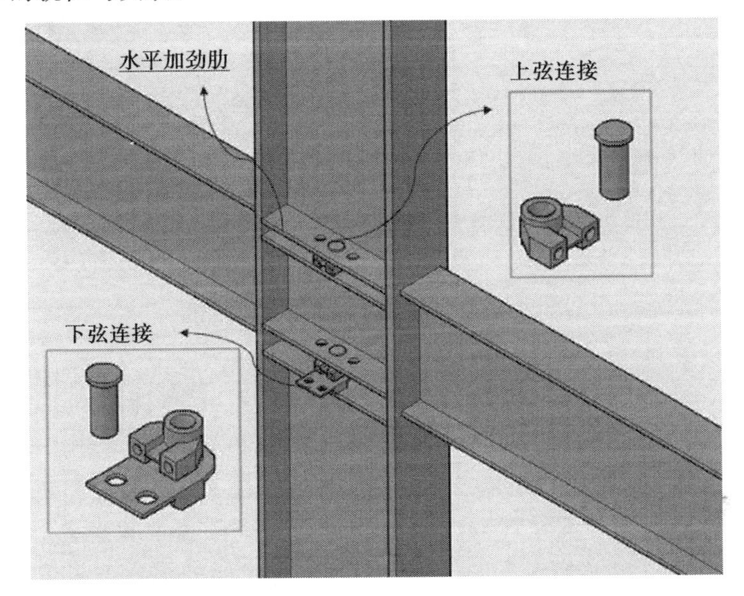

图 2.15　楼盖装配单元与 H 型钢柱弱轴方向连接构造(B1 型连接)

(a) 主梁(ZL)与H型钢柱连接(B1型)

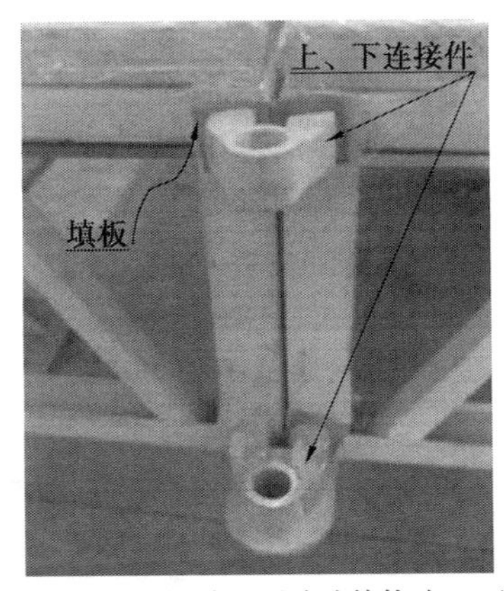

(b) 拼接位置楼盖上下弦连接构造(B2型)

图 2.16　项目工程中楼盖与 H 型钢柱连接方式

图 2.15 所示为板－柱在框架中柱（H 型钢柱）部位的连接（B1 型连接），在角柱部位，板－柱连接同样通过桁架梁的上下弦杆与柱连接，只是上、下弦连接件的大样有所区别。板与角柱的连接构造形式如图 2.18 所示（B3 型连接），由于在角部高强螺栓的紧固也受到安装空间的制约，同样只能设置单面紧固的连接方式。图 2.19 所示为板－角柱连接的连接件大样，通过在连接件的背面预先设置

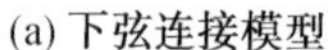

(a) 下弦连接模型

(b) 项目工程中下弦连接大样

图 2.17　下弦连接的具体构造形式

螺帽，也可以实现板－柱的单侧紧固连接。

从上述构造解析可以看出，在板－柱连接构造中，单个连接件(除 B3 型的下弦连接只有一个高强螺栓以外)均考虑两个高强螺栓的连接。同时，考虑楼盖装配过程的就位要求，楼盖装配单元与支撑框架之间有一定的装配间隙，在楼盖就位于下弦托板后，在装配单元与上下弦连接件的间隙需要设置填板来予以填充。图 2.20 所示为上弦连接件与楼盖装配单元之间的填板设置情况示意图，板－柱连接在上下弦连接位置均可参考该连接构造设置连接填板。

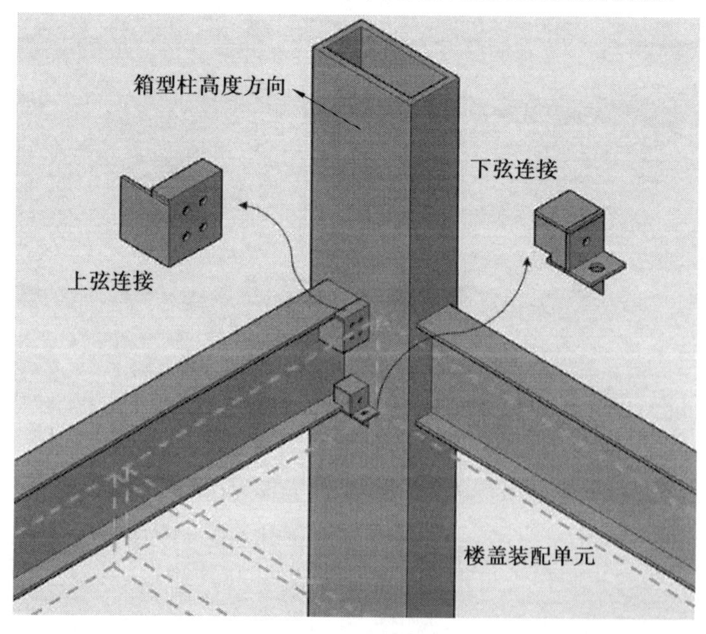

图 2.18　楼盖装配单元与箱形截面角柱连接构造(B3 型连接)

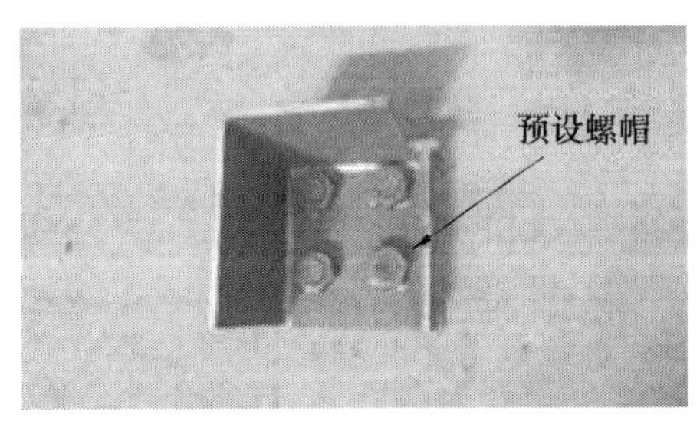

图 2.19　项目工程中楼盖与箱型角柱连接的上下弦连接件大样

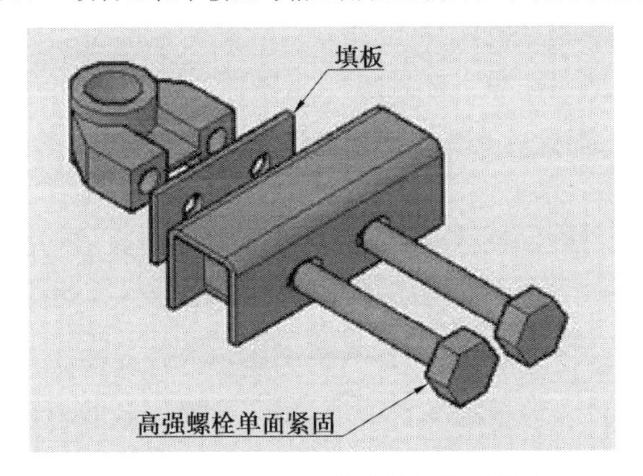

图 2.20　板－柱连接的填板设置构造

2.4　本章小结

本章详细探讨了大跨装配式组合楼盖体系的组成与关键连接的基本构造形式，分析指出：该楼盖体系由四个基本装配单元与支撑体系组成，基本装配单元形式为空腹式桁架梁与压型钢板混凝土组合楼盖的组合体，楼盖支撑体系为密柱式框架；板－板连接以及板－柱连接均通过桁架梁的上下弦杆连接，采用了高强螺栓的装配连接方式。板－板连接采用了一种带套管的双拼槽型截面高强螺栓装配连接，板－柱连接分别在框架柱的对应连接部位设置专门加工的连接件，通过内设螺纹或预设螺帽的方式，实现板－柱的单侧高强螺栓紧固连接，同时考虑装配工艺的要求，板－柱连接采用的是带填板的高强螺栓装配连接。

第3章　大跨装配式组合楼盖体系关键连接节点受力性能试验

绪论中对相关装配式楼盖的关键连接节点的性能研究状况进行了概况分析，从中可以发现，对于装配式楼盖体系，楼盖体系的组成与构造形式不同，其连接的性能要求各异，而针对具体不同连接构造的装配节点，其受力变形性可能相差甚远，不可能有统一的分析计算理论公式。美国学者 Cao 和 Naito(2007) 指出，在目前的结构抗震设计中，装配式楼盖体系的力学性能是最为复杂且人们对其了解最少的区域之一。关键装配连接节点的可靠程度直接影响装配式楼盖的承载能力和平面内力学性能，进而影响整个结构的整体性和动力响应。分析研究装配式楼盖平面内变形与刚度性能前，应对楼盖体系的关键装配连接节点性能进行分析研究。

本章在新型大跨装配式楼盖水平作用的分配－传递要求分析的基础上，探讨分析各类型连接的基本性能要求，并对具体连接构造形式的装配连接节点的受力性能进行分析研究，为楼盖结构的平面内整体性分析提供依据。

3.1　大跨装配式组合楼盖体系关键连接的基本性能要求

已有研究表明，装配式楼盖体系在不同方向上的受力性能和平面内的受力变形性能相差较大。针对本书的新型装配式组合楼盖，分别考察楼盖在荷载顺板缝方向与垂直板缝(横板缝)方向的两种受力方式，分析在这两种受力方式下楼盖体系关键连接的受力方式，归纳出关键连接节点的相应受力性能要求。

基于等效梁模型理论，可以绘制出图 3.1 所示的楼盖平面内基本内力分布规律图。图 3.1(a) 所示为荷载顺板缝方向施加的情形，在中和轴右方是楼盖的拉剪应力作用区域(拉区)，结合第 2 章的装配连接的构造形式分析，在拉区底部的板－柱连接区域，应该通过板－柱连接的抗剪来满足等效梁模型中的拉应力分布模式，同时四个装配单元块体抗剪，块体之间的剪力会通过板－板连接进行传递，因而板－板连接在等效梁模型拉剪区域应该是同时承受拉力与剪力的复合作用；而对于中和轴左方，该区域处于等效梁模型的压剪区域，板－柱连接区域应处于受剪工作状态，而板－板连接则处于压－剪工作状态。用同样的方式，可以分析图 3.1(b) 的荷载横板缝方向的相应连接受力方式：在中和轴下方，板－柱连接的 B1 型构造连接形式应该处于受剪工作状态，而 B3 型的角柱连接则应处于受压的工作状态，该区域的板－板连接应主要传递水平剪力；在中和轴上方，板－柱连接的 B1 型构造连接形式需要通过受剪工作方式来满足该区域等效梁模型中的压应力分布模式，该区域的板－板连接也同样处于压－剪工作状态。

综合上述分析可以看出，新型装配式楼盖的板－板连接基本处于拉(压)－剪复合受力工作状态，连接节点应能满足拉(压)－剪复合受力的相应性能要求；楼盖体系的板－柱连接 B1、B2 型连接主要处于受剪工作状态，而 B3 型连接则需要分别满足连接抗剪与抗拉的性能要求。

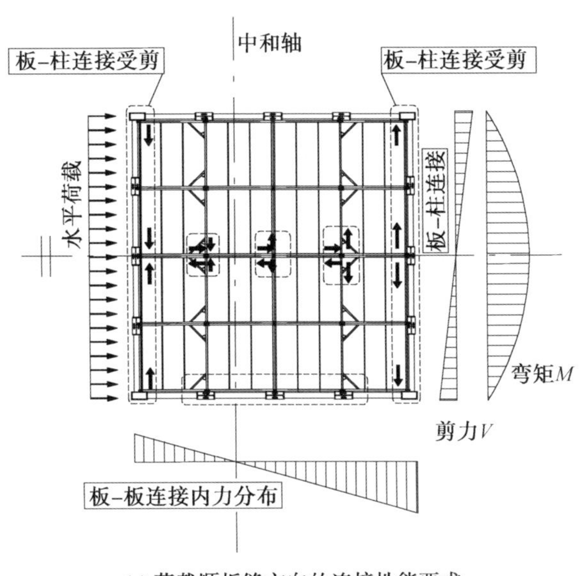

(a) 荷载顺板缝方向的连接性能要求

图 3.1　基于等效梁模型的楼盖基本内力分布及关键连接的受力性能要求

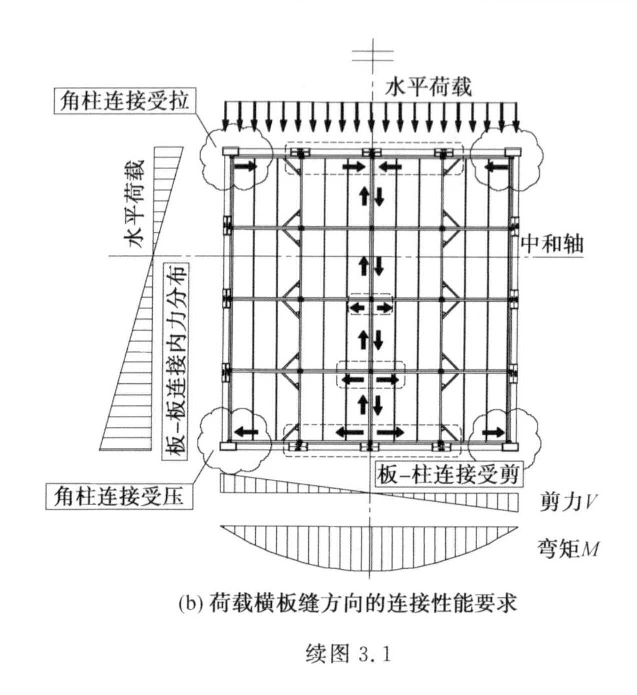

(b) 荷载横板缝方向的连接性能要求

续图 3.1

3.2 板—板双拼桁架梁装配连接节点性能

3.2.1 高强螺栓连接摩擦系数测定与带填板连接抗剪性能

从上述节点性能要求分析可知，新型楼盖体系的关键节点最基本的受力性能要求就是抗剪。我国《钢结构设计标准》(GB 50017—2017)、《钢结构高强度螺栓连接技术规程》(JGJ 82—2011) 都对高强螺栓的摩擦系数进行了规定，但在实际工程中一般难以达到规范规定的性能指标要求。为了真实评估关键连接的抗剪受力性能，在节点性能分析之前，首先对不同表面处理方式的抗剪滑移系数进行了测定，特别是针对板—柱连接构造中填板设置对节点抗剪性能的影响进行了试验研究。

针对不同表面处理方式的连接抗滑移系数情形，选取了表面除锈处理、表面喷砂处理、表面除锈后冷镀锌处理、表面喷砂后冷镀锌处理四种方式进行了抗滑移系数的测定，其中表面除锈是指普通钢丝刷除锈方式。每种表面处理方式的试件设计为三件一组，共四组试件，试件编号见表 3.1，所示试件材性均为 Q345B 钢材。

表 3.1　摩擦面抗滑移系数测定试件分组及编号

分组	表面处理方式	试件编号	分组	表面处理方式	试件编号
第一组	表面除锈	HY1－01	第三组	表面除锈后冷镀锌	HY3－01
		HY1－02			HY3－02
		HY1－03			HY3－03
第二组	表面喷砂	HY2－01	第四组	表面喷砂后冷镀锌	HY4－01
		HY2－02			HY4－02
		HY2－03			HY4－03

摩擦系数采用两螺栓双剪连接方式进行测定，楼盖装配用高强螺栓主要采用10.9级M30的热浸镀锌螺栓，摩擦系数测定试件依据图3.2形式进行制作加工。

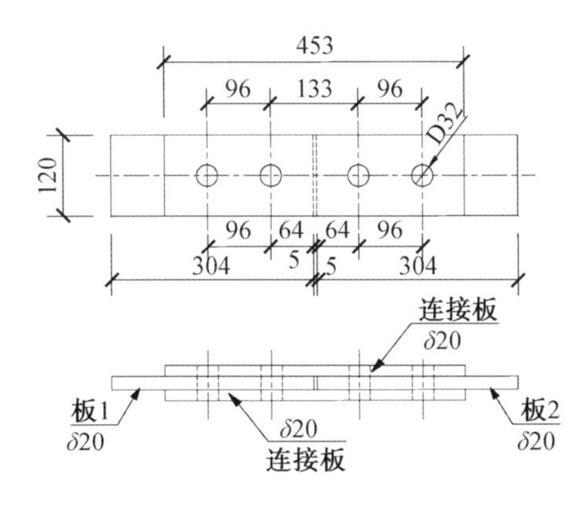

图 3.2　摩擦系数测定试件加工

试验在楼盖装配工厂内进行，采用500 kN千斤顶进行加载，高强螺栓预拉力采用经标定的扭矩扳手控制。图3.3所示为相对滑移测试的测点布置方案，相对滑移量取Δ_{1-2}与Δ_{3-4}的平均值，Δ_{1-2}、Δ_{3-4}分别为1－2、3－4测点的相对滑移。

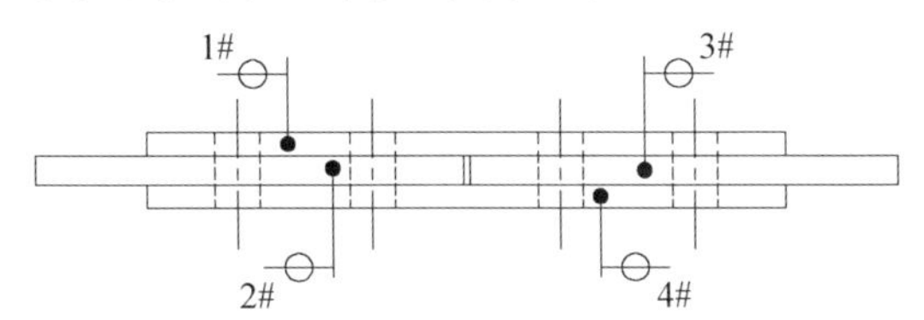

图 3.3　摩擦系数测定试验位移测点布置方案

图3.4显示了四组试件的试验装置布置情形，在每个试件的侧面画上竖直对齐的线条，以接触面产生滑移竖直线错动或连接产生"砰"的响声作为滑移荷载确定点，各组试件的试验结果见表3.2。

(a) HY1 试验装置安装

(b) HY2 试验装置安装

(c) HY3 试验装置安装

(d) HY4 试验装置安装

图 3.4　摩擦系数测定试验各组试件试验装置布置情形

表 3.2　各组试件摩擦系数测定结果

分组	试件编号	滑移荷载/kN	滑移系数	分组	试件编号	滑移荷载/kN	滑移系数
第一组	HY1－01	280.5		第三组	HY3－01	240.5	
(表面	HY1－02	340.1	0.23	(表面除锈	HY3－02	259.6	0.19
除锈)	HY1－03	319.8		后冷镀锌)	HY3－03	298.5	
第二组	HY2－01	500.0		第四组	HY4－01	380.3	
(表面	HY2－02	441.4	0.32	(表面喷砂	HY4－02	300.0	0.24
喷砂)	HY2－03	410.3		后冷镀锌)	HY4－03	346.5	

从摩擦系数测定的结果分析可以看出,工程中实际能达到的摩擦系数要比设计规范的规定值要低一些,同时,构件表面的冷镀锌处理使高强螺栓连接的摩擦系数有比较明显的降低,在实际工程的装配过程中,建议采用表面喷砂处理。

在板－柱连接中,由于楼盖与支撑框架之间存在装配间隙(图 2.18),在楼盖安装就位后需要通过设置填板来保证板－柱连接的装配紧密与传力可靠。对于带填板的高强螺栓连接性能,特别是填板对连接抗剪承载力影响的研究,国内开展的研究并不多。《钢结构设计标准》(GB 50017—2017) 笼统地规定:一个构件借助填板或其他中间板与另一构件连接的螺栓（摩擦型连接的高强度螺栓除外）数目，应按计算增加 10%。这就说明，《钢结构设计标准》(GB 50017—2017) 认为填板的设置对高强螺栓抗剪连接性能没有影响，而对普通螺栓连接存在一定影响。

美国《钢结构建筑设计规范》(AISI 360-10) 对带填板的螺栓连接有比较明确的规定：当填板厚度小于 6 mm 时，填板对连接的抗剪强度没有影响，但当填板厚度大于 6 mm 时，可以采用如下几种措施：

(1) 对螺栓连接的抗剪承载力乘以式(3.1) 所示的折减系数 γ，该折减系数 γ 不应小于 0.85：

$$\gamma = 1 - 0.4(t - 0.25) \tag{3.1}$$

式中，t 为填板总厚度。

(2) 填板外伸出拼接板部位，同时外伸出去的填板应设置足够数量的螺栓与构件进行装配连接，使构件上的力能够均匀地分布在构件和填板的组合截面上。

(3) 采用摩擦抗滑移形式的高强螺栓连接，要求填板表面及连接件表面均采用 A 类或 B 类表面处理方式，同时应严格控制高强螺栓预拉力达到设计标准，在连接抗剪承载力计算中引入了填板影响系数 h_f：当填板只有一块时，取 $h_f = 1.0$；当填板数量多于一块时，取 $h_f = 0.85$。

欧洲钢结构设计规范(EC3) 对设置填板的螺栓连接有如下规定：对于借助填板来传递压力或剪力的螺栓(图 3.5)，当设置的填板的总厚度 t_p 大于螺栓直径 d 的 1/3 时，螺栓的抗剪承载力要乘以折减系数 β_p，折减系数计算如下：

$$\beta_p = \frac{9d}{8d + 3t_p} \tag{3.2}$$

式中，t_p 应取连接两侧填板厚度的较大值，如图 3.5 所示，$t_p = \max(t_{p1}, t_{p2})$。

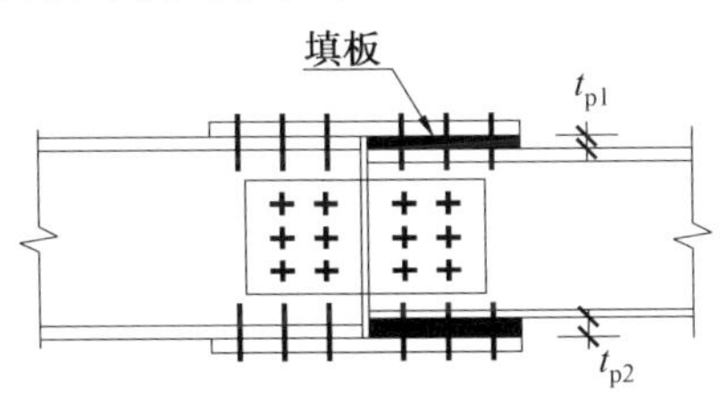

图 3.5　带填板的高强螺栓连接构造

EC3 关于填板对抗剪承载力的影响只对普通螺栓进行规定，对高强螺栓连接的抗剪承载力的影响，该规范没有明确的规定。

本书新型装配式楼盖体系板—柱连接的间隙，考虑装配施工的便利，最大间隙为 20 mm。从装配安装的角度，填板采用多板叠合应该更能满足实际工程中的间隙调整要求。由图 3.1 的连接性能基本要求可以看出，在水平荷载作用下，板－柱连接是一个非常关键的抗剪连接节点。为考察填板设置对连接抗剪性能的影响，设计了表 3.3 所示的 8 组带填板抗剪性能研究试件，试件设计在图 3.2 所示基础上在连接板两侧对称地设置填板，填板平面尺寸与盖板相同，厚度分为 4 mm、20 mm 两种，设置数量见表 3.3，所有钢材均采用 Q345B 钢材。相对滑移的量测方案按图 3.6 所示方案进行，主要测试连接板与最外侧的拼接盖板之间的相对滑移，与摩擦系数测定试验中的滑移测试方案一样，相对滑移量取 Δ_{1-2} 与 Δ_{3-4} 的平均值，Δ_{1-2}、Δ_{3-4} 分别为 1－2、3－4 测点的相对滑移。

表 3.3　带填板抗剪连接性能测试试件分组

分组	填板数量与规格	表面处理方式	试件编号	分组	填板数量与规格	表面处理方式	试件编号
第一组	1 mm×4 mm	表面除锈	HYT1－01 HYT1－02 HYT1－03	第五组	5 mm×4 mm	表面除锈	HYT5－01 HYT5－02 HYT5－03
第二组	2 mm×4 mm	表面除锈	HYT2－01 HYT2－02 HYT2－03	第六组	6 mm×4 mm	表面除锈	HYT6－01 HYT6－02 HYT6－03
第三组	3 mm×4 mm	表面除锈	HYT3－01 HYT3－02 HYT3－03	第七组	1 mm×20 mm	表面除锈	HYT7－01 HYT7－02 HYT7－03
第四组	4 mm×4 mm	表面除锈	HYT4－01 HYT4－02 HYT4－03	第八组	1 mm×20 mm	表面除锈后冷镀锌	HYT8－01 HYT8－02 HYT8－03

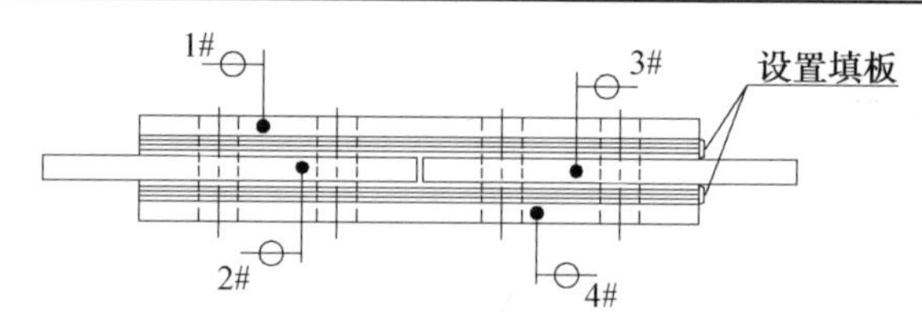

图 3.6　带填板高强螺栓连接抗侧性能试验相对滑移测试方案

表 3.3 显示，带填板连接试件表面处理方式以表面除锈处理为主(图 3.7 所示除锈方式)，连接板、填板以及盖板的表面处理方式均相同，主要通过改变填板的数量与厚度考察填板设置方式对连接的抗剪承载力影响。加载装置与摩擦系数测定装置相同，图 3.8 所示为部分试件的试验装置布置情形。

(a) 填板连接板件除锈方式

(b) 试件表面处理后的状况

图 3.7　带填板连接试件表面处理方式

(a) 每侧带2 mm×4 mm填板试件试验装置

(b) 每侧带4 mm×4 mm填板试件试验装置

(c) 每侧带5 mm×4 mm填板试件试验装置

(d) 每侧带1 mm×20 mm填板试件试验装置

图 3.8　部分试件的试验装置布置情形

参照摩擦系数测定试验,在每个试件的侧面画上竖直对齐的线条,以接触面产生滑移竖直线错动或连接产生“砰”的响声作为滑移荷载确定点。试验发现带填板连接的剪切滑移主要发生在最外层的盖板与填板之间(图 3.9),各试件的最终滑移试验值见表 3.4。

分析表 3.4 中各组试件的滑移荷载结果可以发现:

(1) 从第一组到第六组每组填板增加一块,总体上随填板数量的增加,滑移荷载值略有减小,但整体上滑移荷载值变化并不大。

图 3.9 带填板连接试件的剪切滑移形式

表 3.4 带填板抗剪连接抗剪承载力测试结果

分组	试件编号	滑移荷载/kN	滑移荷载均值/kN	分组	试件编号	滑移荷载/kN	滑移荷载均值/kN
第一组	HYT1－01	320		第五组	HYT5－01	299.8	
（带一块	HYT1－02	315.8	310.4	（带五块	HYT5－02	310.6	299.6
薄填板）	HYT1－03	295.5		薄填板）	HYT5－03	288.5	
第二组	HYT2－01	300.7		第六组	HYT6－01	300.6	
（带两块	HYT2－02	287.4	297.9	（带六块	HYT6－02	305.4	297.9
薄填板）	HYT2－03	305.5		薄填板）	HYT6－03	287.8	
第三组	HYT3－01	298.9		第七组	HYT7－01	359.6	
（带三块	HYT3－02	280.5	291.6	（带一块	HYT7－02	339.6	338.4
薄填板）	HYT3－03	295.4		厚填板）	HYT7－03	316	
第四组	HYT4－01	288.1		第八组	HYT8－01	320.5	
（带四块	HYT4－02	304.4	289.6	（带一块	HYT8－02	280.2	300.5
薄填板）	HYT4－03	276.3		厚填板）	HYT8－03	300.8	

(2) 表 3.2 中第一组试件为表面除锈的不带填板抗剪连接试件，其滑移荷载均值为 313.5 kN，对比表 3.4 带填板的连接滑移荷载，可以发现填板的设置对连接的抗剪承载力有所减小，但减小值不大。第四组滑移荷载值最小，但相比无填板的试件，滑移荷载折减也只有(313.5 － 289.6)/313.5 ＝7.6％，同样小于美国规范规定的 15％ 的折减值。

(3) 对比表 3.4 中第一组与第七组试件，发现同样带一块填板试件，填板厚度大的滑移荷载要比薄填板试件的滑移荷载高，第七组试件的滑移荷载甚至比不带填板的试件还高；再对比表 3.2 的第三组试件与表 3.4 的第八组试件，同为采用表面除锈后冷镀锌处理，带一块厚填板试件的滑移荷载高于未带填板试件的滑移荷载。

上述试验分析表明：在楼盖体系的装配施工过程中，在填板与连接件采用相同表面处理方式的情形下，板－柱连接设置填板的构造形式是可靠的，但在填板选择上应尽可能地选择稍厚些的填板，尽量减少填板数量。

3.2.2　板－板连接节点抗剪性能试验

第 2 章详细分析了板－板连接的带套管拼装连接构造，图 3.10 所示为工程中采用最多的三螺栓装配节点，上下弦杆分别通过三个 10.9S－M30 高强螺栓将相邻的两个装配板单元的边梁紧固在一起。该节点连接构造不同于一般的高强螺栓抗剪连接，本节对该类型连接的抗剪受力性能进行试验研究与分析。

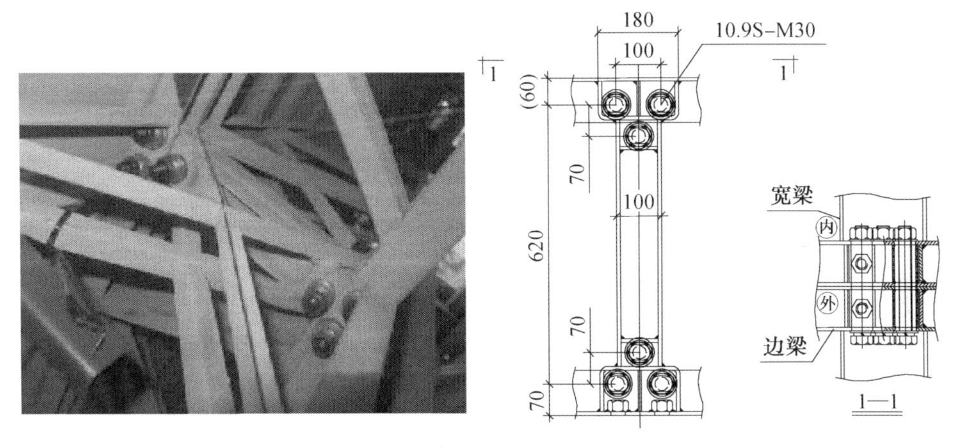

图 3.10　双拼桁架节点构造

1. 试件概况

选取上弦连接节点为对象，分析研究其抗剪承载力及剪切刚度性能。根据带套管连接的基本构造，套管由 $\Phi 50 \times 5$ 的无缝管加工成型，孔型符合图 2.13 所示的槽型孔构造要求；开口 C 型钢配套的加劲肋肋板厚度与 C 型钢相同，均为 8 mm。考虑加载端开孔及集中荷载的影响，加载端设置了加强板，加强板板厚 12 mm，与 C 型钢的外伸端焊接，试件的加工大样如图 3.11 所示。

摩擦系数测定试验表明，喷砂处理的摩擦系数可达 0.32，是摩擦系数最高的表面处理形式。板－板连接的试件与摩擦系数测定试验一样，采用 Q345B 钢材，表面处理方式为喷砂处理。试验拟对试件分别施加单调与反复两种方式的水平作用，考察该类型连接的抗剪性能，测试连接的抗剪刚度。试验共设计两组 5 个试件，第一组为 3 个单调受力抗剪试件，第二组为往复受力抗剪试件。在往复加载试验中，对两个试件分别施加双向往复与单向往复作用的水平荷载，表 3.5 列出了各试件编号及加载情况。

表 3.5　板－板连接试件编号及加载模式

分组	试件编号	加载模式	分组	试件编号	加载模式
第一组	BBDX－01	单调加载	第二组	BBSX－01	双向往复
	BBDX－02	单调加载		BBSX－02	单向往复
	BBDX－03	单调加载			

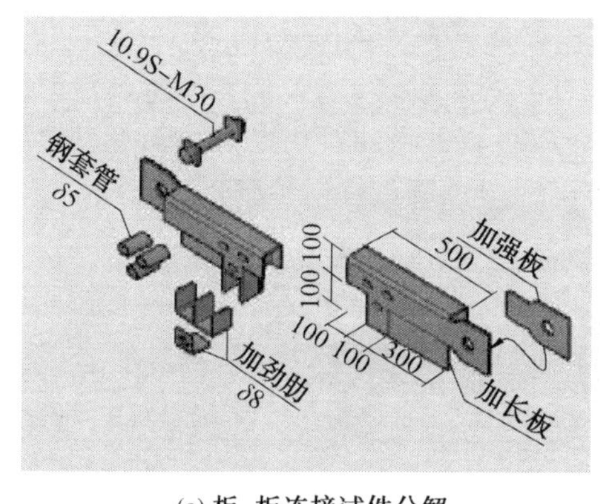

(a) 板-板连接试件分解

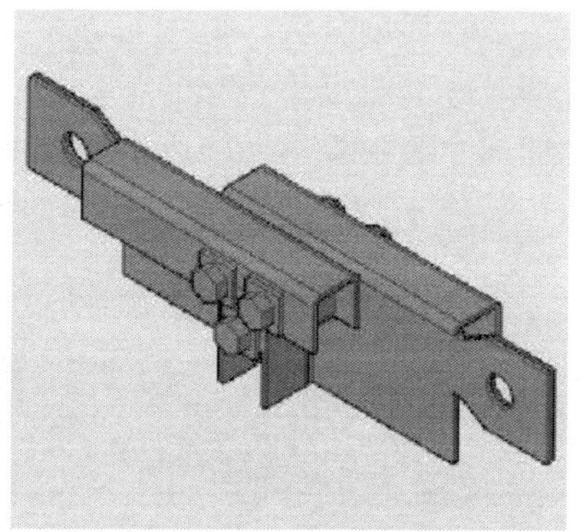
(b) 板-板连接试件装配

图 3.11　板－板连接试件大样

2. 加载装置与加载模式

考虑试验过程有单调与往复两种加载方式，试验过程按图 3.12 所示设计了专门的加载装置。采用 1 m 高的 C 型钢大梁平躺，将其作为一个刚性的钢平台，在该平台上焊置 1＃、2＃ 两个反力柱，反力柱为 450 mm 高的箱型截面，在 1＃ 反力柱外围加套一个的反力框（δ25 钢板加工而成，设置加劲肋增大刚度），试件安装在反力框及 2＃ 反力柱中间，通过耳板及轴销连接。再按图中方式设置 1＃、2＃ 两个千斤顶，在反力框与钢平台之间均匀设置四根滚轴，保证反力框水平向的自由滑动，当只有 1＃ 千斤顶工作时，可对试件施加单向水平作用，当 1＃、2＃ 千斤顶交替作用，则对试件施加往复水平荷载。试验过程在试件两侧设置限位装置保证试件只发生加载方式的轴向滑移变形。

试验前按如下步骤初步估算连接所需承受的水平剪力值：

(1) 确定楼盖平面内水平作用力的取值：按照楼盖原型结构的设计要求，应以 7 度大震作用的设计目标要求考虑楼盖平面内水平作用的取值。第 1 章绪论中关于楼盖水平加速度方法系数取值的概况分析显示，目前各国规范对于楼盖水平加速度放大系数沿楼层竖向的分布规律并无统一的认识，结合我国设计实际，在确定本次试验楼盖水平作用取值时，楼盖水平加速度放大系数取值为 5。考虑原型结构楼盖体系每平方米重量为 12 kN，因而可得在大震作用下楼层平面内的水平作用取值为：$F_w = 5 \times 0.1g \times 1.2 \times 15.6 \times 15.6 = 1\ 460$ (kN)。

(2)一个单筒楼盖系统包含9个板—板连接节点，上下弦各有一个图3.10所示的连接，一共有18个连接点，初步估算单个连接所需承受的水平荷载为:1 460 kN/18＝81.1 kN。

参考上述分析的连接受力要求，单调加载的加载制度为:控制每级加载为预估控制荷载的20%，取每级加载15 kN，逐级加载直至滑移。往复加载同样主要为考察连接在往复荷载作用下的抗剪性能与剪切刚度，加载采用控制力的方法进行加载，确定加载制度如图3.13所示。

正式加载前需进行预加载，按照15 kN×2的荷载步施加两级荷载，观察每级荷载下的测点通道，保证预加载作用下位移随着荷载的增加呈线性变化，然后卸载至零再正式加载。

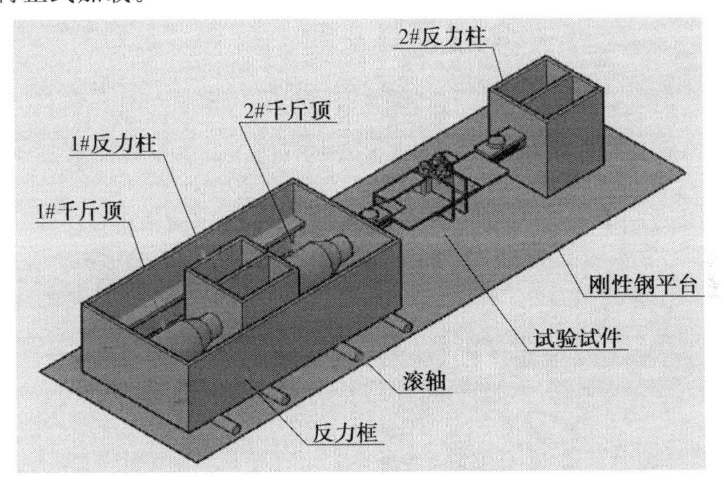

图3.12　板—板连接抗剪性能试验加载装置

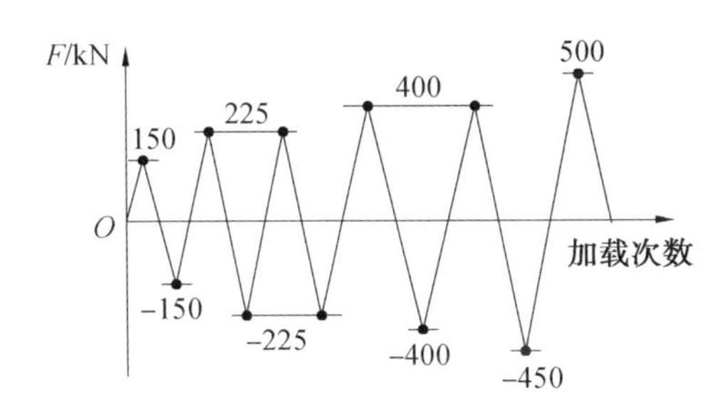

图3.13　板—板连接节点往复加载的加载制度

3. 试验过程及结果

（1）单调加载连接节点试验过程与结果。

试验连接节点钢材表面处理方式采用喷砂处理，3 个试件在整个加载过程中表现基本一致，在滑移产生之前，节点整体表现为弹性变形，当产生滑移时，都会产生非常大的“砰”的一声响，随后滑移明显增长，同时荷载值并没有降低。试验取出现声响时的荷载作用连接的抗滑移荷载值，图 3.14 所示为各试件的安装与相应的荷载－滑移曲线。

(a) BBDX-01 试件安装

500
450
400
350
300
250
200
150
100
50
0
0.1 0.2 0.3 0.4 0.5 0.6 0.7 0.8 0.9 1.0 1.1 1.2 1.3 1.4
荷载/kN
滑移/mm
BBDX-01

(b) BBDX-01 荷载-滑移曲线

(c) BBDX-02 试件安装

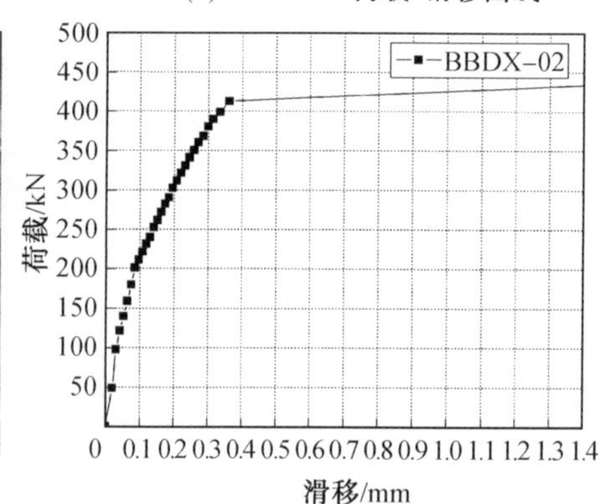

(d) BBDX-02 荷载-滑移曲线

图 3.14　单调加载板－板连接节点试验安装与节点荷载－滑移曲线

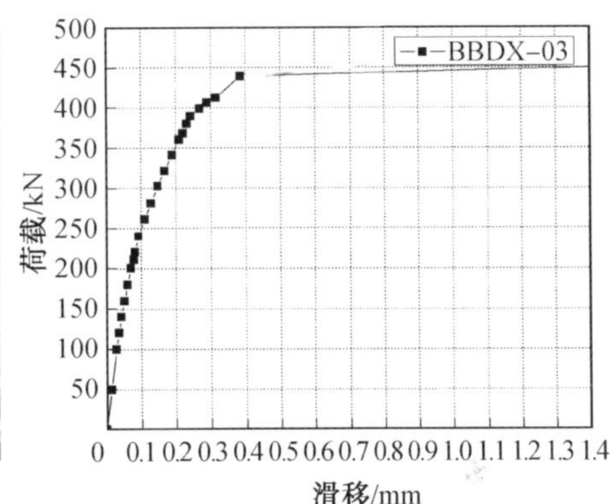

(e) BBDX-03 试件安装　　(f) BBDX-03 荷载-滑移曲线

续图 3.14

表 3.6 归纳整理了板－板单调加载的试验结果，三个试件的抗滑移承载力分别为 430、412、439 kN，平均抗滑移荷载为 427 kN。依据前面测定的滑移系数，按 JGJ 82—2011 高强螺栓抗剪承载力计算方法对连接的抗剪承载力进行分析，摩擦系数取 0.32，10.9 级 M30 高强螺栓预拉力为 355 kN，连接的受力方式为槽型孔沿孔的长方向受力，取孔型系数为 0.6，由此可计算出连接的滑移荷载为：0.32×355 kN×3×0.6＝204.48(kN)。对比发现：带套管高强螺栓连接这种构造形式的连接节点抗剪承载力性能较好，抗滑移承载力的实测值是理论分析值的2.08 倍。试验结果同时还表明：三螺栓连接的拼接节点的抗剪承载力也远超过楼盖连接设计所需承载力，实际节点的超强系数为：427 kN/81.1 kN＝5.26。考虑到连接在实际工作中处于弹性状态，连接的弹性抗剪刚度直接取滑移荷载与滑移时连接的相对变形比值来确定，试验测得连接平均抗剪刚度为1 125.2 kN/mm。

表 3.6　双拼桁架节点实测抗滑移承载能力

试件编号	BBDX－1	BBDX－2	BBDX－3	平均值
抗滑移承载能力 /kN	430	412	439	427
滑动时相对变形 /mm	0.392	0.361	0.386	0.379
抗滑移刚度 /(kN・m^{-1})	1 096.9	1 141.3	1 137.3	1 125.2

(2) 往复荷载作用下的过程与结果。

单调加载试验测出了连接的抗滑移承载力以及弹性抗剪刚度，往复荷载试验主要检验连接在往复作用下抗剪性能是否稳定以及刚度退化情形。前面分析显示连接的超强系数比较大，实际受力情形下连接基本处于弹性工作状态，试验重点考察连接在设计需求荷载作用下的抗剪性能，采用图 3.13 的加载制度按图 3.12 的方式进行加载。图 3.15 所示为试件的现场安装情况，为保证连接受压时不出现平面外的变形，在试件两侧设置了抗侧装置。受加载设备的影响，试验加载至连接滑移但未至连接极限破坏，图 3.16 和图 3.17 分别为试件 BBSX－1、BBSX－2 在往复荷载下的荷载－滑移曲线。

图 3.15　往复荷载试验试件安装情形

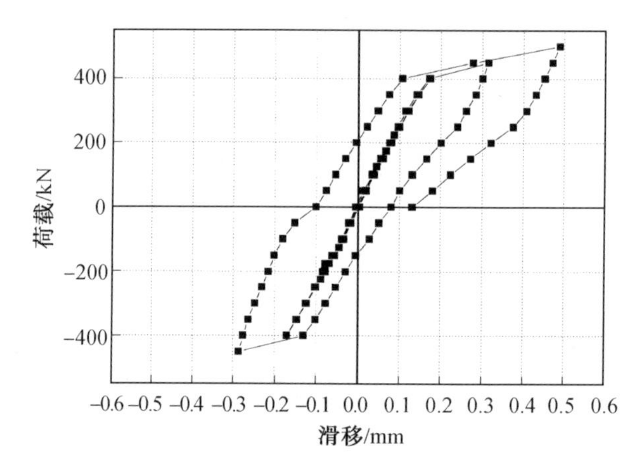

图 3.16　BBSX－1 的荷载－滑移曲线

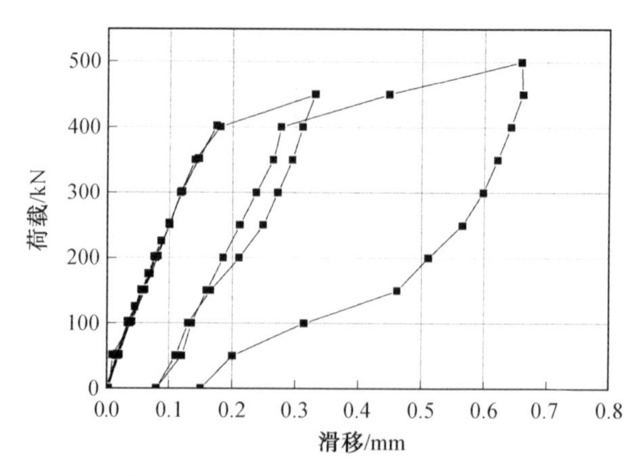

图 3.17　BBSX－2 的荷载－滑移曲线

从试件 BBSX－1、BBSX－2 在往复荷载作用下的滑移曲线可以看出，板－板连接在剪力不大于 400 kN 时，往复荷载作用下连接的整体性能均呈弹性受力状态，往复作用下的荷载－滑移基本呈线性关系，但当荷载超出 400 kN 时，连接产生了较明显的塑性变形。分析连接在弹性受力阶段的荷载－滑移曲线发现，荷载往复作用下，连接的初始弹性刚度与单向受力时连接的弹性抗剪刚度相差不大。

3.2.3　板－板连接节点性能有限元分析

1. 板－板连接节点抗剪性能分析

(1) 模型的建立。

采用通用有限元分析软件 ANSYS 对板－板连接节点抗剪性能进行有限元分析。对连接进行计算分析时，节点构造、截面尺寸与试验相同，桁架的几何模型如图 3.18 和图 3.19 所示。分析试件的支撑条件为一端简支，自由端施加轴向拉力。分析时的材料与试验材料一致，分别为：杆件（上弦杆、竖腹杆）、加劲肋（单板、U 形、L 形）及螺栓垫块均采用 Q345 钢，弹性模量为 2.06×10^5 MPa；高强螺栓采用 10.9 级，采用 ANSYS 程序中的三折线模型，屈服准则为 Von Mises 屈服准则及其相关流动法则。

进行有限元计算分析时，Q345 钢及高强螺栓应力－应变曲线如图 3.20 和图 3.21 所示。

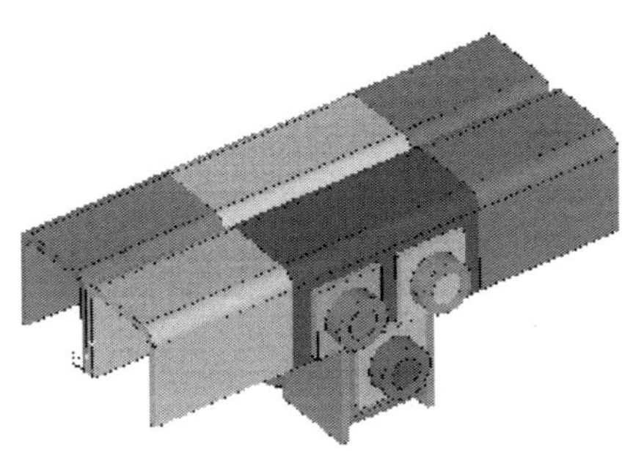

图 3.18　板－板连接节点整体几何模型

在模型连接节点试件中，杆件（上弦杆、竖腹杆）、加劲肋（单板、U 形、L 形）及螺栓垫块采用的材料与高强螺栓不同，且杆件之间、螺栓垫块与杆件之间、螺栓垫块与螺母之间有摩擦面，高强螺栓中存在着预紧力，因此，建立有限元模型时主要采用了以下几种单元：杆件（上弦杆、竖腹杆）、加劲肋（单板、U 形、L 形）、螺栓垫块及高强螺栓采用实体单元（SOLID45）、预紧单元（PRETS179），杆件之间、螺栓垫块与杆件之间、螺栓垫块与螺母之间接触面采用面－面接触单元（CONTA174）及相应的目标单元（TARGE170）。摩擦面的抗滑移系数根据滑

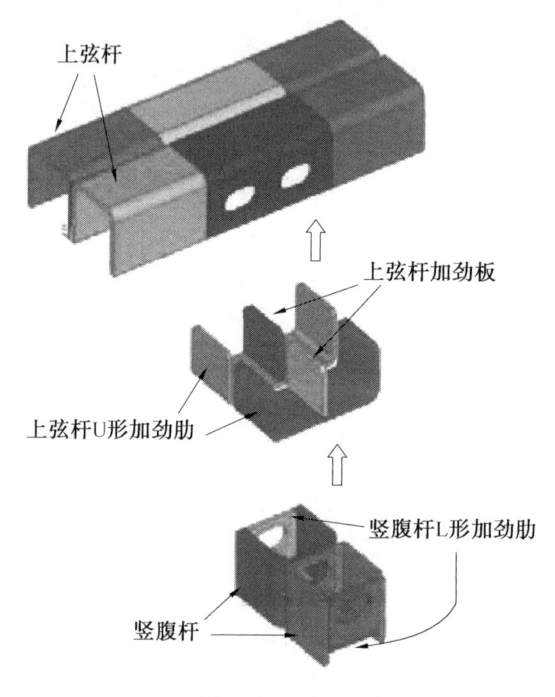

图 3.19　板－板连接节点构造解析

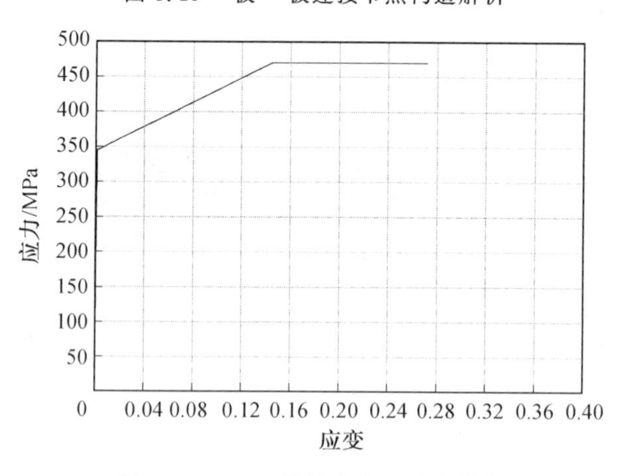

图 3.20　Q345 钢的应力－应变曲线

移系数测定试验中表面喷砂处理方式的结果取 0.32。

在进行有限元分析的过程中，不考虑几何缺陷的影响。考虑到节点核心区域应力分布的复杂性，同时为了提高计算效率，仅对试件核心区域进行了网格加密处理。典型的钢丝刷除锈双拼桁架的整体有限元网格划分及高强螺栓的网格划分如图 3.22 所示。

通过 SLOAD 命令，在已经生成的三维预紧单元 PRETS179 中施加高强度螺

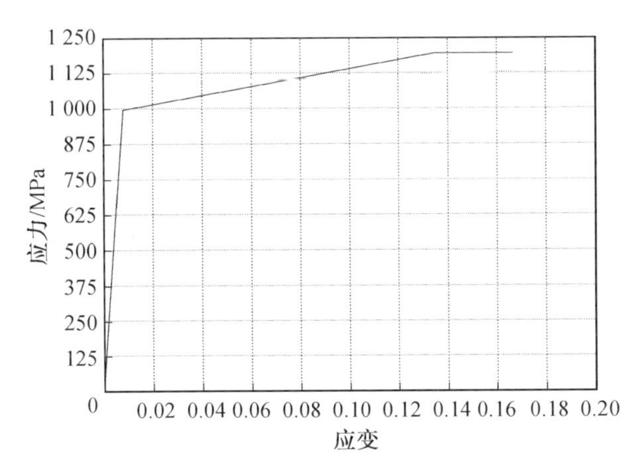

图 3.21　10.9 级高强螺栓钢材的应力－应变曲线

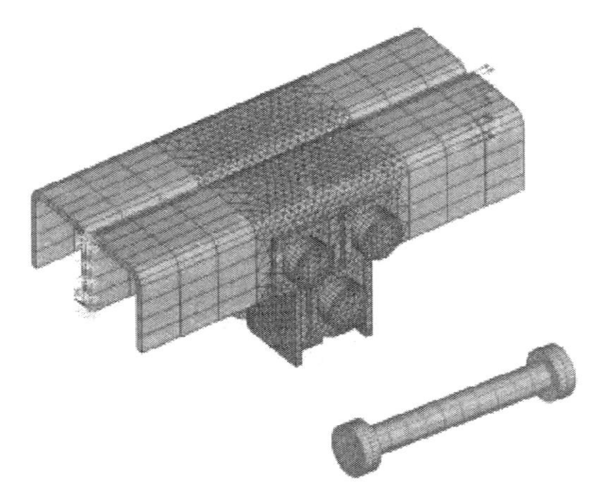

图 3.22　节点整体有限元网格划分及螺栓的网格划分

栓的预紧力，预紧力大小取规范的设计值，即 M30 为 355 kN。

针对试件的分析计算，均考虑按两个荷载步进行：第一步，在图 3.22 中杆件一端对应位置给施加位移约束，同时施加螺栓预紧力荷载；第二步，锁定第一步中螺栓预紧力产生的位移，依据试验情况，在试件的加载位置处施加荷载。这样的加载顺序，与试件在实际试验过程以及实际工程中螺栓受力的先后顺序完全符合。第一步采用小变形静力分析，第二步则采用大变形静力分析，两个荷载步中都采用自动时间步长。

(2) 结果分析。

通过连接节点有限元模型的建立，对其在剪切荷载作用下的应力分布、位移及抗滑移承载力进行了分析。受剪连接节点整体应力分布以及位移分布如图 3.23 和图 3.24 所示。

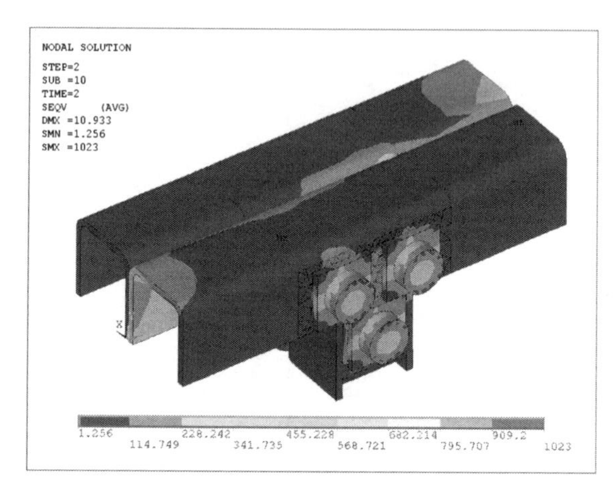

图 3.23　节点整体应力分布云图

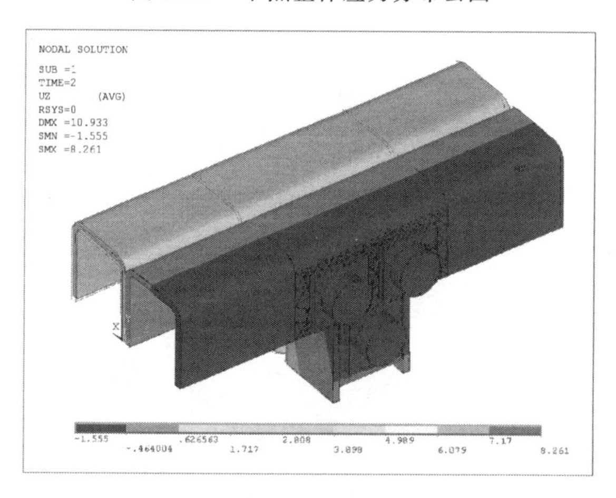

图 3.24　节点整体位移分布云图

板一板连接试件的内部、螺栓及套管的应力分布如图 3.25 ～ 3.27 所示。由图 3.27 可以看出，在螺栓预拉力作用下，上弦杆内的加劲套管的最大应力值已经达到其钢材屈服强度。

连接在剪力作用下的荷载一滑移曲线如图 3.28 所示。图中同时给出了 3 组试验的结果，由曲线可以看出，试验结果与有限元分析结果基本吻合。

上述分析同时也显示，当水平剪力加载至 270 kN 时，连接的内套管的最大应力已经达到了屈服，试验设计的套管壁厚 5 mm 不能满足连接超强的设计要求，内套管的壁厚构造不应小于 6 mm。

2. 板一板连接节点抗拉性能分析

板一板连接抗剪性能的有限元分析与试验结果比较显示出上述有限元模型基本模拟了连接的真实性能，本节针对上述模型，改变其连接受力方式，考虑

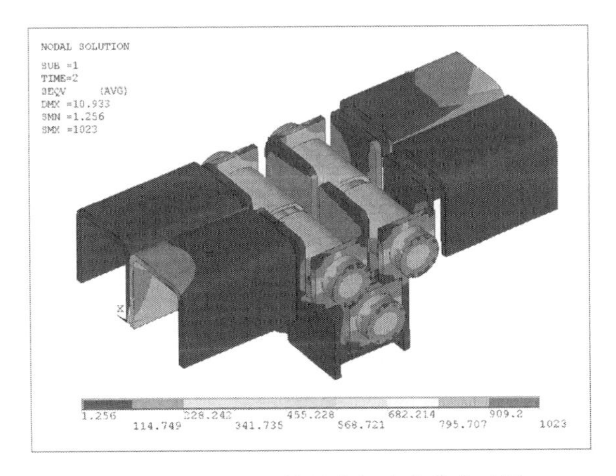

图 3.25　连接试件的内部应力分布云图

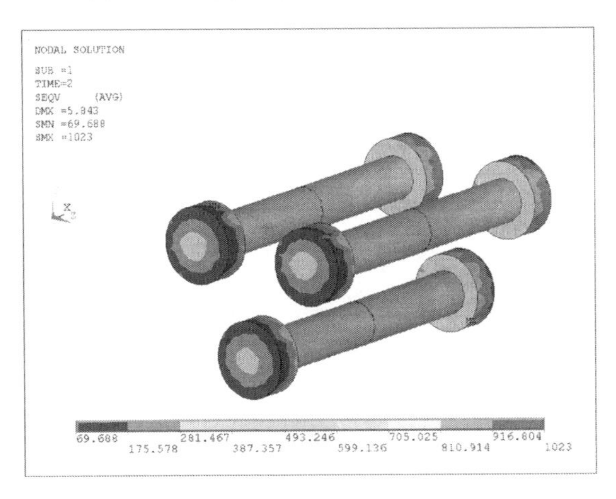

图 3.26　高强螺栓应力分布云图

板—板连接的抗拉性能。

(1) 模型的建立。

建模方式与抗剪连接模型一致，钢材及高强螺栓的本构关系同样采用图 3.20 和图 3.21 的应力—应变曲线关系，考虑拉力主要通过主梁传递至连接，分析采用节点的构造除了图 3.18 所示的内部筒体与 U 型加劲肋以外，连接每侧考虑50 mm 长度的桁架梁弦杆截面作为拉力施加端。几何模型由 ANSYS 建立，节点几何模型如图 3.29 所示。模型中，垫片与边梁弦杆之间建立摩擦(friction)，摩擦系数采用试验测试的结果，取 0.32；螺母与垫片之间采用绑定连接(bonded)，而两个边梁弦杆之间则采用 workbench 的无摩擦接触形式(frictionless)。图 3.30 所示为弦杆与螺栓的网格划分形式。

受拉连接分析取一侧的主梁端部为固定约束，在另一侧的主梁端部施加荷

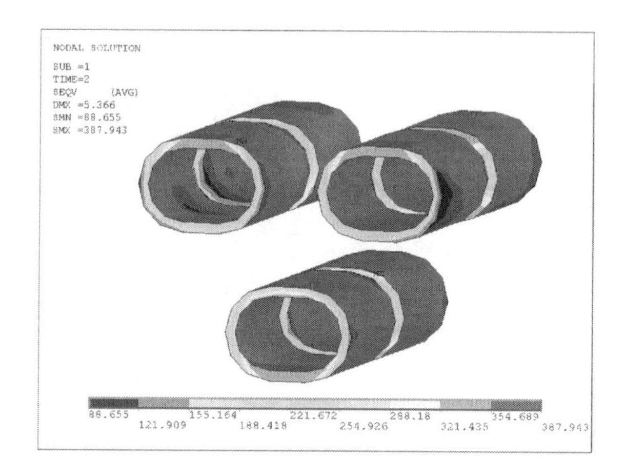

图 3.27　套管应力分布云图

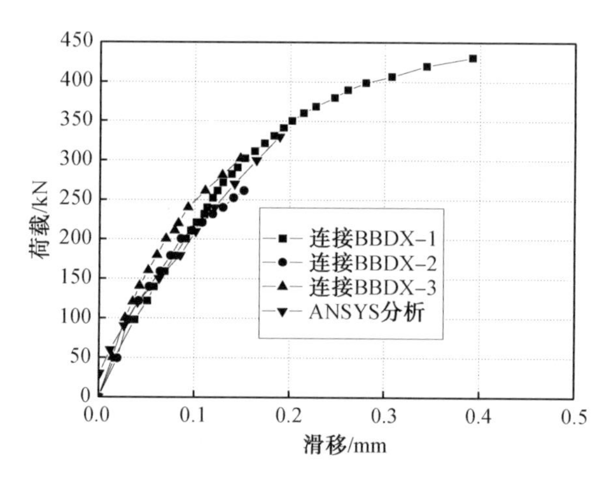

图 3.28　荷载—滑移曲线对比

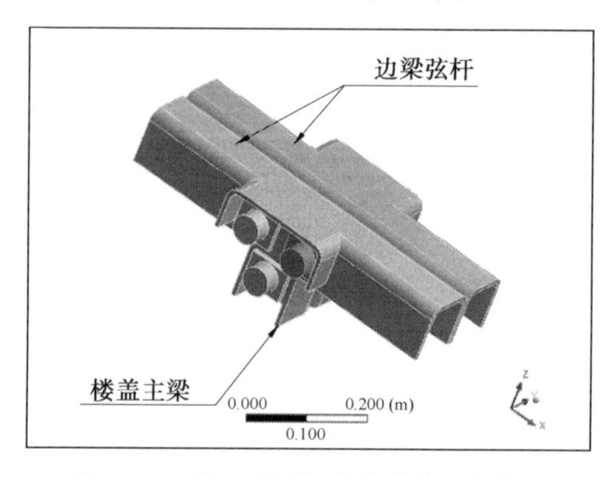

图 3.29　板—板受拉连接节点分析模型

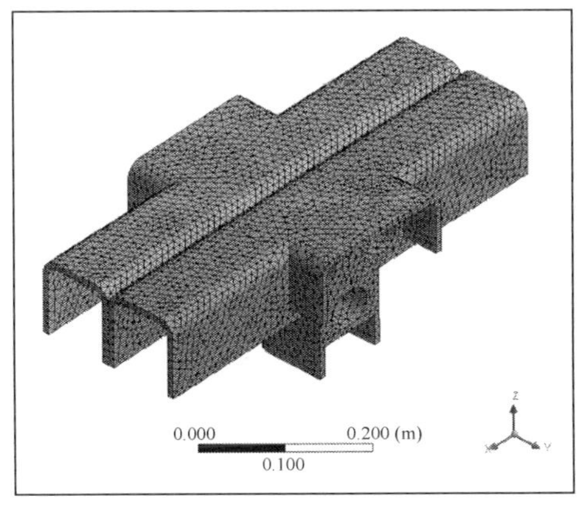

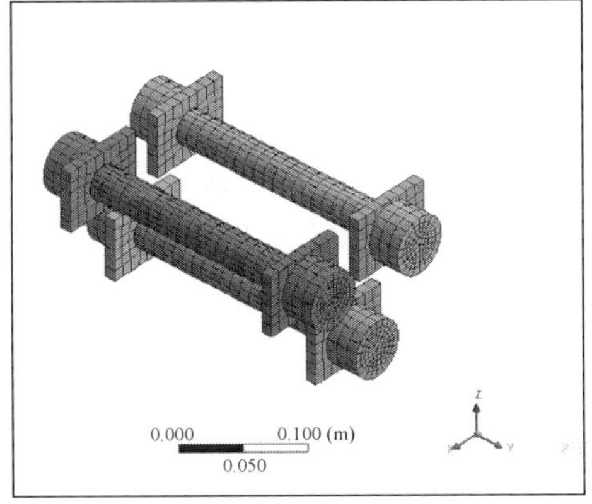

图 3.30　节点弦杆有限元网格划分及螺栓的网格划分

载。首先分别对各螺栓圆柱面施加 355 kN 的预紧力，然后在主梁加载端部截面施加面荷载（主梁截面 2 880 mm^2），按 5 MPa、10 MPa、15 MPa、20 MPa、25 MPa、50 MPa、75 MPa、100 MPa、125 MPa、150 MPa 的加载制度施加拉力，图3.31 所示为受拉连接节点约束状况与加载。

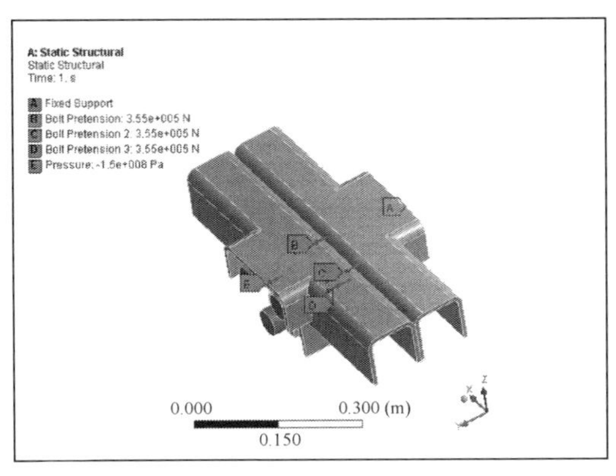

图 3.31　受拉连接节点约束状况与加载

（2）分析结果。

依据上述荷载步逐级加载，通过分析可以得出连接的连接轴向位移及各组件的应力与变形云图。图 3.32 所示为轴向拉力为 14.4 kN（5 MPa）时的连接弦杆与螺栓的应力云图。图 3.33 所示为在各级荷载作用下连接的整体轴向变形及螺栓轴向变形的发展情况。

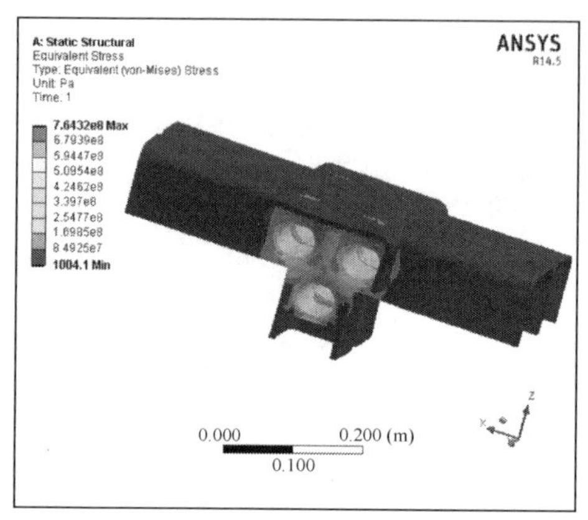

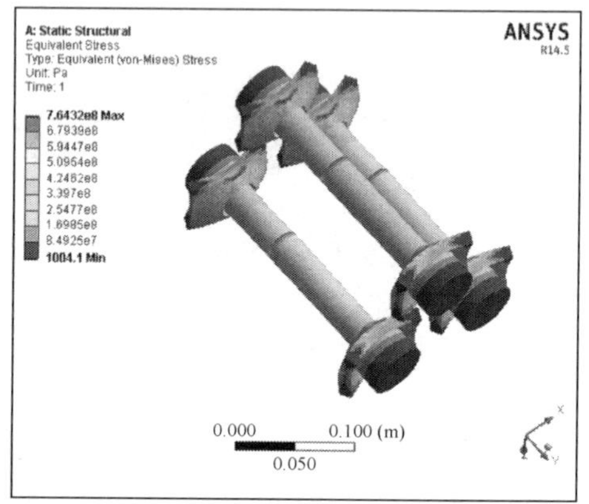

图 3.32　14.4 kN 作用下连接组件的应力分布云图

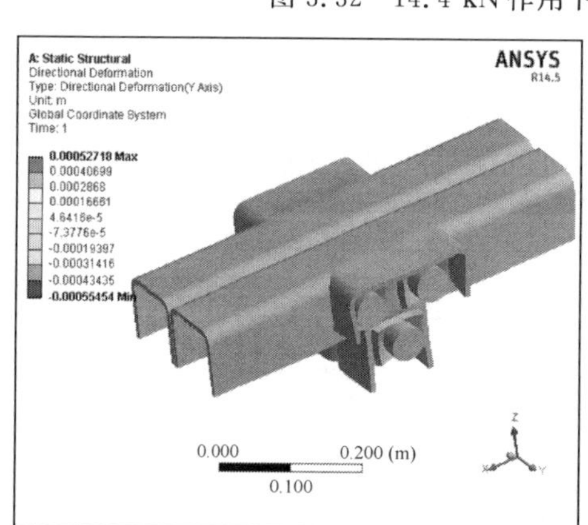

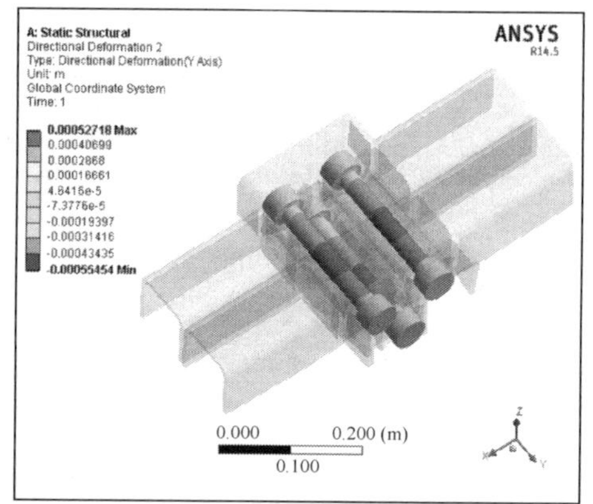

(a)57.6 kN(20 MPa) 作用下连接的整体变形及连接螺栓的变形

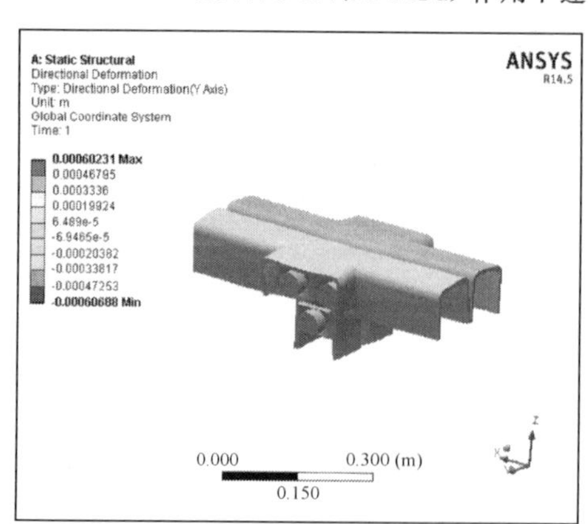

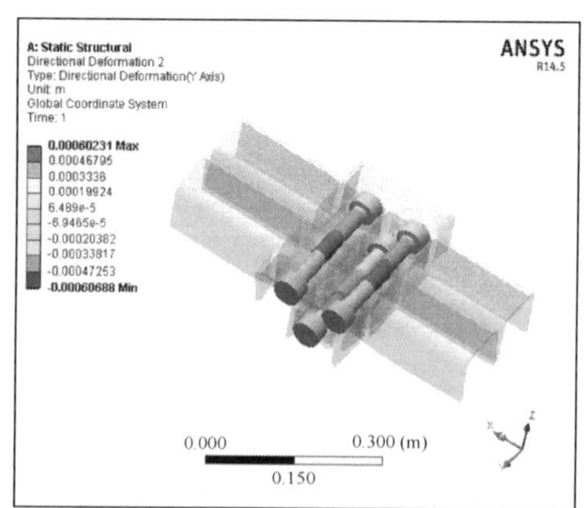

(b)288 kN(100 MPa) 作用下连接的整体变形及连接螺栓的变形

图 3.33　各级荷载作用下连接的整体轴向变形与螺栓的轴向变形

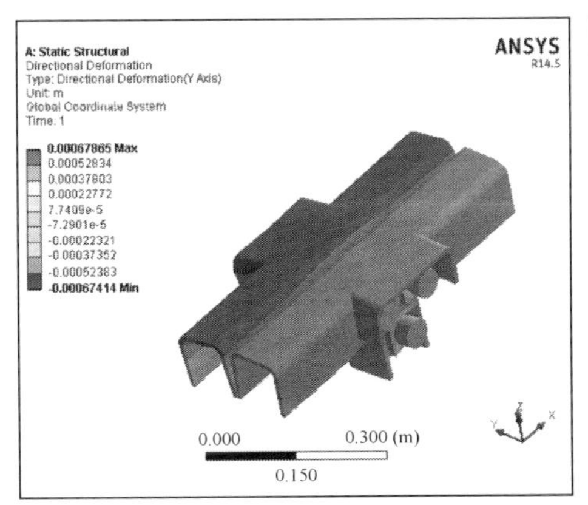

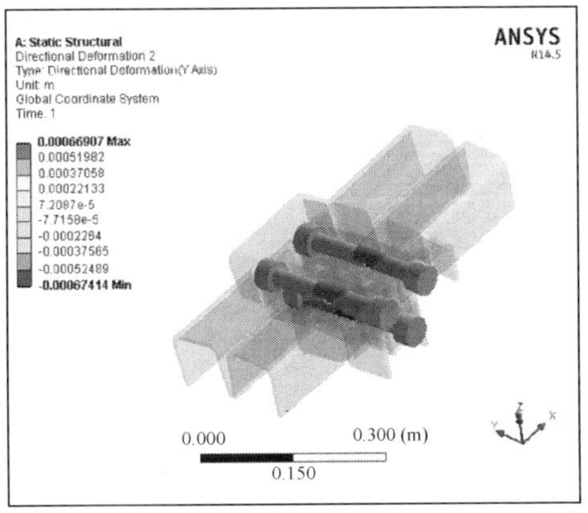

(c)432 kN(150 MPa)作用下连接的整体变形及连接螺栓的变形

续图3.33

从图3.33的连接变形发展情况可以看出，当荷载达到216 kN时，两弦杆之间出现明显的分离，随后两弦杆间间隙随荷载增加不断增大。取连接螺栓的平均轴向位移作为拉力作用下连接的轴向位移，绘制连接的荷载－滑移曲线，如图3.34所示。分析该荷载－滑移曲线可知：整个加载过程中荷载－滑移曲线呈上升状态，板－板连接并未出现较明显的屈服点，但加载至360 kN(此时螺栓平均轴向变形为0.077 mm)，荷载－滑移曲线上升斜率明显减小，可取板－板连接的抗拉承载力为360 kN；针对板－板的初始弹性抗拉刚度，可取弦杆出现分离的前一级荷载来确定，由此可以得出连接的抗拉刚度为4 675.3 kN/mm。

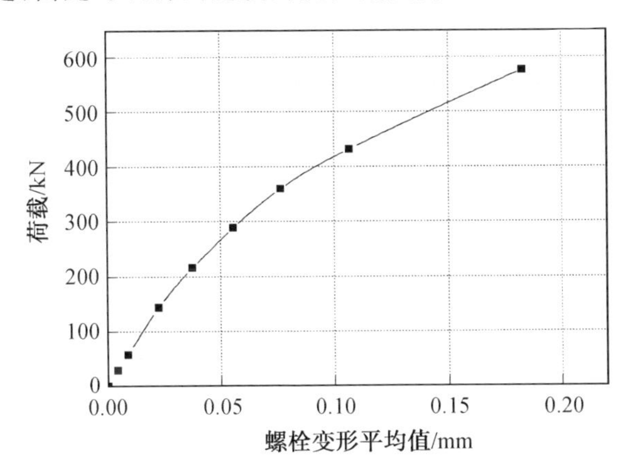

图3.34　板－板连接节点受拉荷载－滑移曲线

3.3　板—柱装配连接节点性能

楼盖关键连接的性能要求分析显示，在楼盖平面内的水平力作用下，板—柱的装配连接主要处于抗剪工作状态。板—柱连接构造设置有填板与轴承，采用单面紧固的高强螺栓连接，且上下弦连接构造并不相同，其受力性能相比板—板连接更为复杂。在第2章分析中，根据节点构造特征的差异，板—柱装配连接分为B1型（主梁与H型钢柱连接）、B2型（双拼桁架梁与H型钢柱连接）、B3型（楼盖与箱型角柱连接）三种构造形式。为了全面了解三类型板—柱连接的抗剪性能，本节采用足尺的板—柱连接节点进行抗剪性能的试验研究；针对板—柱连接的抗拉性能，对于B3类型的板—柱连接，同样采用足尺试件对连接抗拉性能进行试验研究；对于B1、B2型的板—柱连接，则取桁架梁上弦与H型钢柱装配连接作为分析研究对象，采用有限元分析方法对其抗拉性能进行分析研究。

3.3.1　B1、B2型板—柱装配连接节点水平抗剪性能试验

1.试件制作与加载装置

考虑板—柱连接构造的复杂性，在楼盖装配成型的实体结构上进行试验，对足尺的板—柱装配节点施加水平作用力，测试板—柱连接的抗剪性能。

制作试件时，按图2.2所示的楼盖结构布置情形采用四块楼盖装配好，框架柱只取梁柱节点与区段，按设计的梁柱连接构造方式装配在楼盖上，取装配成型的板—柱连接作用试验对象进行试验研究，试件加工方式如图3.35所示，图中包括主梁与H型钢柱（B1型）、双拼桁架梁与H型钢柱（B2型）两类型构造的试验连接节点。

为给试验对象的板—柱装配连接施加水平作用力，加载反力装置选择在装配好的工程楼盖边梁外侧焊接一个反力架（图3.35），使反力装置与试验的连接节点形成一个自平衡的装置，在连接的左右两侧对称设置反力装置，以便于对连接施加往复的水平荷载。

为了保证加载过程中工程柱不出现柱身平面外的变形，在柱的外侧设置限位杆与楼盖的边梁连接，保证在水平荷载作用下板—柱连接只发生板—柱的相对水平滑移。试验采用750 kN千斤顶对连接加载，水平荷载作用于工程柱上，力的作用线通过桁架梁组合楼盖的组合截面形心位置，保证桁架梁与框架柱上下弦杆的连接受力均匀。图3.36所示为试验现场的板—柱连接与反力架布置情形，图3.37显示了板—柱相对滑移的测试方案，在板—柱连接的左右两侧设置1#、2#两个相对滑移测试点，取平均值作为水平荷载作用下的板—柱连接相对滑移值。

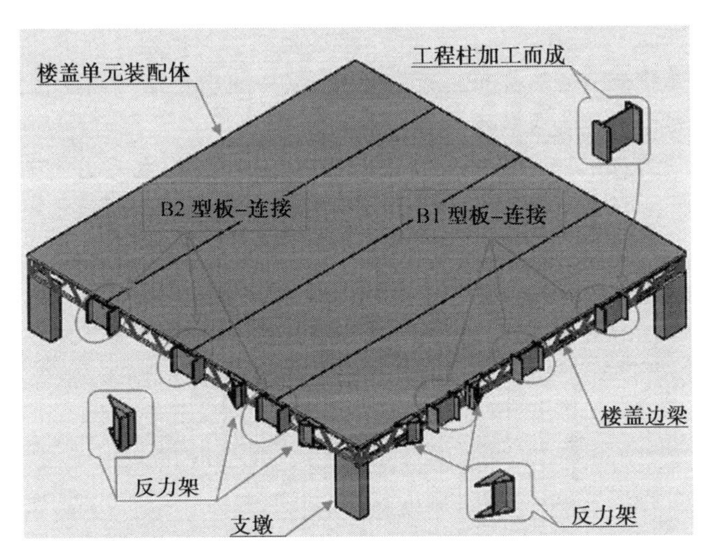

图 3.35　板－柱连接(B1、B2 型) 试验试件加工制作方案

(a) B1 型梁柱连接与反力架布置情形

(b) B2 型梁柱连接与反力架布置情形

图 3.36　板－柱连接节点现场装配情形

图 3.37　板－柱连接相对滑移测试方案

2. 加载制度与测试内容

前面分析指出，单筒楼盖结构平面内水平作用力设计取值为 1 460 kN，根据

节点超强设计的要求，在该荷载水平下，楼盖桁架梁与框架柱的拼装节点不产生滑移。分析单筒结构的结构布置，可认为沿水平地震作用方向的楼层剪力主要通过平行地震作用方向的H型钢柱向基础传递(图3.38)，在这种情形下，板－柱连接的上下弦连接构造，单个B1(B2)节点应该传递的水平剪力初步估算为：$\frac{1\ 460}{9}=162.2\ (\text{kN})$。

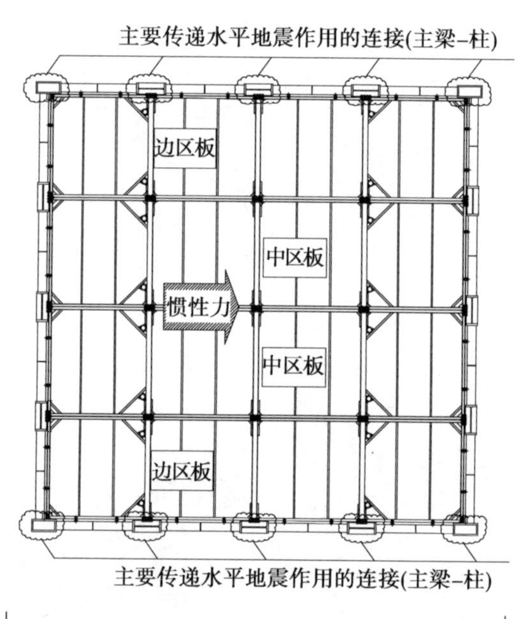

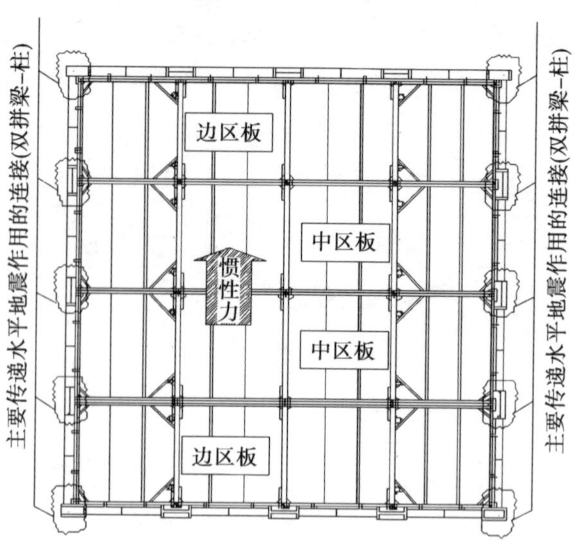

图 3.38　楼盖平面内地震作用传递机理

针对上述节点性能的要求，楼盖板与H型钢柱连接节点水平受剪性能试验采用往复的双向加载，加载过程采用力控制方案，按图3.39所示加载制度进行加载，测试方案则采用图3.37所示的方案，通过试验最后得出B1、B2型板－柱连接的荷载－滑移曲线。

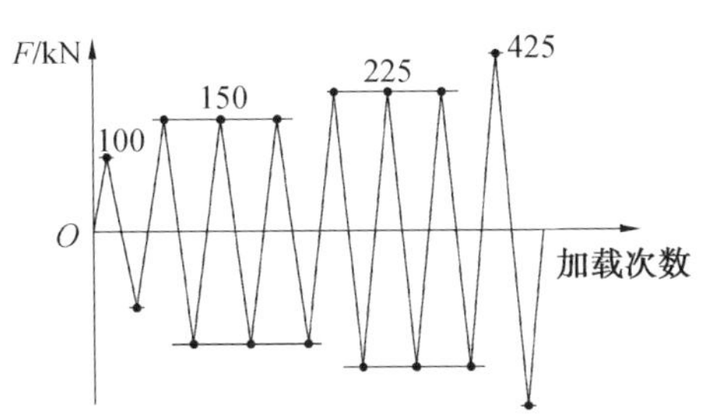

图3.39　主梁与H型钢柱连接节点试验加载制度

3.试验过程及结果

(1)B1型板－柱连接节点试验结果与分析。

依据设计加载程序进行加载，对该节点施加反复循环荷载，测得节点的荷载－滑移曲线如图3.40所示，当加载至第8次循环时，梁柱之间产生较明显的相对位移，试验停止加载。图中主梁与柱连接的荷载－滑移曲线表明：在荷载不超出225 kN时，梁柱连接节点在往复荷载作用下的整体性能呈弹性工作状态，当水平荷载达到425 kN时，可以看出连接产生了非常明显的塑性变形。

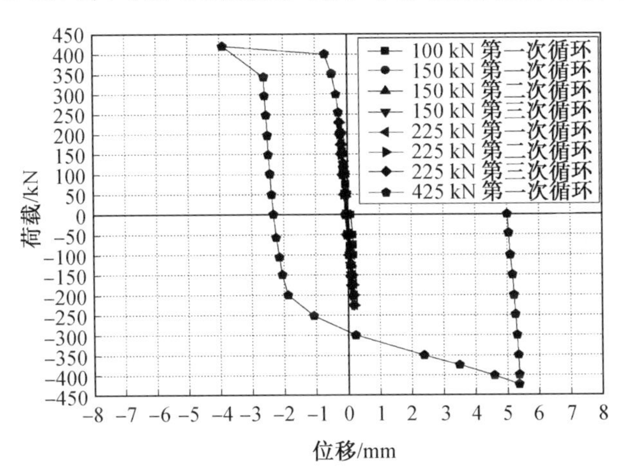

图3.40　主梁与H型钢柱连接节点荷载－滑移曲线

连接处于弹性工作阶段时，其抗剪连接刚度可参考图3.41所示的峰值－峰值滞回刚度定义进行确定，求得该新型装配式组合楼盖主梁与H型钢柱的抗剪连接刚度为275 kN/mm。

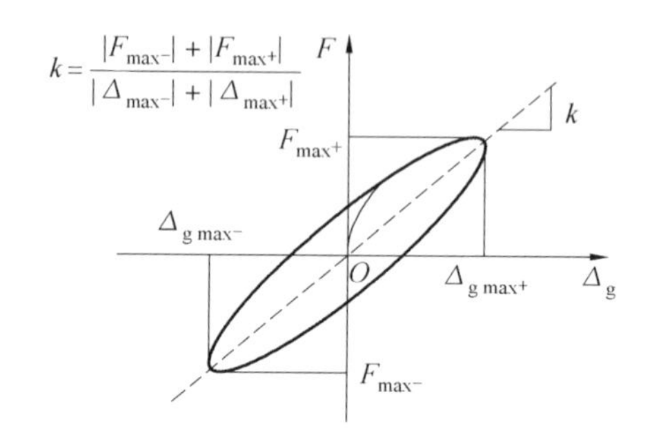

图 3.41　峰值—峰值滞回刚度定义

(2)B2 型板—柱连接节点试验结果与分析。

依据设计加载程序进行加载,对该节点施加反复循环荷载,测得节点在各次循环荷载作用下的荷载—滑移曲线如图 3.42 所示。

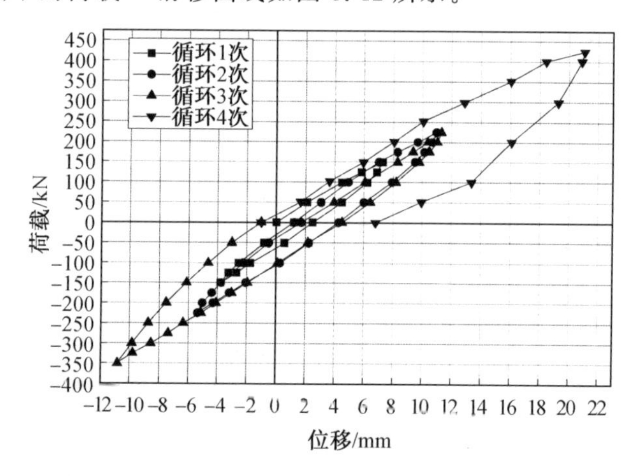

图 3.42　B2 型板—柱连接节点荷载—滑移曲线

分析图 3.42 所示荷载—滑移曲线可以看出,连接在第一次反向受荷,节点出现一个较大的残留变形,这应该不是连接塑性变形所致,是加载装置初始间隙引起的。当水平往复荷载不超过 350 kN 时,连接节点工作性能基本呈弹性状态,当水平荷载达到 425 kN,连接则产生了非常明显的塑性变形。同样采用图 3.41 所示的滞回刚度定义,可得出新型装配式楼盖体系 B2 型板—柱连接的抗剪刚度为 37.5 kN/mm。

3.3.2　楼盖板与角柱装配连接节点受力性能试验

1. 试件制作、加载装置及加载方式

楼盖板与角柱的连接构造如图 2.16 所示,图 3.1 中连接受力性能要求分析表明,在楼盖平面内水平荷载作用下,连接主要处于受拉与受剪工作状态。为分

别测试板－柱连接的抗拉、抗剪性能，试验采用 1∶1 的足尺连接节点进行研究，试件制作加工按图 3.43 所示方式进行：取 1.2 m 长的实际工程角柱及 0.3 m 长支撑框架梁加工成梁柱支撑结构，取楼盖窄板单元的角部正交向的边梁各 1.0 m 长，按图示的装配要求利用上、下弦板－柱装配连接件（图 2.17）装配成型。试件共加工 2 组，分别为 BJZ－1、BJZ－2：BJZ－1 考虑按图 3.44 中的受剪加载，而 BJZ－2 则考虑按图 3.44 中的受拉加载。

加载装置参考板－板连接的节点试验加载装置，分别按图 3.44 所示的方案进行加载装置的制作安装。图中加载平台采用 2 片平躺的槽型钢梁拼接而成，试件 BJZ－1、BJZ－2 分别与平台钢梁焊接，千斤顶通过反力框对连接试件施加水平荷载测试节点的抗剪、抗拉受力性能。

依据图 3.38 所示楼盖水平地震作用力的传递机理，结合楼盖板－角柱连接的上下弦连接节点构造，单个 B3 型板－柱连接节点应该传递的水平剪力初步估算为$\left(\frac{1\ 460\ \text{kN}}{18}\right)\times 1.5=121.7\ \text{kN}$。主板与角柱连接节点钢材表面处理方式为表面喷砂处理，其表面摩擦系数为 0.32，针对试验模型的螺栓布置方式，分析可初步估算节点理论滑移荷载值为 $0.32\times 355\ \text{kN}\times 3=340.8\ \text{kN}$。试验采用 750 kN 千斤顶对试件进行加载，拉、剪两种受力方式均采用单调加载，加载模式按如下方式控制：

施加荷载前，首先观察所有测量仪器，记录初始读数。然后预加载 $2\times 10=20$ (kN)，再卸载到零。

进行受拉性能试验时，正式加载先按每级荷载 50 kN 施加到 150 kN，再按每级荷载施加 25 kN，具体加载步骤为：

0 kN → 50 kN → 100 kN → 150 kN → 175 kN → 200 kN → 225 kN → 250 kN → … → 375 kN →400 kN。

进行受剪性能试验时，正式加载按每级荷载施加 25 kN，直至节点出现滑移，具体加载步骤为：

0 kN→25 kN→50 kN→75 kN→100 kN→125 kN→150 kN→175 kN→200 kN → 225 kN → 250 kN → … → 475 kN → 500 kN。

试验过程分别对施加荷载值及节点的边梁与框架柱之间的相对滑移，绘制出连接在荷载作用下的荷载－滑移曲线，分析连接的抗剪、抗拉性能。针对相对滑移的记录，采取在节点的桁架梁上、下弦杆位置分别量测边梁与框架柱的相对滑移，取平均值作为连接的相对滑移值，现场测点布置情形如图 3.45 所示。

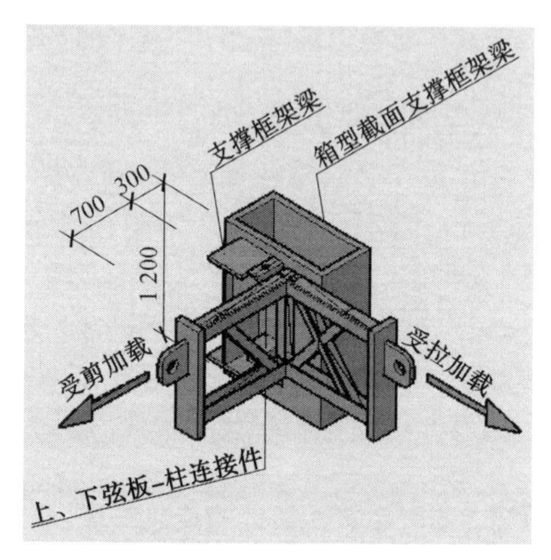

图 3.43　B3 型板－角柱连接节点试验试件制作加工方案

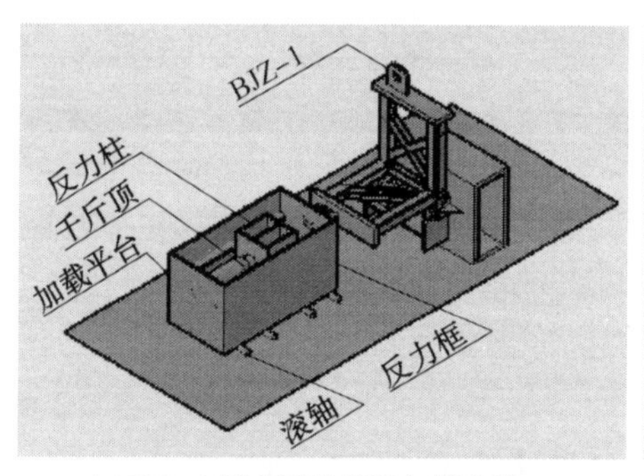

(a) BJZ-1 节点试验受剪加载方案

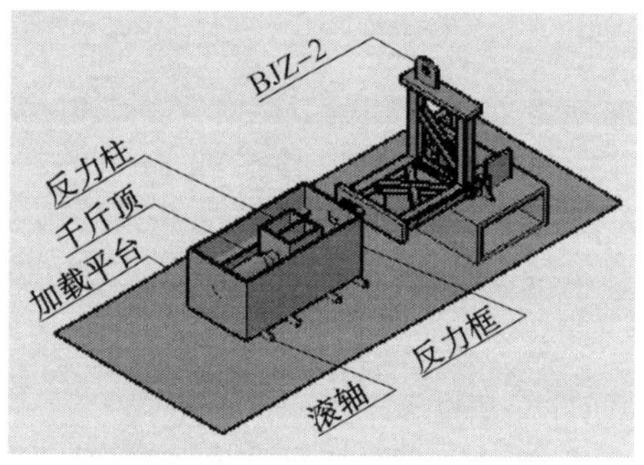

(b) BJZ-2 节点试验受拉加载方案

图 3.44　B3 型板－角柱连接节点试验加载方案

图 3.45　B3 型板－柱连接节点性能试验相对滑移测点布置情形

2. 试验过程及结果分析

根据试验设计对节点进行在水平荷载作用下的受拉试验，试验荷载 — 滑移曲线如图 3.46 所示。由图可知，在试验开始阶段，随着荷载的增大，位移基本呈线性变化。当荷载加至 226.4 kN 时，位移增大明显（位移为 0.268 mm），连接角柱与桁架梁的角托钢板产生较大变形。此后继续加载，位移增大速度加快，当拉力达到 450 kN 时，角托与桁架梁连接部位变形量为 1.18 mm，节点受力性能整体表现良好。分析图 3.47 所示节点抗拉的荷载 — 滑移曲线，节点抗拉性能与图 3.34 所示的板 — 板连接抗拉性能相似，试验加载过程荷载 — 滑移曲线一直处于上升阶段，取位移增幅明显增大点（荷载 226.4 kN 对应点）确定连接的初始弹性抗拉刚度为$\frac{226.4}{0.268}=844.8$ (kN/mm)；荷载—滑移曲线对应荷载 324.6 kN 时，曲线斜率发生较明显变化，可取连接的抗拉承载力为 324.6 kN，该值超出了设计的板 — 角柱需求的抗拉承载力值 146 kN，超强系数为 2.22。

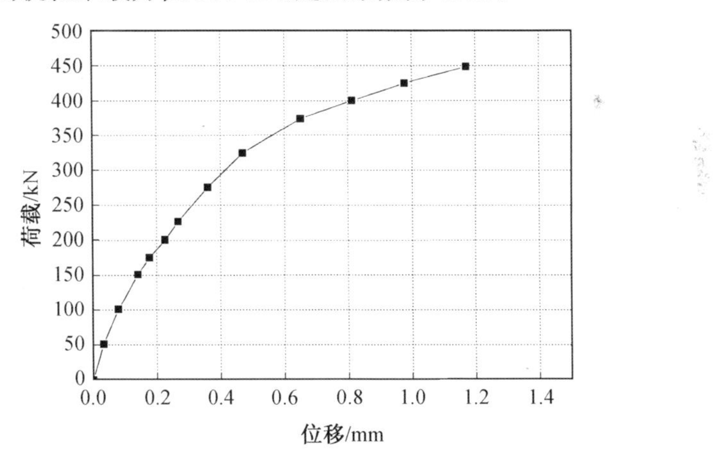

图 3.46　主板与角柱上弦连接节点受拉性能荷载 — 滑移曲线

根据试验设计对节点进行在水平荷载作用下的受剪试验，图 3.47 所示为试验现场加载情形图。荷载—滑移曲线如图 3.48 所示，由图可知，从开始加载到加至 120 kN 的过程中，节点相对位移变化不大，合计不超过 0.4 mm。此后继续加载，大约加至 130 kN 时，节点发出响声，产生较大滑移，同时荷载下降至 108 kN。由上述试验结果可分析得出：板 — 角柱连接（B3 型连接）的抗剪承载力为 130 kN，满足设计规定的抗剪承载力（121.7 kN）需求；取滑移前一级荷载确定连接抗剪弹性刚度，可求得抗剪连接刚度为$\frac{120.8}{0.36}=335.6$ (kN/mm)。

图 3.47　主板与角柱连接节点受拉试验现场加载情形

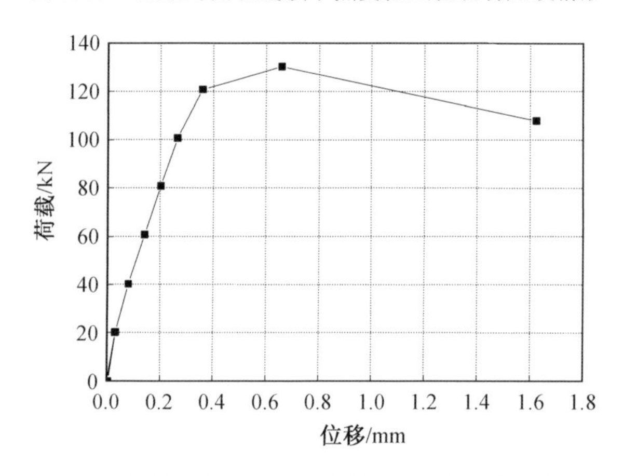

图 3.48　主板与角柱上弦连接节点受剪性能荷载－位移曲线

3.3.3　楼盖板与 H 型钢柱装配连接节点轴向抗拉性能的有限元分析

前面关于楼盖关键连接节点性能需求分析指出，楼盖板与 H 型钢柱装配连接节点主要处于受剪工作状态，但对于楼盖整体结构性能分析，依然需要了解该类型连接的轴向拉、压的工作性能。板－H 型钢柱连接构造复杂，试验节点设计比较困难，图 2.13 和图 2.14 揭示了其构造与装配方式，本节取桁架主梁的上弦与柱的拼装连接为研究对象，采用有限元分析考察该类型连接的轴向受拉性能。

1. 模型的建立

建模方式与 3.2.3 节的板－板抗拉连接建模方式一致，钢材及高强螺栓的本构关系采用图 3.20 和图 3.21 的应力－应变曲线关系。节点的构造形式如图 3.49(a) 所示，节点几何模型由 ANSYS 建立，建模过程中，高强螺栓与上弦连接柱铸件的内螺纹连接采用绑定约束(bonded)；实际连接中在装配单元的边梁与连接铸件之间有填板，在受拉分析中，将填板与楼盖边梁进行绑定处理，而填板与连接铸件侧采用无摩擦的接触处理(frictionless)；垫片与边梁弦杆之间建立摩擦(friction)，摩擦系数采用试验测试的结果，取0.32；装配轴销与加劲肋及铸件轴套之间有0.5 mm间隙，为简化分析过程，没有考虑该间隙的影响，对装配轴销与柱加劲肋及连接件的轴套进行绑定处理。具体的分析模型如图3.49(b)所示，图3.50所示为该连接的网格划分形式。

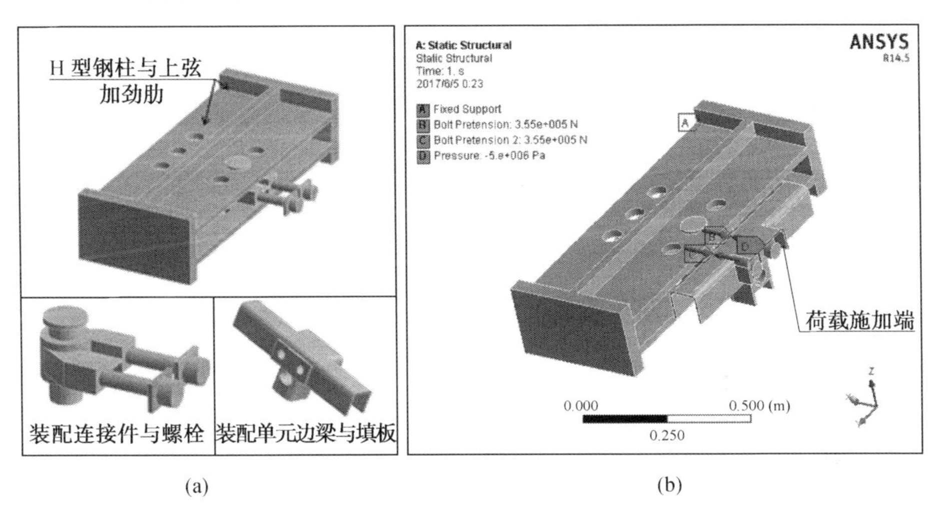

图3.49　板—H型钢柱受拉连接构造形式与分析模型

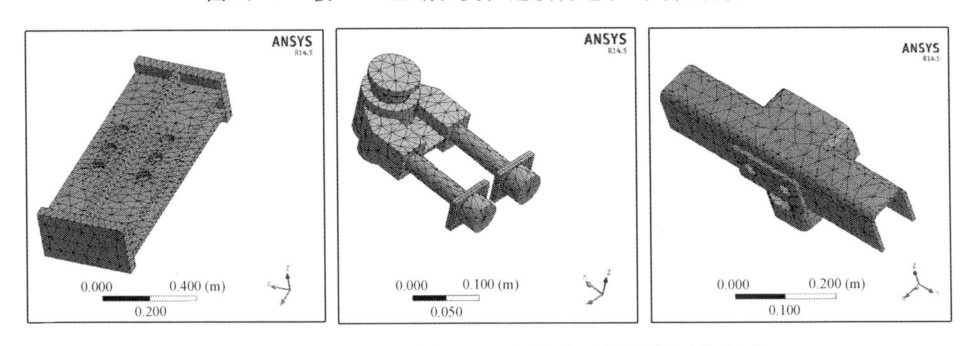

图3.50　节点弦杆有限元网格划分及螺栓的网格划分

对连接进行受力分析时，将H型钢柱无连接的一侧设为固定约束，加载方式与板—板受拉连接的加载方式一致，在图3.49所示的主梁弦杆上施加荷载。首先分别对各螺栓圆柱面施加355 kN的预紧力，然后在主梁加载端部截面施加面荷载（主梁截面2 880 mm^2），按5 MPa、15 MPa、30 MPa、45 MPa、60 MPa、90 MPa、100 MPa、100 MPa、110 MPa、120 MPa的加载制度施加拉力，分析连接在各级荷载作用下的荷载变形情况。

2. 分析结果

依据上述荷载步逐级加载,通过分析可以得出连接沿加载方向的轴向变形及连接组件的应力、应变云图。图 3.51 所示为轴向拉力为 14.4 kN(5 MPa) 时的连接弦杆与螺栓的应力与变形云图,考察上弦连接的两高强螺栓在各级荷载作用下的轴向变形情况,可得各级荷载作用下的螺栓轴向变形云图,如图 3.52 所示。

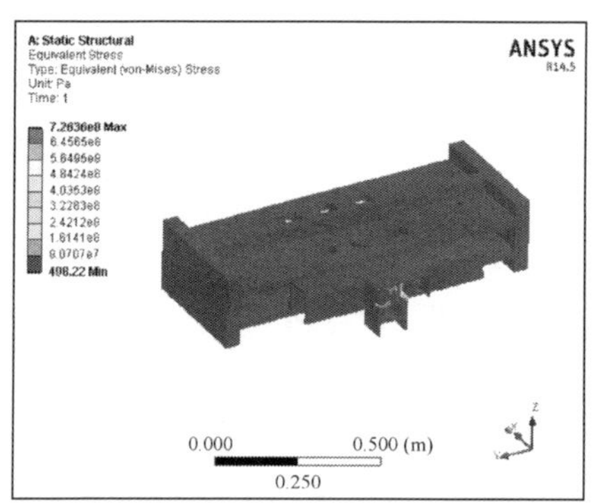

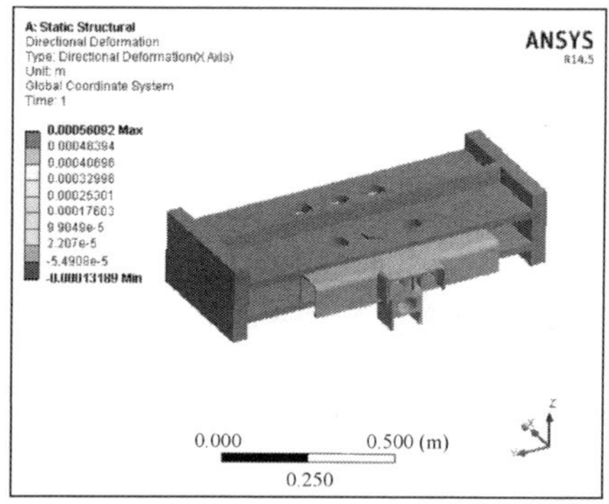

图 3.51　14.4 kN 作用下连接整体的应力与变形云图

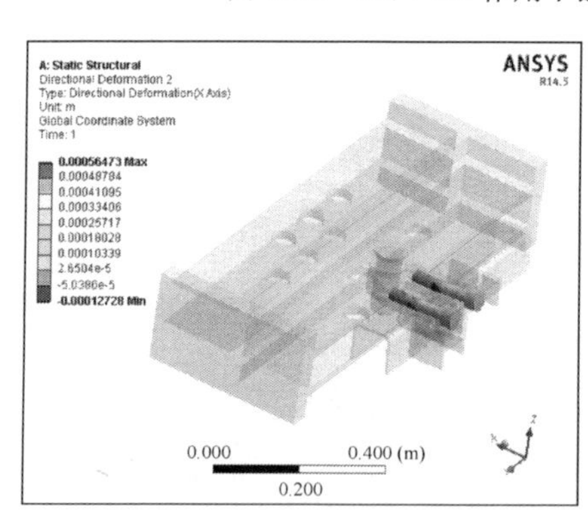

(a) 初始螺栓预紧时的变形云图

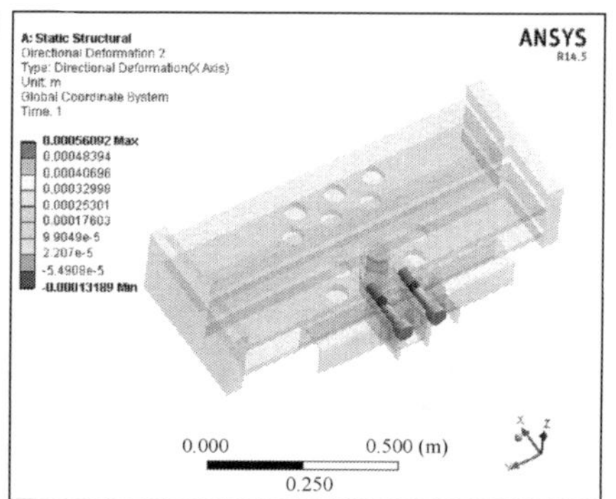

(b) 14.4 kN(5 MPa) 时的变形云图

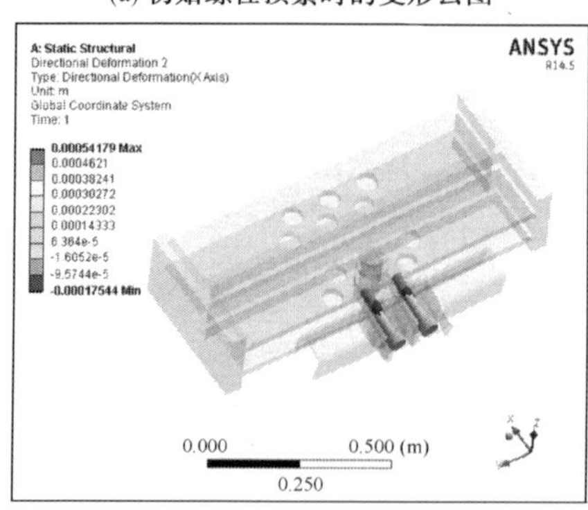

(c) 86.4 kN(30 MPa)时的变形云图

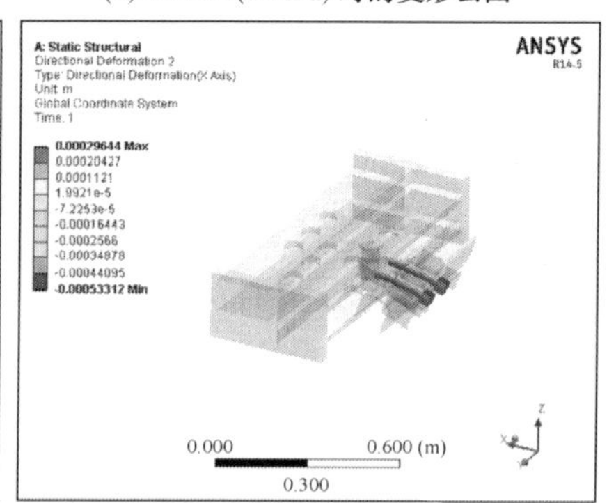

(d) 316.8 kN(110 MPa)时的变形云图

图 3.52　各级荷载作用下连接螺栓的轴向变形云图

由于分析值取了桁架梁上弦与柱的连接部位进行荷载变形分析，荷载施加在桁架梁上弦时，轴向力作用线并未通过该装配连接的几何形心位置，随着水平轴向荷载的增加，可以看到上弦连接高强螺栓产生弯曲变形，但加载至 316.8 kN 时，可以看到高强螺栓的弯曲变形非常明显，同时楼盖装配单元的边梁与柱之间也有了明显的分离。取连接螺栓的平均轴向位移作为拉力作用下连接的轴向位移，绘制连接的荷载－滑移曲线如图 3.53 所示。该荷载－滑移曲线显示：在水平轴向力不超过 288 kN(100 MPa) 时，连接的荷载－滑移曲线一直呈直线上升状态，但加载超过 288 kN(此时螺栓平均轴向变形为 0.193 mm)，连接的轴向变形明显增大，荷载－滑移曲线出现拐点。由该荷载－滑移曲线可知，楼盖板－H 型钢柱的轴向抗拉承载力可取值为 288 kN；板－H 型钢柱连接的初始弹性抗拉刚度可确定为$\frac{288}{0.193}=1\ 492.23$ (kN/mm)。

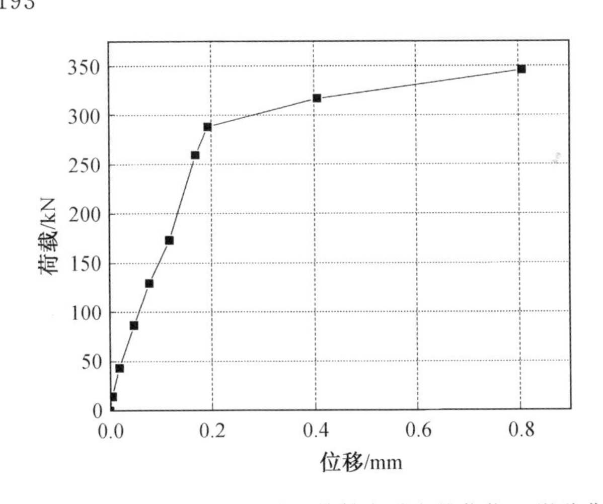

图 3.53　楼盖板与 H 型钢柱连接轴向受力的荷载－滑移曲线

3.4　本章小结

在对大跨装配式组合楼盖水平作用的分配－传递要求分析的基础上，本章针对楼盖体系关键装配连接节点性能进行了试验研究与分析，重点分析了连接的承载能力及连接刚度，总结如下：

(1) 在对比等效梁模型应力分布规律的基础上，提出了新型装配式组合楼盖体系关键连接节点的受力性能的基本要求，分析指出：板－板连接主要处于拉(压)－剪的工作状态；板－柱连接的 B1、B2 类型连接主要处于受剪工作状态；板－柱连接的 B3 型连接则根据平面内荷载作用方向的不同，具有抗拉与抗剪的性能要求。连接的构造与设计应注意保证节点的基本性能要求。

(2) 针对高强螺栓连接四种常用的表面处理方式,实际测量了高强螺栓的抗滑移系数,测试结果表明工程中实际的抗滑移系数比钢结构设计规范规定的抗滑移系数低。

(3) 为考察填板设置对高强螺栓连接抗滑移性能的影响,设计了 8 组试件分别考虑填板厚度、填板数量对高强螺栓抗滑移性能的影响。

(4) 通过对两组 5 个板－板连接试件在单调与往复水平荷载作用下的抗剪性能试验研究,指出板－板连接的抗剪承载力已超出了设计规定的大震作用下连接承载能力要求,节点超强系数为 3.5。试验表明:板－板连接的弹性抗剪刚度取值为 1 125.2 kN/mm。

(5) 针对板－板连接抗剪及抗拉的连接性能要求,基于 ANSYS 的有限元模拟,对板－板连接抗拉、抗剪性能进行了有限元分析。抗剪性能有限元分析结果与试验结果吻合良好,抗拉连接有限元分析结果显示:在整个加载过程中,连接出现明显屈服,连接的初始弹性刚度取值为 4 675.3 kN/mm。

(6) 通过对 4 个板－柱连接基于工程实际楼盖的足尺试件的试验研究,结合板－柱局部连接性能的有限元分析,分别探讨了各类型构造的板－柱连接的承载能力及初始弹性连接刚度,表 3.7 概括了本章各类型连接性能承载能力及初始刚度情形。

从表 3.7 的各类型连接节点性能分析可以看出,新型装配式组合楼盖的板－板连接节点具有较好的工作性能,承载能力及连接刚度都比较大,但板－柱连接的抗剪承载能力的超强系数比较小,双拼桁架梁与 H 型钢柱连接的抗剪刚度也不大,还可以对该类型连接进行适当改进,提升连接的整体性能。

表 3.7　各类型连接的承载能力与初始刚度汇总

连接类型与受力方式		承载能力/kN	超强系数	初始刚度/($kN \cdot mm^{-1}$)
板－板连接	抗剪	427	5.26	1 125.2
	抗拉	360	—	4 675.3
主梁－H 型钢柱连接(B1 型)	抗剪	225	1.39	275
	抗拉	288	—	1 492.23
双拼边梁－H 型钢柱连接(B2 型)	抗剪	225	1.39	37.5
	抗拉	288	—	1 492.23
板－角柱连接(B3 型)	抗剪	130	1.07	335.6
	抗拉	324.6	2.22	844.8

第 4 章　大跨装配式组合楼盖体系平面内刚度性能试验

新型楼盖体系作为高层束筒钢结构中的水平传力体系，其平面内刚度及刚度性能的评估，是整体结构分析与设计的一个关键环节。第 1 章针对楼盖平面内变形与刚度性能的基本研究方法及研究现状进行了概况说明，但考虑到作为本书研究对象新型装配式组合楼盖构造的特殊性，现有的研究成果都难以直接评判该类型楼盖的平面内变形及刚度性能，而试验研究则是对其进行分析评估的直接方法。本章针对该新型装配式组合楼盖的平面内变形与刚度性能进行试验方案与模型的设计。

4.1　试验目标的确定

我国《建筑抗震设计规范》(GB 50011—2010) 规定，结构抗震分析时，应按照楼、屋盖的平面形状和平面内变形情况确定为刚性、分块刚性、局部弹性和柔性等横隔板，再按抗侧力系统的布置情况确定抗侧力构件间的共同工作并进行各构件间的地震内力分析。本次试验的主要目标是测定新型装配式组合楼盖的平面内变形与刚度性能，为高层束筒钢结构的整体分析提供依据。具体来讲，该试验目标可以分解为以下三个具体的任务：

(1) 分析评估新型装配式组合楼盖对平面内水平荷载传递与分配的能力。

(2) 分析评估该楼盖体系的平面内刚度及变形性能。

(3) 分析评估该楼盖体系的整体刚度性能。

通过对上述任务目标的完成，为高层束筒钢结构的整体结构分析方法的选取提供依据。

4.2　试验方法的选择

第 1 章分析了目前楼盖试验的基本试验方法，可以知道，ASTM D455 试验方法以及 ASTM 2126 试验方法的试验对象均为楼盖面板，它可以测定楼盖的平面内抗剪刚度及变形性能，但不能评估楼盖在具体结构中的刚度性能，因为楼盖的刚度性能除了需要了解楼盖的面内刚度以外，还需比较与其相连的抗侧体系的抗侧刚度情形。结合本次试验的具体任务目标，本试验拟取高层束筒钢结构中的一个单筒子结构作为试验对象(由楼盖及其支撑框架组成)，直接在该子结构体系的楼层平面内施加荷载来测定该楼盖体系的平面内性能。

在试件数量确定上，本次试验考虑了如下两个因素：一是装配式楼盖平面内性能的方向性影响。由于已有试验资料均显示装配式平面内性能在不同的方向性能差异较大，本次试验拟分别从顺拼装缝方向(顺板缝方向)与垂直于拼装缝方向(横板缝方向)对新型装配式楼盖平面内性能进行试验研究。另一个是楼盖位置的影响。由于楼盖体系的刚度性能与楼盖面内刚度与相邻抗侧体系的抗侧刚度相对比值情况相关，本次试验就分别考察楼盖在底层及中间层位置时的楼盖平面内性能，探讨楼盖位置对楼盖刚度性能的影响。综合分析以上因素，本次试验拟设计 4 个试件，分别考虑如下几种情形：

(1) 试件 1(LG－1)：两层子结构系统，考察楼盖位于第二层时的顺板缝方向楼盖平面内变形与刚度性能。

(2) 试件 2(LG－2)：单层子结构系统，考察楼盖位于底层时的顺板缝方向楼盖平面内变形与刚度性能。

(3) 试件 3(LG－3)：两层子结构系统，考察楼盖位于第二层时的横板缝方向楼盖平面内变形与刚度性能。

(4) 试件 4(LG－4)：单层子结构系统，考察楼盖位于底层时的横板缝方向楼盖平面内变形与刚度性能。

在试件的具体制作加工上，该楼盖体系是使用于高层束筒结构当中，楼盖的尺度及支撑框架的梁柱截面均比较大，考虑到试验条件、加载设备以及经济因素等的制约，本次试验采用缩尺的模型试验，综合分析试验条件及制作加工因素，确定按原型结构制作加工成 1∶3 的缩尺模型，而楼盖体系的各组件采用材料与原型结构相同。

在加载方式上，楼盖正常的使用情形下通常是在竖向及平面内均同时存在作用力，即楼盖在承受水平作用时，其竖向的平面外方向也有荷载作用。但已有的研究显示：在楼盖平面内性能的试验研究过程中，楼盖竖向荷载的施加与否对平面内的性能影响并不大，对于混凝土楼盖，两种情形的楼盖开裂模式及极限破坏模式基本相同，水平刚度的退化性能基本一致，在极限承载能力上，两者相差不超过 15%。因而本次针对楼盖平面内性能的试验研究，只考虑施加楼层平面内的作用力，忽略竖向荷载对楼盖平面内性能的影响，同时加载方式选择单调的静力加载。

4.3　试件的设计与制作

本次试验采用1∶3的缩尺模型试验，原型结构的楼盖布置如图2.2和图2.4所示，原型结构楼盖装配单元的结构布置如图2.7所示，本章针对该原型结构设计试验对象的比例模型。

对于比例模型的设计，最基本的要求就是模型与原型结构几何尺寸、材料特性及施加于模型的荷载均满足相似理论要求，最终可以按照相似条件由模型试验值推算出原型结构的相应数据和试验结果，其中一个关键因素为相似比的确定。本次试验为静力性能试验，结构静力性能分析通常都采用杆系有限元方法，该方法最基本的方程即单元刚度方程，试验模型的相似比例可以由以下梁柱单元的单元刚度方程分析得出

$$\begin{cases} PL/EA\delta = 1 \\ PL^2/EI\psi = 1 \\ PL^3/EI\delta = 1 \\ ML^2/EI\delta = 1 \end{cases} \tag{4.1}$$

再考虑材料力学公式 $\varepsilon = \dfrac{P}{EA} + \dfrac{M}{EW}$，$\sigma = E\varepsilon$，分析可得

$$\begin{cases} \dfrac{P}{EA} = 1 \\ \dfrac{M}{EW} = 1 \\ \dfrac{\sigma}{E\varepsilon} = 1 \end{cases} \tag{4.2}$$

此外，根据弹性力学的相似定律，结构自重属于一种外部的荷载，可得相似比例

$$\frac{\gamma AL}{P} = 1 \tag{4.3}$$

式中，P、M 为集中力和弯矩；γ、E 为材料容重与弹性模量；σ、ε、ψ、δ 分别为应力、应变、角位移与线位移；L、A、W、I 分别为单元的长度、面积、截面抗弯模量以及截面惯性矩。

前面分析指出，本次模型试验的几何缩尺比例 λ_L 为1∶3，材料的相似比为 $\lambda_E = 1$，由此可以得出本次试验的相似原则，见表4.1。

表 4.1　模型与实体结构的相似关系

参数	λ_L	λ_E	λ_{EA}	λ_{EI}	λ_{GA}	λ_δ	λ_ψ	λ_σ	λ_ε	λ_P	λ_M
相似比	1/3	1	1/9	1/81	1/9	1/3	1	1	1	1/9	1/27

注：表中 λ 的下标代表了对应不同的物理量：L、E 表示长度与弹性模量；EA、EI、GA 分别代表了轴向刚度、抗弯刚度与抗剪刚度；δ、ψ 分别表示线位移与角位移；σ、ε 为应力与应变；P、M 则分别表示集中力与弯矩。

模型试件依据上述相似比例关系进行设计制作，图 4.1 所示为模型试件的楼盖结构布置图，模型试件的压型钢板组合楼盖面板大样如图 4.2 所示。装配单元间的连接方式均按照相似比例关系进行加工，模型试件的楼盖体系各组成构件截面尺寸与材性见表 4.2，4 个试件加工成型后的基本概貌如图 4.3 所示。

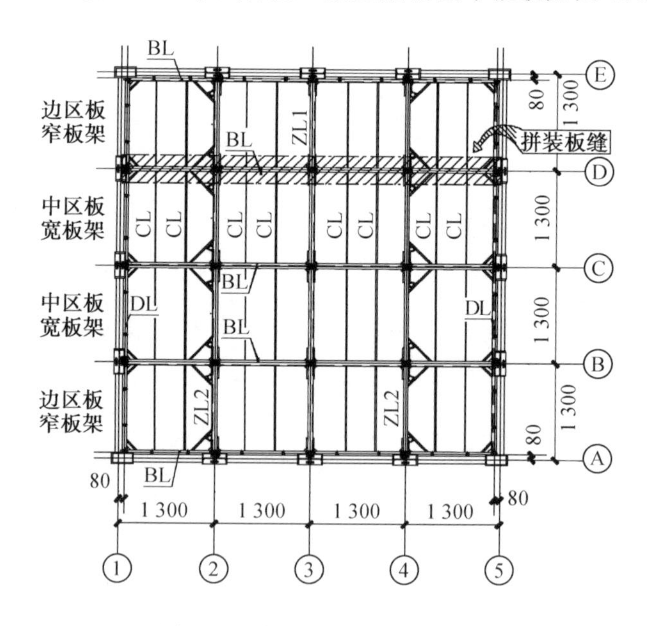

图 4.1　模型试件楼盖结构布置

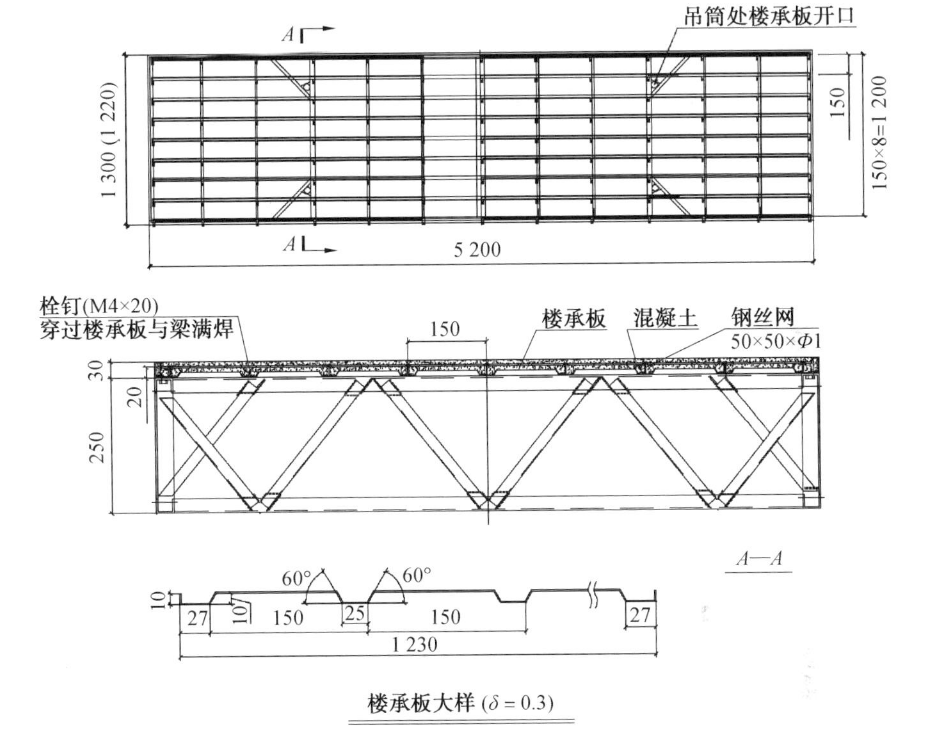

图 4.2　楼盖体系组合面板结构大样

表 4.2　模型试件楼盖各组成构件截面尺寸与材性

体系		构件	截面 /mm	材性
楼盖体系	ZL1	弦杆	冷弯槽钢[67 × 26 × 3	Q235B
		腹杆	双拼冷弯槽钢[25 × 20 × 1.5	Q235B
	ZL2/DL	弦杆	冷弯槽钢[35 × 25 × 3	Q235B
		腹杆	冷弯槽钢[25 × 20 × 1.5	Q235B
	BL	弦杆	冷弯槽钢[35 × 35 × 3	Q235B
		腹杆	冷弯槽钢[25 × 20 × 1.5	Q235B
	CL	弦杆	冷弯槽钢[16 × 15 × 1	Q235B
		腹杆	热轧角钢∟ 10 × 10 × 1	Q235B
支撑框架	柱	角柱	箱型钢 300 × 146 × 16 × 16	Q345B
		中柱	焊接 H 型钢 343 × 136 × 10 × 16	Q345B
	梁	框架梁	焊接 H 型钢 270 × 100 × 5 × 8	Q345B
面板		压型钢板	$\delta = 0.3$ mm	$\delta = 0.3$ mm
		面板混凝土	20 mm(压型钢板上部厚度)	C30

(a) 试件1(LG-1) 模型试件概貌

(b) 试件2(LG-2) 模型试件概貌

(c) 试件3(LG-3) 模型试件概貌

(d) 试件4(LG-4) 模型试件概貌

图 4.3　模型试件加工成型后的基本概貌

4.4　加载制度与加载装置的设计

在第 3 章连接节点性能的研究中已通过分析指出，试验楼盖原型结构的楼盖平面内水平作用取值为 1 460 kN，试件集中荷载的相似比 $\lambda_P=\frac{1}{9}$，由此可得本次模型试验的水平控制荷载为$\frac{1\ 460}{9}=162\ (\mathrm{kN})$。

根据模型试件的结构布置情形与加载条件，试验加载采用 3 点加载方式，各试件的加载方式如图 4.4 所示，分别在各模型试件的 B、C、D 轴（顺板缝方向加载）或 2、3、4 轴（横板缝方向加载）的对应楼层平面内施加水平荷载，考虑楼盖构造形式为桁架梁组合楼盖面板形式，荷载作用线通过组合梁截面的形心位置。

本次模型试验水平控制荷载为 162 kN，考虑现场加载条件，在图 4.4 所示各加载点设置200 kN机械式千斤顶进行水平荷载施加，采用单调加载方式，每级加载近似取控制荷载 10%，控制每级加载 15 kN，各加载点每级加载 5 kN，单调加载直至试件破坏。

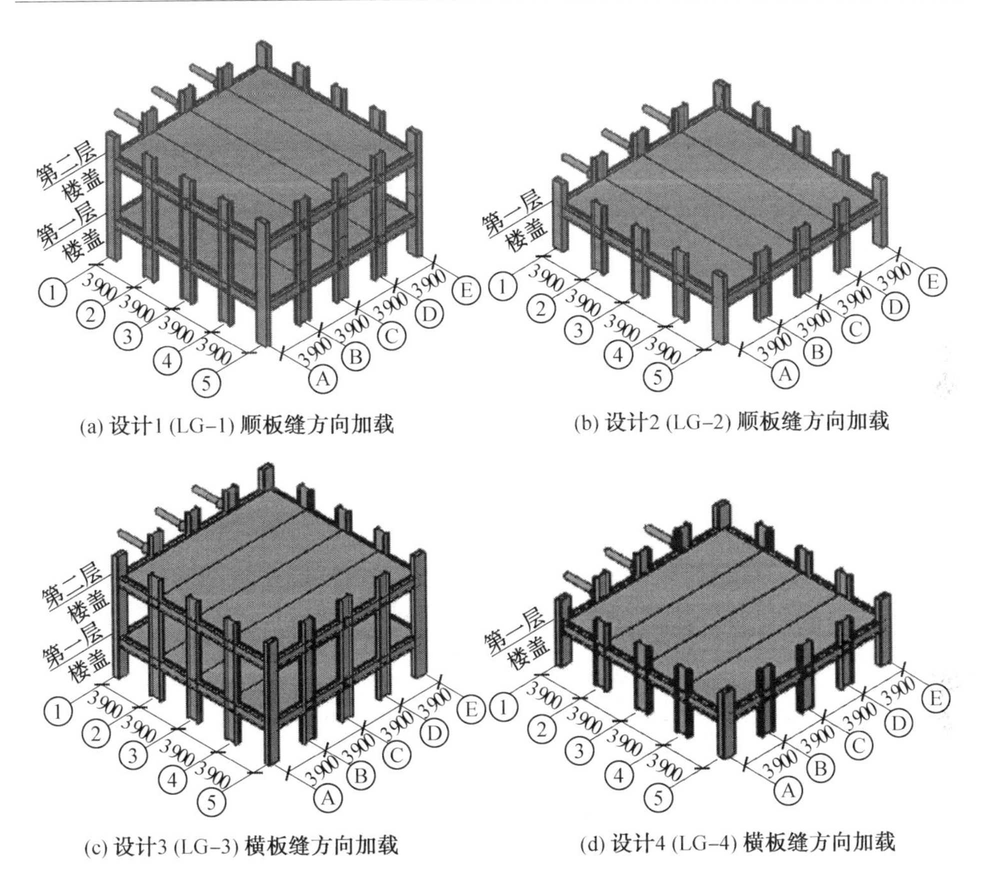

(a) 设计1 (LG–1) 顺板缝方向加载　　(b) 设计2 (LG–2) 顺板缝方向加载

(c) 设计3 (LG–3) 横板缝方向加载　　(d) 设计4 (LG–4) 横板缝方向加载

图 4.4　各模型试件加载方式

为适用本次楼盖平面内水平刚度测试试验的试件特点与加载要求，在工厂设计加工了一专用的试验加载装置。加载装置既要保证试件的安装与拆卸方便，还要保证加载装置自身的刚度要求，按照一般反力墙的设计要求，在试验最大荷载作用下，其自身的最大侧向挠度不应超出其高度的 1/1 800。最终确定加载反力装置为一个自平衡的加载装置，图 4.5 概括了该反力装置的结构布置形式：左右两侧对称设置三角形反力架，反力架与作为试件安装平台的槽型钢梁焊接成一刚性体，在两三角形反力架顶部通过拉杆将左右两侧连接，在两三角形反力架中间安装受测试的单筒子结构体系，试件框架的柱脚与槽型钢梁焊接连接，整个结构体系成为一个自平衡的结构体系。图 4.6 所示为加载装置制作成型后的实体情况。

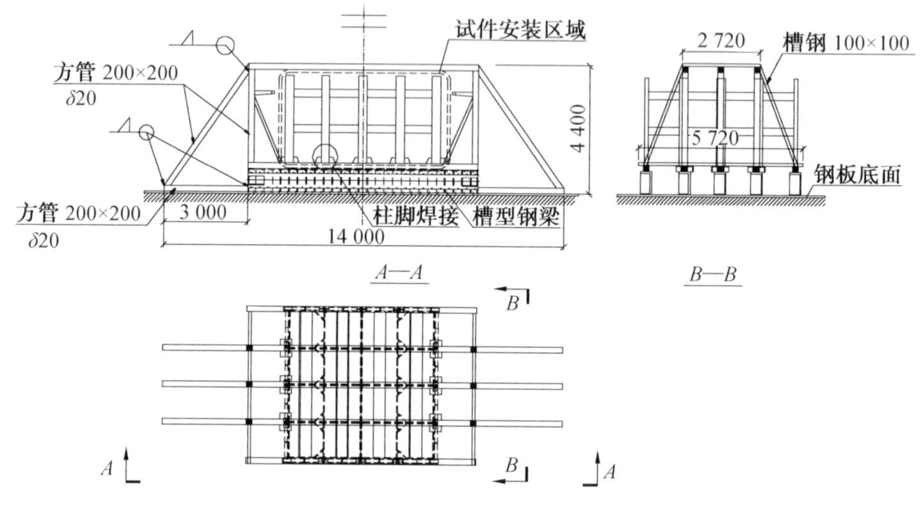

图 4.5　试验反力装置结构布置

图 4.6　试验加载装置结构布置

4.5　量测方案的设计

量测方案应结合试验目标科学准确地测得所需的目标数据。本次试验主要量测对象包括以下几个方面：

(1) 荷载量测。通过在千斤顶上安装力传感器读取试验过程各测点所加荷载的数值。

(2) 位移量测。试验对象位移测点数量多，采用数显式位移传感器集中采集位移。

(3) 应变量测。采用静态电阻应变仪集中采集各测点的应变值。

(4) 裂缝量测。对楼盖面板出现的裂缝采用记号笔在板面进行标记，并记录在纸上,绘出裂缝的开展及分布图。

4.6　本章小结

本章针对大跨装配式组合楼盖平面内刚度性能的研究,从试验目标确定、试验方法选择、试验模型的设计与制作、试验加载方案、试验量测方案五个方面展开了分析,为楼盖平面内刚度性能试验研究的顺利进行制订了全面的总体规划。

第5章　大跨装配式组合楼盖体系平面内变形与刚度性能试验

本章试验的试件装配情形及加载方式如图4.4(a)、(b)及图4.5所示，分别针对一层的楼盖体系及二层的楼盖体系沿装配楼盖的顺板缝方向施加楼盖平面内的水平荷载，测试楼盖体系的平面内变形与刚度性能。

5.1　二层装配式组合楼盖试件顺拼装板缝方向的试验(LG－1)

5.1.1　加载制度

第4章试验方案设计中已经指出，本次模型试件的楼层水平荷载设计取值应为$\frac{1\ 460\ \text{kN}}{9}=162\ \text{kN}$，根据该目标荷载来确定加载制度。整个加载过程采用力控制方式加载，采用分级加(卸)载，每级控制为目标荷载的10%左右。

试验的加载程序分为预加载阶段和正式加载阶段，加载按图4.4(a)的加载方式采用三点加载，每级荷载每个加载点施加5 kN，即每级总荷载为15 kN。首先预加载$3\times5=15$(kN)，然后卸载到零，观察荷载作用下的各测点通道是否正常；完成预加载后转入正式加载，按每级15 kN的加载制度逐级加载直至试件破坏。

5.1.2　量测方案

(1) 荷载的测量方案。

在千斤顶上安装300 kN荷载传感器读取试验过程中的荷载值。

(2) 裂缝的测量。

对出现的裂缝用记号笔在楼盖上标明；并记录在纸上，画出裂缝开展及分布图。

(3) 位移测试方案。

采用数显式位移传感器采集试件位移，测试包括以下四方面的内容：

① 楼盖整体沿加载方向的水平位移。

② 楼盖装配板单元之间连接件的相对滑移。

③ 楼盖竖向位移。

④ 框架柱的侧向位移。

具体位移测点布置情形如图5.1所示，楼盖位移测点现场安装及调试情形如图5.2所示。在图5.1中，测点1—1、1—2、1—3以及2—1、2—2、2—3分别测试框架柱在一、二层楼盖位置处沿加载方向的侧向位移；而测点30、31则用来测试二层楼盖的竖向位移；测点3—测点4、测点13—测点14、测点15—测点16为三组在板—板连接两侧布置用于测试加载过程中板—板连接相对滑移的测试点。

(4) 应变测试方案。

采用静态电阻应变采集系统采集各测点应变值，测试包括以下四方面的内容：

① 楼盖桁架杆件的轴向应变，具体测点如图5.3(a)所示。

② 钢框架柱柱底翼缘轴向应变，具体测点如图5.3(b)所示。

③ 钢框架梁柱连接节点附近梁柱翼缘的应变，具体测点如图5.3(c)、(d)所示，梁上应变测点应尽量靠近柱面，但要避开焊缝位置。

④ 在组合楼盖装配式连接节点附近的混凝土面板表面设置应变片，测量面板混凝土应变发展情况，具体测点如图5.4所示。

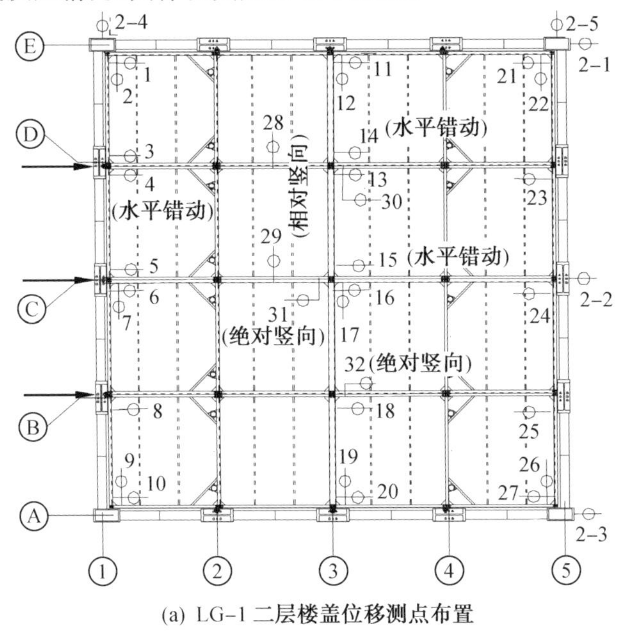

(a) LG-1二层楼盖位移测点布置

图5.1　LG—1位移测点布置

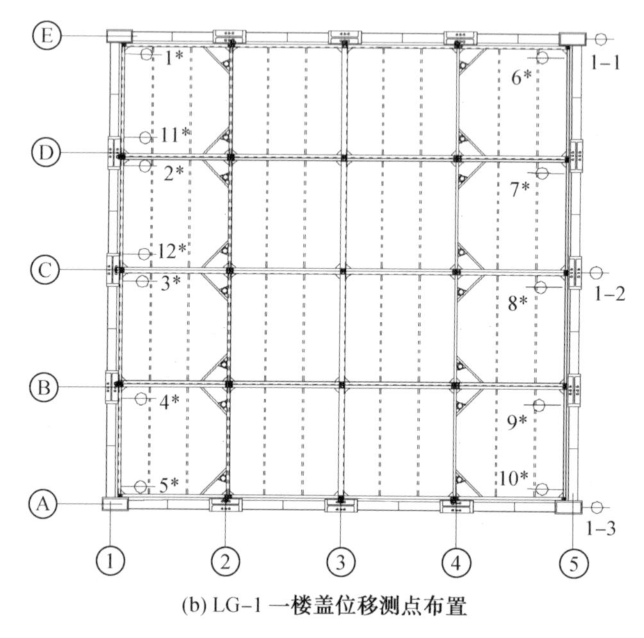

(b) LG-1 一楼盖位移测点布置

续图 5.1

(a) 楼盖位移计安装就位

(b) 位移采集系统调试

图 5.2　楼盖位移测点现场安装及调试情形

楼盖应变片测点现场安装及调试情形如图 5.5 所示。

试件的框架柱柱脚与反力装置的支撑平台采用焊接连接，在框架柱翼缘的应变测试中，要求所用应变片保持在同一高度，柱翼缘应变片的粘贴应满足图 5.6 所示要求。

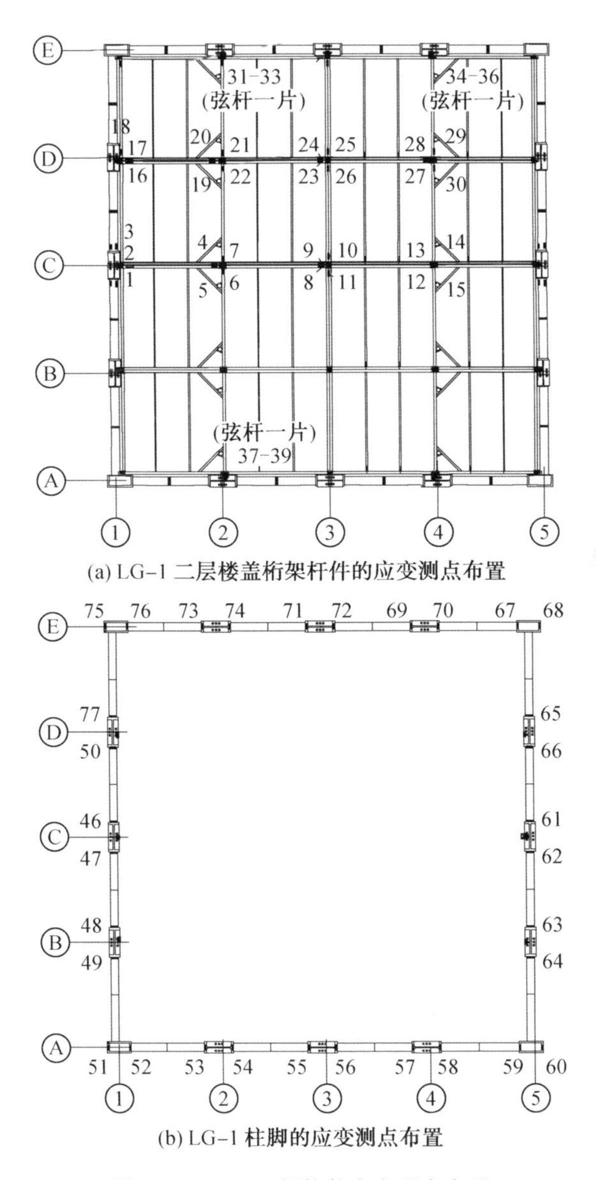

图 5.3　LG－1 钢构件应变测点布置

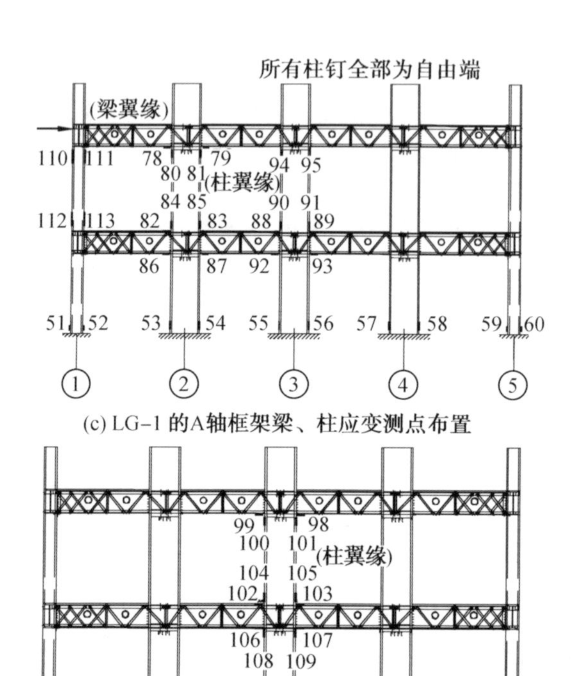

(c) LG-1 的A轴框架梁、柱应变测点布置

(d) LG-1 的1轴框架梁、柱应变测点布置

续图 5.3

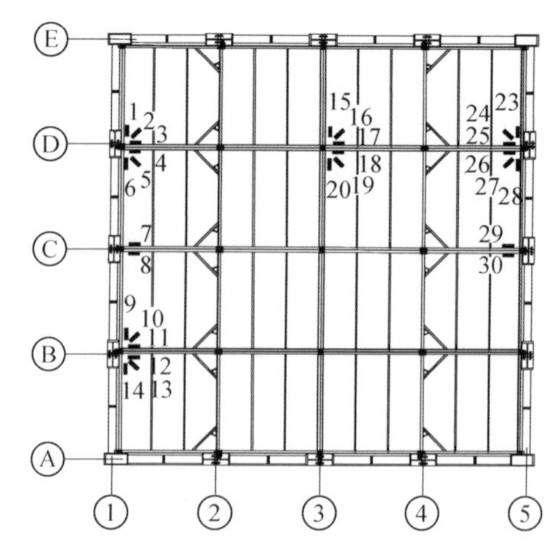

图 5.4　LG－1 二层楼盖混凝土应变片布置

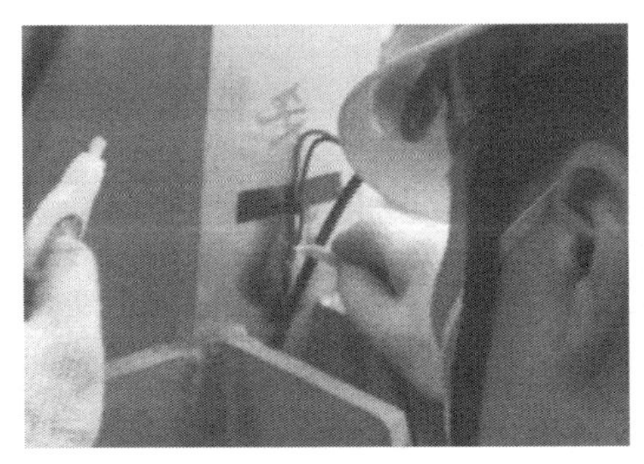

(a) 现场粘贴柱底应变片

(b) 应变采集系统调试

图 5.5　楼盖应变片测点现场安装及调试情形

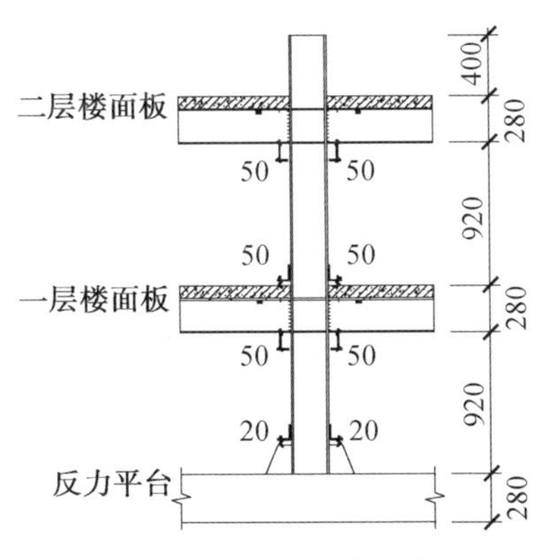

图 5.6　框架柱应变片布置

5.1.3　试验现象与结果分析

1. 试验过程与现象

按照预定的荷载步均匀地在三根柱上施加荷载，现把四块主板分别命名为 1＃ 板、2＃ 板、3＃ 板及 4＃ 板，如图 5.7 所示。加载前期楼盖无异常，楼盖上混凝土无开裂现象。当总荷载加到 210 kN 时，试件突然自动卸载至 195 kN，再次加到 210 kN 时，听到楼盖发出响声，楼盖板角处出现 3 条裂缝，分别在 5/D 轴、1/A 轴、5/A 轴处，裂缝分布如图 5.7 所示，具体裂缝开展情形如图 5.8 所示。

当总荷载加到 225 kN 时，1/A、5/A 轴板角处裂缝扩展，裂缝分布如图5.9 所示；5/E 轴板角处新增一条裂缝，裂缝开展情形如图 5.10 所示。

荷载继续增加时，四周的裂缝继续扩展，当总荷载增加到 285 kN 时，之前出现的裂缝继续扩展，1＃ 板边柱附近增加两条斜裂缝，如图 5.11 所示，裂缝开展情形如图 5.12 所示。

当总荷载增加到 300 kN，裂缝继续扩展，1＃ 板增加一条斜裂缝，如图 5.13

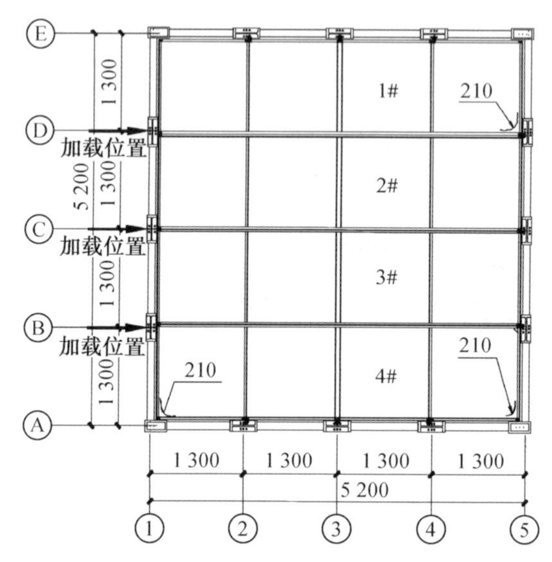

图 5.7　荷载 210 kN 时裂缝分布

(a) 5/D 轴处裂缝照片

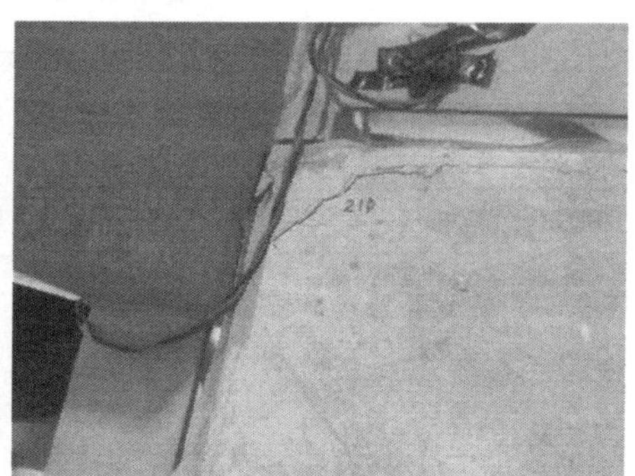

(b) 1/A 轴处裂缝照片

图 5.8　210 kN 时楼盖裂缝开展情形

所示，裂缝开展情形如图 5.14 所示。

从上述裂缝开展情形分析，初次出现裂缝时水平荷载值达到了 210 kN，在相应于设计大震的水平荷载(162 kN) 作用下，楼盖的装配面板并未出现裂缝，随着后期水平荷载的进一步增加，楼盖混凝土面板的裂缝开展基本表现形式为：从楼盖两侧的板 — 柱支撑连接点朝加载点方向斜向发展，这也基本符合楼盖整体受弯的受力形态，表明新型装配组合楼盖沿板缝方向受力整体性能较好。

2. 试验结果分析

(1) 楼盖体系的整体变形性能。

试验过程考察了试验楼盖体系在加载楼层平面内的整体变形及加载楼层下部抗侧框架的整体变形情况。

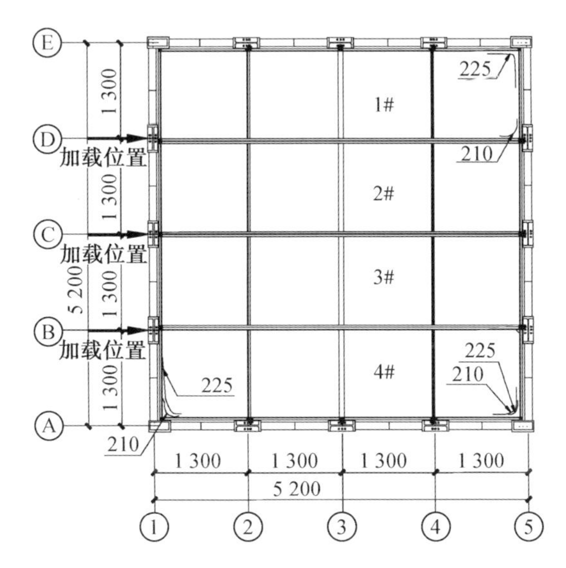

图5.9　荷载225 kN时裂缝分布

图5.10　225 kN时5/E轴板角处新增裂缝开展情形

① 加载楼层平面内整体变形。图5.15和图5.16分别绘制出了1轴、5轴桁架梁上弦顺拼装板缝方向在各级荷载作用下的水平位移分布状况，从上述位移分布图中可以看出：

a. 在相应于楼盖设计水平荷载值的作用下(165 kN)，楼盖跨中的最大相对位移值为0.73 mm，而整个楼层的整体平均位移(形心位置处位移)为1.19 mm。

b. 在水平荷载值不超过195 kN时，楼盖整体水平位移都很小且变化基本均匀，当荷载大于210 kN后，楼盖的水平位移急剧增加，中间三点(B、C、D)的位移增加比角部两点(A、E)增加大很多，且增大幅度很大。

c. 在各级荷载作用下1轴和5轴顺板缝方向水平位移基本重合，说明该楼盖整体性较好。

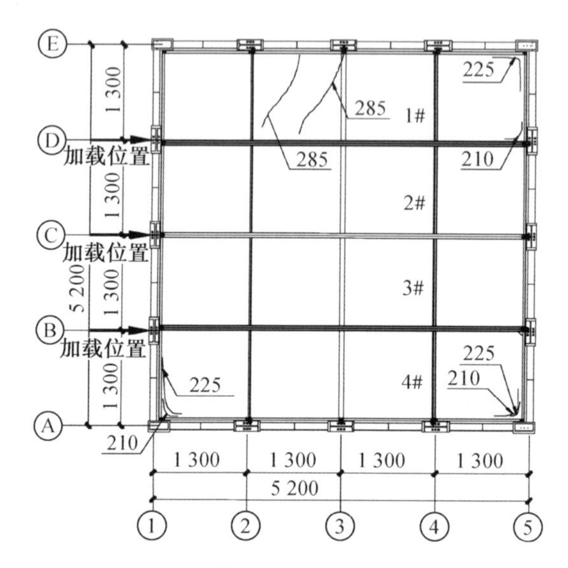

图 5.11　荷载 285 kN 时裂缝分布

图 5.12　285 kN 时 1# 板板边柱附近增加两条斜裂缝

图 5.17 给出了楼盖 C 轴不同测点的荷载－滑移曲线。从图中可以看出：a. 楼盖在平面内水平荷载未超出开裂荷载(210 kN) 时，C 轴(中轴线) 上关键点的荷载－滑移曲线有较明显的线性段，楼盖平面内变形基本呈对称状态分布，说明在这个阶段楼盖体系是处于弹性状态的；b. 在开裂荷载附近楼盖中轴线上关键点的荷载－滑移曲线则出现了明显的拐点，而随后荷载－滑移曲线继续呈上升状态，但这个阶段楼盖的整体变形已基本不再具有对称性了。加载至 300 kN 时，加载楼层平面内最大位移为 10.71 mm，卸载至零后，残余变形最大值为 4.29 mm，这个阶段楼盖进入了弹塑性工作状态。

② 加载楼层下部相邻抗侧框架的整体变形。图 5.18 所示为二层楼盖标高位置处框架柱的位移测点记录的各级水平荷载作用下，框架柱的水平荷载－侧向变形曲线，它反映了与加载楼层相邻的下部框架的整体变形情况。分析图中

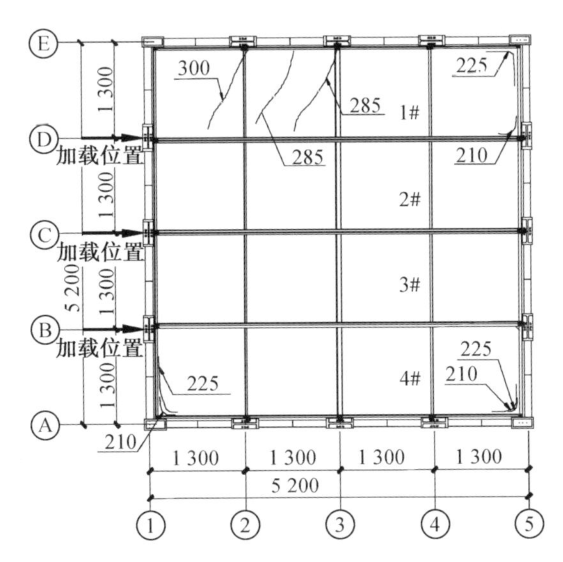

图5.13　荷载300 kN时裂缝分布

图5.14　300 kN时1# 板增加一条斜裂缝

荷载－滑移曲线可知：a.整个加载过程中，框架柱的荷载－滑移曲线都呈上升趋势，但在楼盖体系的开裂荷载附近，荷载－滑移曲线出现了明显的拐点；b.在平行加载方向的各榀框架当中，两外侧框架的抗侧刚度要明显大于中间框架的抗侧刚度；当水平荷载超过楼盖开裂荷载以后，中间框架的抗侧刚度降低非常明显。考察框架在相应于大震作用的设计水平荷载(162 kN)作用下的变形情况，可以得知：加载楼层下部相邻框架柱在加载远端(5轴)的平均侧移为1.13 mm；沿加载方向，中间C轴的框架抗侧刚度为95.9 kN/mm，而两侧A、E轴的平均抗侧刚度为196.7 kN/mm，超过中间框架抗侧刚度的2倍以上。

③板－板拼装连接的相对滑移。图5.19为二层楼盖1轴与D轴连接处的3、4号测点记录的荷载－滑移曲线，通过比较分析两测点在同级荷载作用下的位移，可以看出楼盖体系板－板拼装连接的相对滑移情形。从图中可以看出：边区

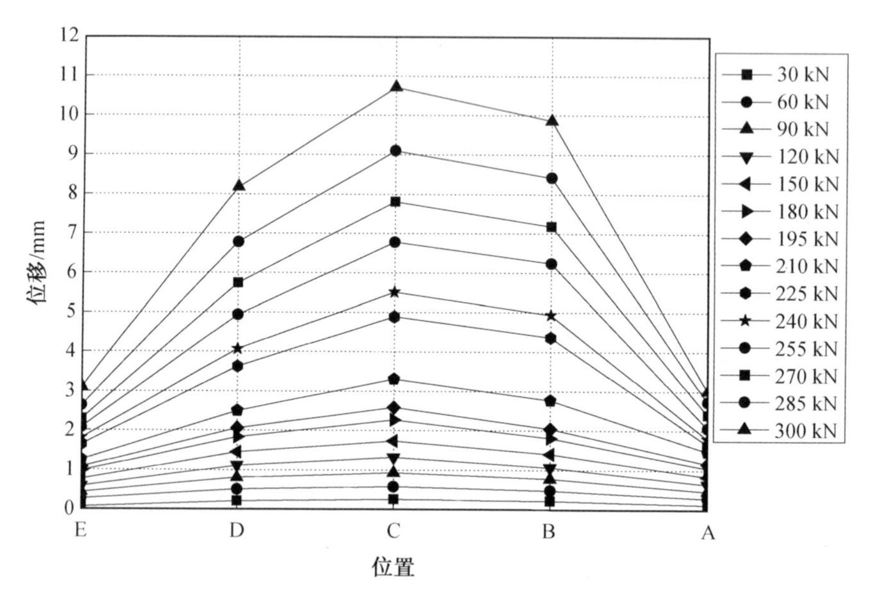

图 5.15　1 轴(LG－1) 桁架梁上弦顺板缝方向水平位移分布

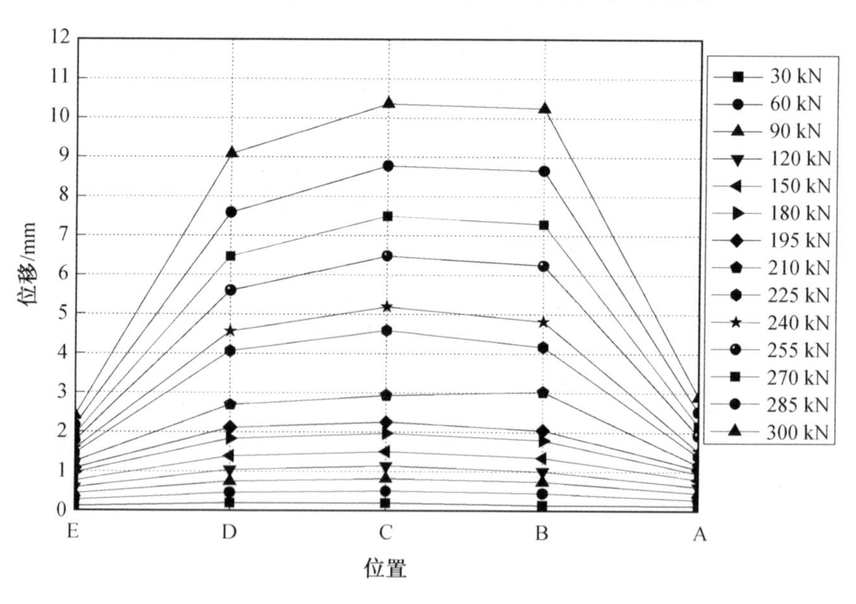

图 5.16　5 轴(LG－1) 桁架梁上弦顺板缝方向水平位移分布

板与中区板在 1 轴与 D 轴的连接处，当楼盖总水平荷载为 90 kN 时，水平错位为 0.09 mm；当总荷载在 105 ～ 180 kN 时，水平错位增加较缓慢，沿线性增长，在 0.12 ～0.31 mm 之间；当总荷载在 195 ～ 300 kN 时，水平错位增加明显，在 0.44 ～1.2 mm 之间。

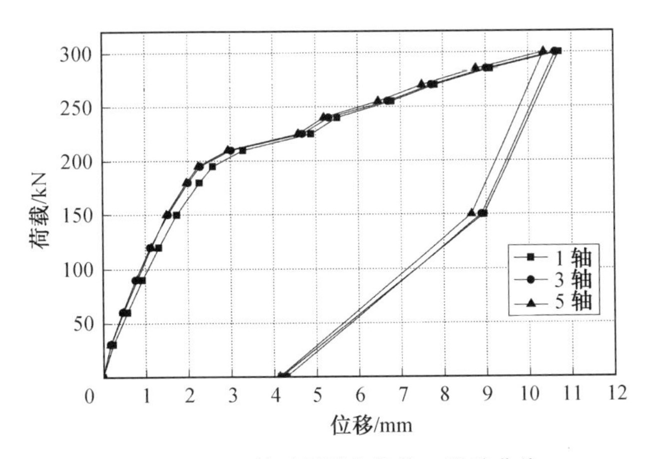

图 5.17　C 轴不同测点荷载－滑移曲线

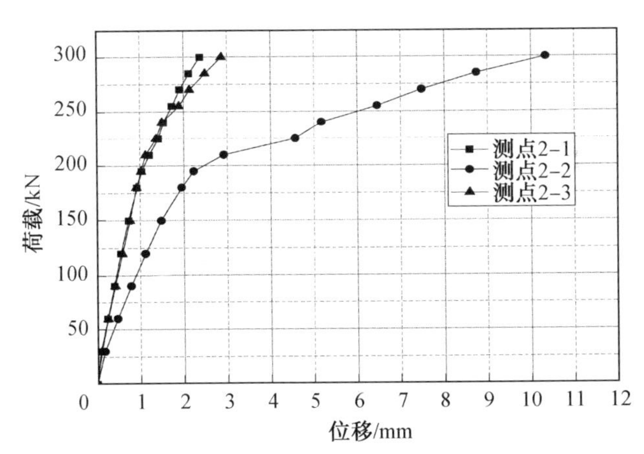

图 5.18　LG－1 二层框架柱水平荷载－侧向变形曲线

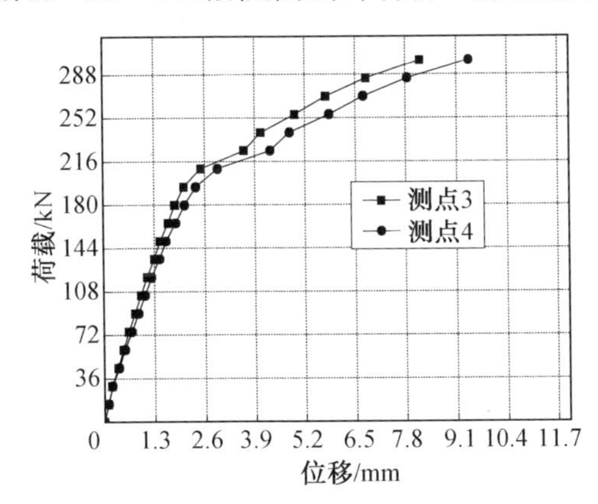

图 5.19　二层楼盖 1/D 轴连接处荷载－滑移曲线

图 5.20 为二层楼盖 3 轴与 D 轴连接处 13、14 号测点记录的荷载－滑移曲

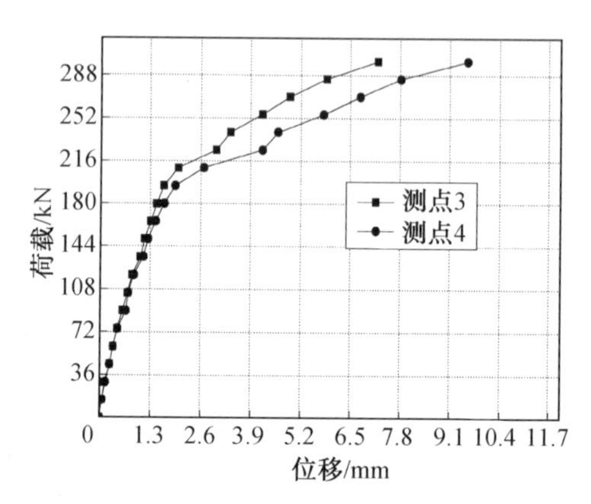

图 5.20　二层楼盖 3/D 轴连接处荷载 — 滑移曲线

线。从图中可以看出，边区板与中区板在 3 轴与 D 轴的连接处，在楼层总水平荷载小于 135 kN 时，水平错位几乎为零；当总荷载在 135 ～ 180 kN 时，水平错位增加较缓慢，在 0.09 ～ 0.19 mm 之间；当总荷载在 195 ～ 300 kN 时，水平错位增加明显，在 0.29 ～ 2.36 mm 之间。

从上述板 — 板装配连接之间的相对滑移的测试情况分析，模型试件的板 — 板连接在尚未达到设计的水平荷载取值标准(162 kN) 之前已出现了板 — 板连接的相对滑移，这与第 3 章板 — 板连接足尺试验研究结果偏差较大。根据现场情况分析，主要原因在于缩尺模型受装配空间狭小的影响，板 — 板高强螺套管装配连接的螺栓紧固没有达到设计规定的要求，因而缩尺模型楼盖的板 — 板连接刚度要明显小于足尺试件的板 — 板连接刚度，由此可以判断缩尺模型试验楼盖的刚度要比板 — 板连接按标准紧固到位的工程楼盖刚度小。

④ 楼盖的平面外变形。图 5.21 所示为反映楼盖平面外变形的竖向荷载 — 竖向挠度曲线。从图中可以看出：在楼层总水平荷载小于 200 kN 时，楼盖平面外变形很小，当水平荷载大于 200 kN 后，楼盖的平面外变形(竖向挠度) 急剧增加且呈非线性增长，这表明楼盖出现了较大的翘曲变形，楼盖体系达到了水平受荷极限状态，这与前面反映的楼盖平面内位移急剧增大的现象相一致。

(2) 应变测试结果与加载楼层下部相邻抗侧框架的柱端剪力发展情况。

① 加载楼层下部相邻抗侧框架的柱应变及柱端剪力发展。不同刚度性能的楼盖体系，在对楼盖平面内水平荷载的分配 — 传递过程中具有不同表现。试验通过框架柱应变的测试(图 5.3、图 5.6 的测试方案)，考察了试验楼盖对楼层平面内水平荷载的分配 — 传递性能。

图 5.22(a) 所示为对应图 5.3(c) 所示二层框架柱的柱翼缘应变测点记录的荷载 — 应变关系曲线。由图中框架柱应变发展情况可知：a. 在整个加载过程中，框架柱应变均处于弹性范围内；b. 在楼盖体系的混凝土面板开裂荷载附近，框架

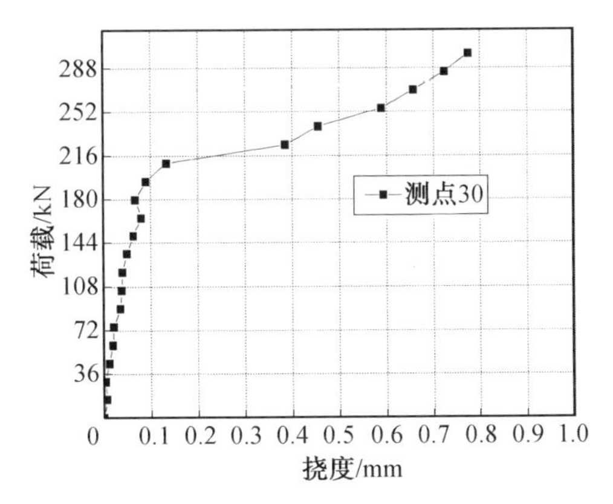

图 5.21　LG－1 二层楼盖竖向变形荷载－挠度曲线

柱的荷载－应变曲线也存在一个较明显的拐点：在开裂荷载之前，框架柱的荷载－应变曲线呈线性发展，在开裂荷载之后，荷载－应变曲线依然呈上升状态，但线性规律不太明显。这表明，在设计大震作用(小于各试验楼盖开裂荷载)下，楼盖体系具有稳定的水平导荷性能，楼盖面板开裂以后，楼盖水平导荷性能产生了明显的调整。

在楼盖面板开裂之前，可以通过下式确定出各框架柱的柱端剪力 Q：

$$Q=\frac{|M_{t}+M_{b}|}{L}=\frac{(|\varepsilon_{tL}-\varepsilon_{tR}+\varepsilon_{bL}-\varepsilon_{bR}|)EW}{2L} \tag{5.1}$$

式中，参数 M_t、M_b 含义如图 5.23 所示；L 为考察柱段的长度；ε_{tL}、ε_{tR} 为考察柱段上端两侧翼缘左右两侧应变值；ε_{bL}、ε_{bR} 为考察柱段下端两侧翼缘左右两侧应变值；E、W 分别为钢材弹性模量与柱的截面模量。

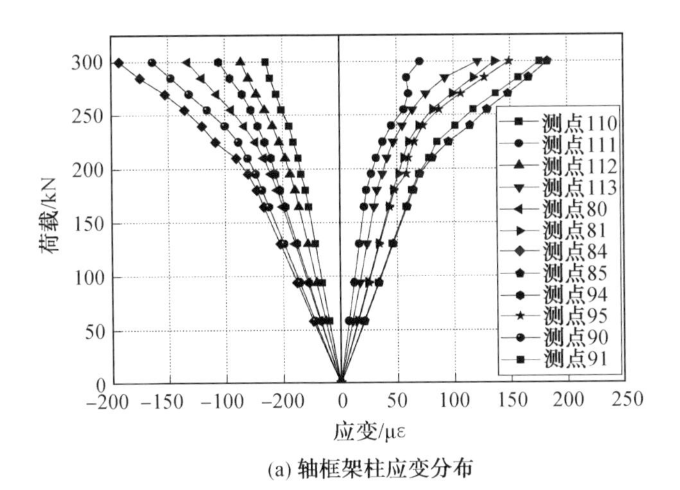

(a) 轴框架柱应变分布

图 5.22　LG－1 二层 A/1、A/2、A/3 轴框架柱应变与柱端剪力分布

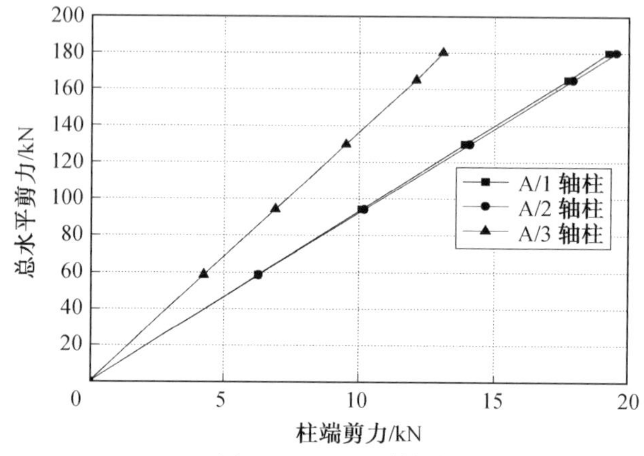

(b) LG-1 二层A/1、A/2、A/3轴框架柱端剪力分布

续图 5.22

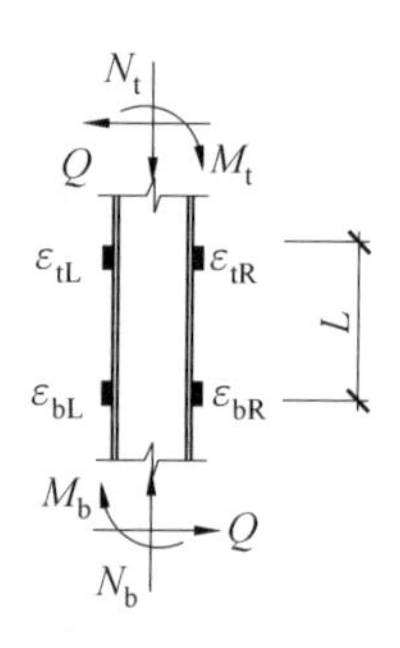

图 5.23　框架柱端剪力确定方法

基于式(5.1)分析,可得出的各试验楼盖的测试框架柱端剪力分布与发展情形如图5.22(b)所示,图中非常直观地显示了楼盖框架柱端剪力与楼层总水平荷载的线性关系。表5.1列出了相应于设计大震作用下各加载楼层下部相邻框架部分框架柱的柱端剪力分布情形。由于楼盖体系的加载及结构布置均具有对称性,可以估算出各试验楼盖平行加载方向的外侧轴线上框架柱所承担的总水平荷载为155.4 kN,试验过程中该级水平荷载总值为165 kN,可见,通过楼盖体系的分配－传递,超过94%的楼盖平面内水平荷载由平行于加载方向的两侧框架柱(A、E轴框架柱)承担了。

表 5.1　LG－1 相应于设计大震作用下各加载楼盖下部相邻框架柱端剪力分布

位置	A/1 轴	A/2 轴	A/3 轴	总水平剪力 Q	A、E 轴柱总剪力 / 总水平剪力 Q
LG－1	12.1	17.9	17.7	165	0.94

② 加载楼层钢桁架应变。图5.24和图5.25所示分别为C轴桁架梁上弦杆上各测点的应变分布曲线及荷载－应变曲线。分析图中应变分布可知:该轴弦

杆上各点的应变变化均处于正常弹性范围内，由加载的近端到远端(112) 弦杆轴向应变急剧递减。其中 4、5 号测点在 C/2 轴位置的 C 轴双拼桁架梁(图 2.5 所示边梁相拼) 左右两侧，应变值基本相同，说明在 C 轴线上的双拼梁连接节点之间的剪力较小。测点 12 位于 C/4 轴附近，该位置弦杆轴向应变已经接近为零。

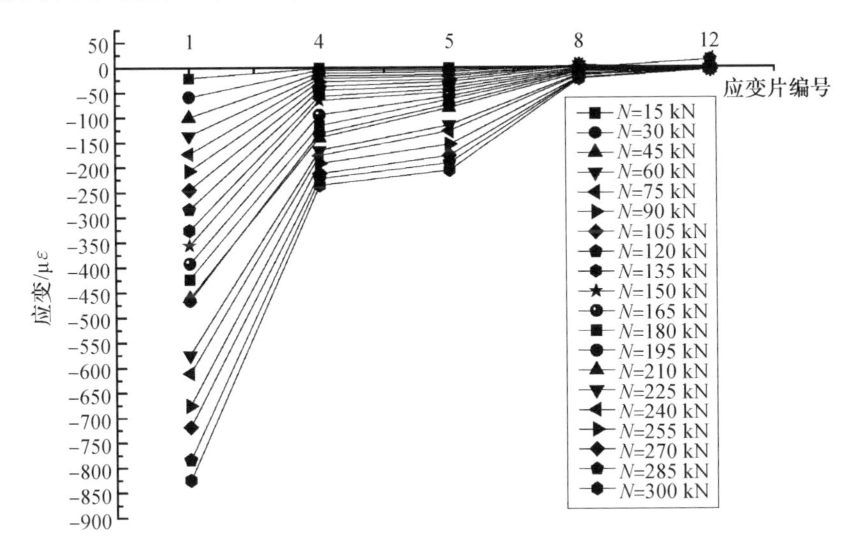

图 5.24　C 轴弦杆各点应变分布曲线

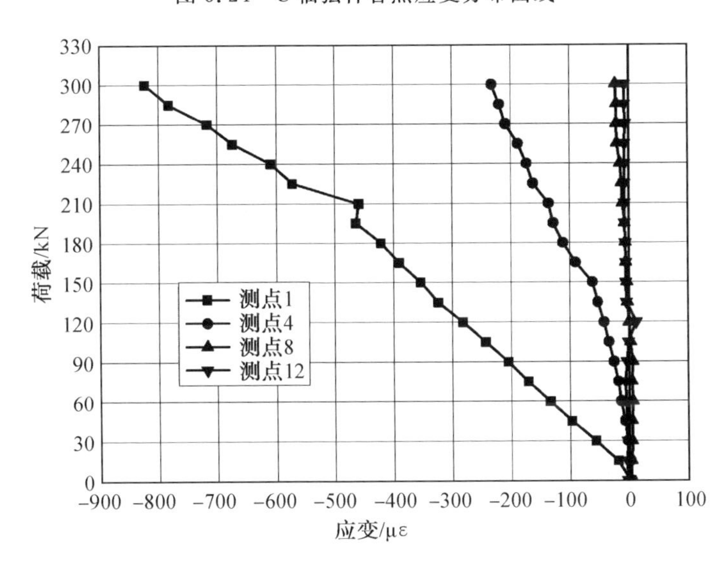

图 5.25　C 轴弦杆各点荷载 — 应变曲线

图 5.26 所示为 D 轴弦杆上各点应变分布曲线。其中 16、17 号测点与 19、20 号测点分别对应 D/1 轴与 D/2 轴位置的 D 轴双拼桁架梁(图 2.5 所示边梁相拼)

左右两侧，可以明显看出两侧的应变值相差很大，说明在D轴线上的板－板连接节点之间传递了较大的剪力。

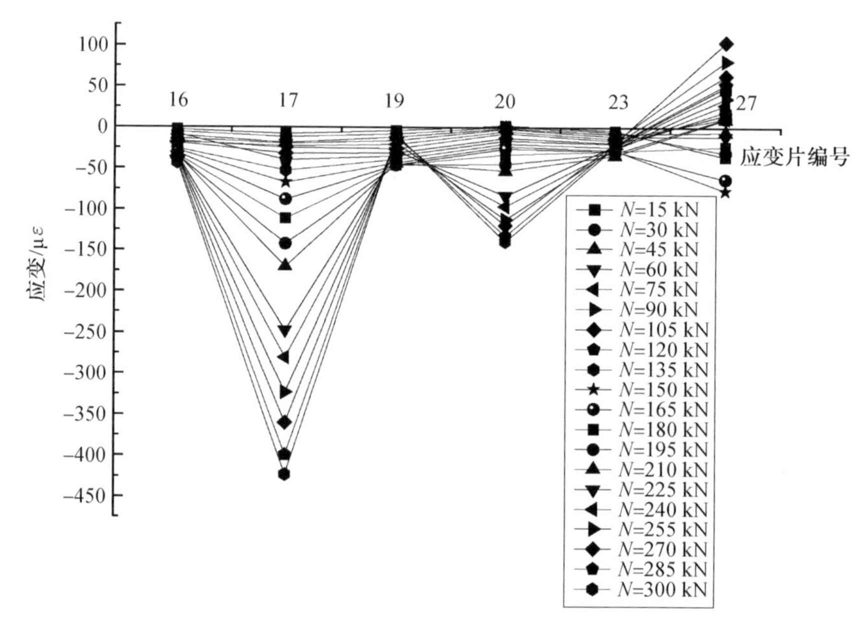

图 5.26　D轴弦杆各点应变分布曲线

图5.27和图5.28所示分别为2轴弦杆（图2.5所示主梁ZL2）上各测点的应变分布曲线与荷载－应变曲线。从图中测点应变分布情形可知：2轴弦杆各测点均为压应力，该区域为楼盖平面内的受压区域；跨中（6、7号测定）位置压应力大而两侧（21、22号测定）位置压应力小，在楼盖C/2轴（跨中）位置的拼装节点承受较大的压应力，往两侧方向（D/2轴位置），则拼接连接承受的压力减小。装配式组合楼盖平面内受力性能与梁的受力性能相似，同时各轴弦杆上各点的应变变化都处于正常弹性范围内。

③ 混凝土构件应变结果。图5.29记录了试验楼盖混凝土面板在靠近加载一端（1轴附近）的混凝土荷载－应变发展情形。分析图中的荷载－应变发展可知，在加载初期，楼盖面板的混凝土面板应变非常小；当荷载加到165 kN时，应变突然增大，直至210 kN附近，应变呈增大趋势；在水平荷载增至210 kN以后，混凝土的应变发展情况出现了明显的调整，此时楼盖混凝土面板已经出现了裂缝。

（3）楼盖的等效剪切刚度与刚度性能分析。

详细计算新型装配式组合楼盖的抗剪刚度是一个非常复杂的过程，刘季（1981）根据实际工程结构在楼层平面位置通过施加单点水平作用力实测结构空间位移，推导了装配式混凝土楼盖的等效剪切刚度。Piazza M（2008）则通过对

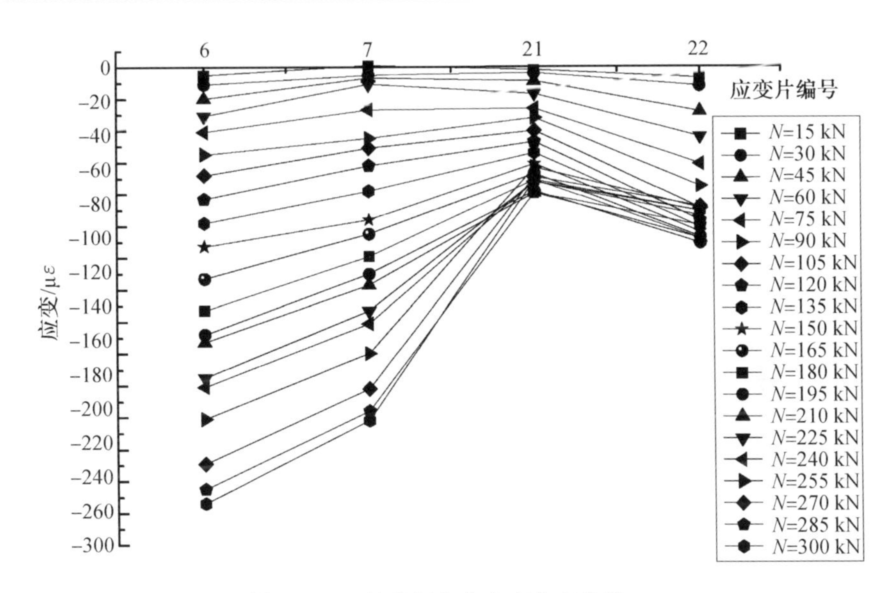

图 5.27　2 轴弦杆各点应变分布曲线

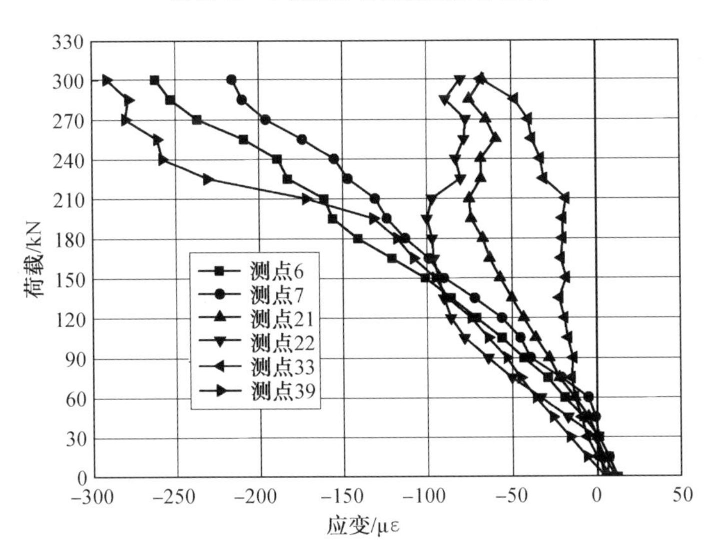

图 5.28　2 轴弦杆各点荷载—应变曲线

装配式木楼盖的楼盖平面内多点水平加载，给出了类似的等效剪切刚度。本书参考上述方法，按如下方式确定本书新型装配式组合楼盖体系的平面内等效抗剪刚度 k_e：

$$k_e = \frac{F}{\Delta'} \tag{5.2}$$

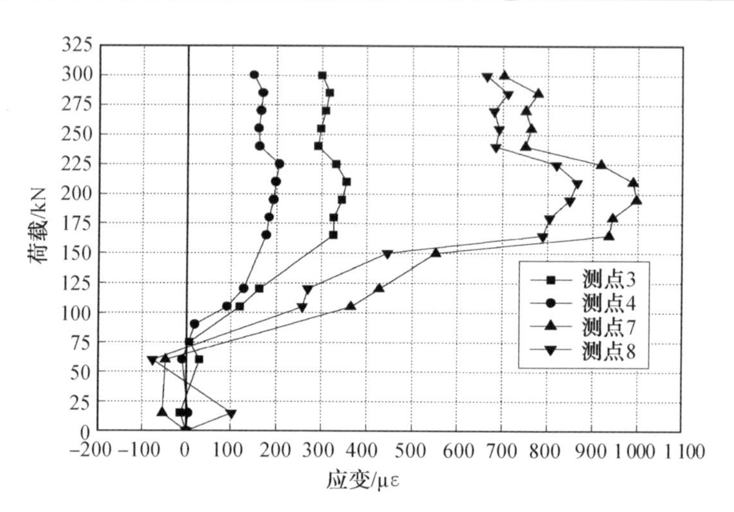

图 5.29　二层楼盖混凝土荷载—应变曲线

式中，F 为楼盖体系所受的平面内总水平力；Δ' 为对应水平荷载作用下楼盖体系的跨中最大位移。楼盖刚度评定时的荷载取值，参照 ASTM 2126-11 关于楼盖刚度评定的做法，取 $0.4F_{max}$ 及对应的楼盖水平位移予以计算评定，F_{max} 此处可取为楼盖设计的水平荷载(162 kN)。

图 5.18 通过二层柱侧向变形测点(2－1、2－2、2－3)记录了框架柱在二层楼盖平面位置处的侧向变形，测点 2－2 记录位移即为楼盖体系跨中的最大位移。通过插值，可以确定相应于 $0.4F_{max}$(64.8 kN) 的楼盖体系最大相对位移值为 0.53 mm，由此可得该试验楼盖顺板方向受力的等效抗剪刚度为：$k_e = 122.3$ kN/mm。

5.2　一层装配式组合楼盖试件顺拼装板缝方向的试验(LG－2)

5.2.1　加载制度

试件 LG－2 的加载采用图 4.4(b) 所示的方式，与 LG－1 的加载方式基本一致，均为顺楼盖拼装板缝的方向加载。相比 LG－1、LG－2 的楼盖装配单元与装配方式均保持与 LG－1 一致，只是楼盖所处的楼层位置改变，考察楼盖相邻的支撑框架的抗侧刚度改变对楼盖平面内刚度性能的影响。试验模型楼盖平面内水平荷载设计取值仍控制为 $\frac{1\ 460\ \text{kN}}{9} = 162$ kN，试验加载制度同样保持与 LG－1

一致：首先预加载 3×5=15 kN，然后卸载到零，观察荷载作用下的各测点通道是否正常；完成预加载后转入正式加载，按每级 15 kN 的加载制度逐级加载直至试件破坏。

5.2.2　测试内容及方法

(1) 荷载的测量方案。

在千斤顶上安装 300 kN 荷载传感器读取试验过程中的荷载值。

(2) 裂缝的测量。

对出现的裂缝用记号笔在楼盖上标明；并记录在纸上，画出裂缝开展及分布图。

(3) 位移测试方案。

采用数显式位移传感器采集试件位移，测试包括以下三方面的内容：

① 楼盖整体沿加载方向的水平位移。

② 楼盖装配板单元之间连接件的相对滑移。

③ 楼盖竖向位移。

④ 框架柱的侧向位移。

具体的位移测点布置情形如图 5.30 所示，楼盖位移测点现场安装情形如图 5.31 所示。

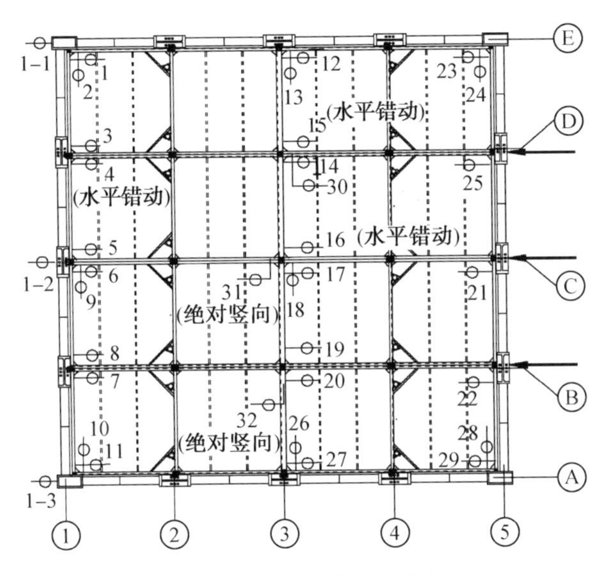

图 5.30　LG－2 位移测点布置

(4) 应变测试方案。

应变测试包括以下四方面的内容：

图 5.31　楼盖位移测点现场安装情形

① 楼盖桁架杆件的轴向应变，具体测点如图 5.32(a) 所示。

② 钢框架柱柱底翼缘轴向应变，具体测点如图 5.32(b) 所示。

③ 钢框架梁柱连接节点附近梁柱翼缘的应变，具体测点如图 5.32(c)、(d) 所示，梁上应变测点应尽量靠近柱面，但要避开焊缝位置；柱翼缘应变测试的测点布置应符合图 5.6 所示的要求。

④ 在组合楼盖装配式连接节点附近的混凝土面板表面设置应变片，测量面板混凝土应变发展情况，具体测点如图 5.33 所示。

楼盖应变片测点现场安装及调试情形如图 5.34 所示。

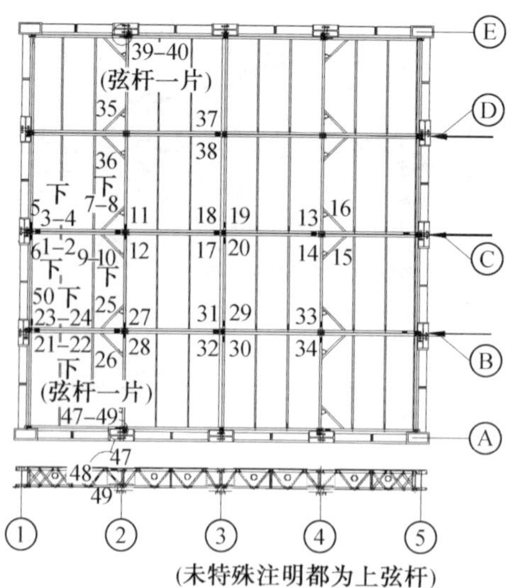

(未特殊注明都为上弦杆)

(a) LG-2 楼盖桁架杆件的应变测点布置

图 5.32　LG－2 钢构件应变测点布置

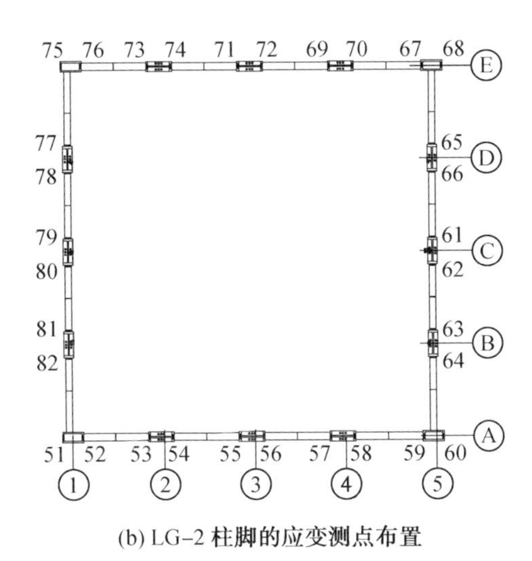

(b) LG-2 柱脚的应变测点布置

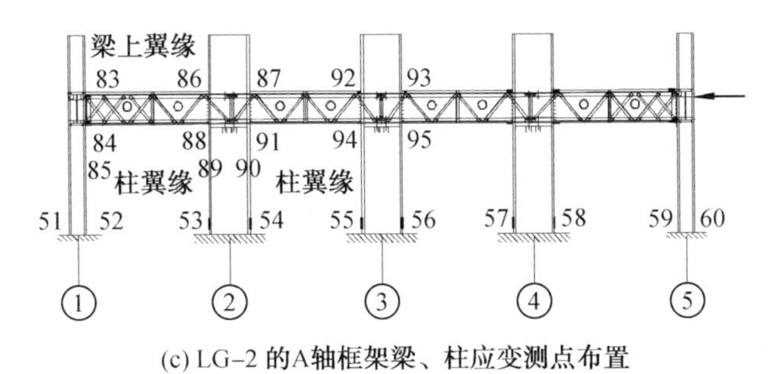

(c) LG-2 的A轴框架梁、柱应变测点布置

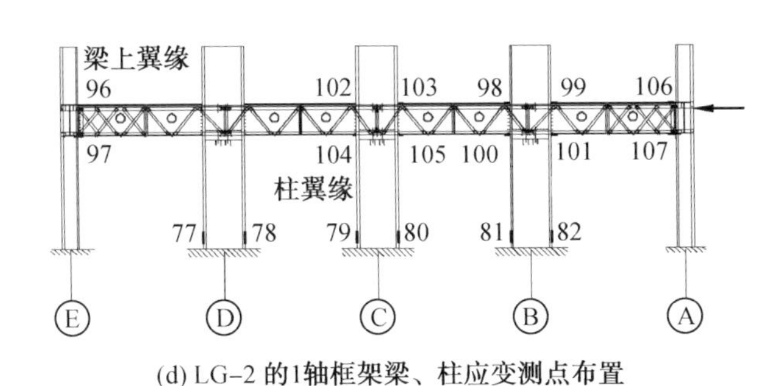

(d) LG-2 的1轴框架梁、柱应变测点布置

续图 5.32

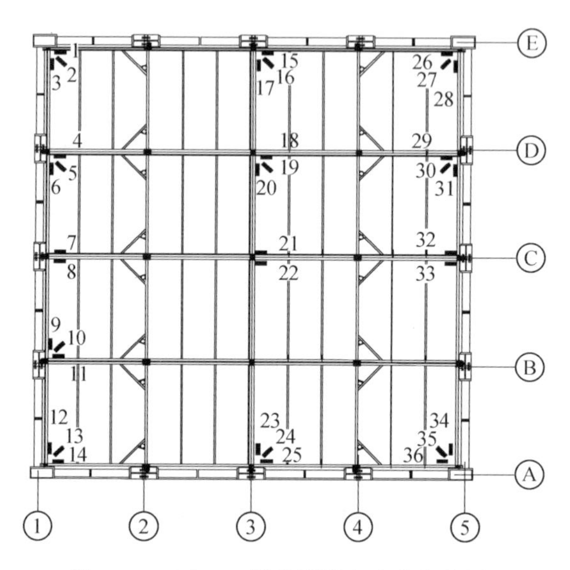

图 5.33　LG－2 楼盖混凝土应变片布置

(a) 钢构件应变片粘贴情形

(b) 应变量测系统调试

图 5.34　应变片安置及量测系统现场调试情形

5.2.3　试验现象与结果分析

1. 试验过程与现象描述

试验过程中为了对面板裂缝开展情况描述的方便，对楼盖体系各装配板单元按图 5.35 情形进行了编号，每块主板分别编号为 1 区和 2 区。

按照预定的荷载步均匀地在三根柱上施加荷载，加载前期楼盖无异常，楼盖上混凝土无开裂现象。当总荷载加到 180 kN 时，楼盖 1－1、1－2、4－1、4－2 板区板角处出现斜裂缝，如图 5.36 所示，具体裂缝开展情形如图 5.37 所示。

当总荷载加至 195 kN 时，楼盖 1－1、4－1 板区边缘出现新裂缝，裂缝分布如图 5.38 所示，新增裂缝开展情形如图 5.39 所示。

当总荷载加至 210 kN 时，楼盖 4－1、4－2、1－2 板区新增裂缝如图 5.40 所

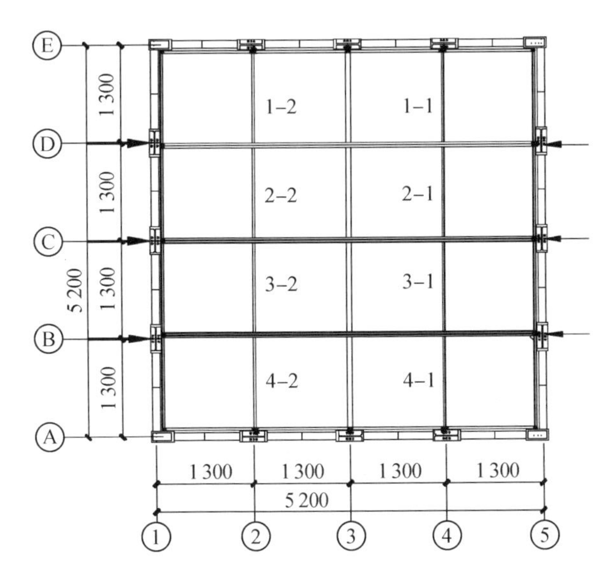

图 5.35　LG－2 装配单元的分区与编号

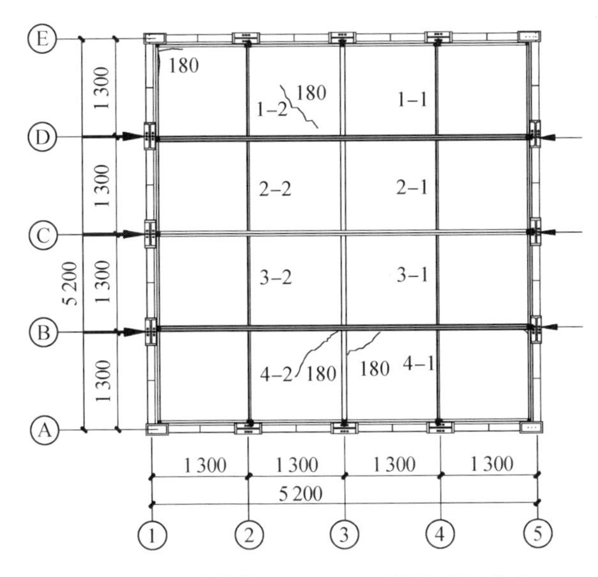

图 5.36　总荷载为 180 kN 时楼盖裂缝分布

示，新增裂缝开展情形如图 5.41 所示。

当总荷载加至 240 kN 时，楼盖在 1－1、1－2、4－1 板区出现了新增裂缝，该荷载作用下楼盖裂缝分布如图 5.42 所示，新增裂缝开展情形如图 5.43 所示，此时 1－1 角部裂缝已经连通了。

当总荷载加至 270 kN 时，楼盖 1－1、1－2、4－1 板区出现了新增裂缝，裂缝分布如图 5.44 所示，具体裂缝开展情形如图 5.45 所示。

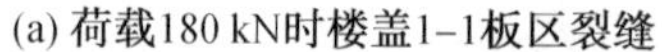

(a) 荷载180 kN时楼盖1-1板区裂缝

(b) 荷载180 kN时楼盖1-2板区裂缝(一)

(c) 荷载180 kN时楼盖1-2板区裂缝(二)

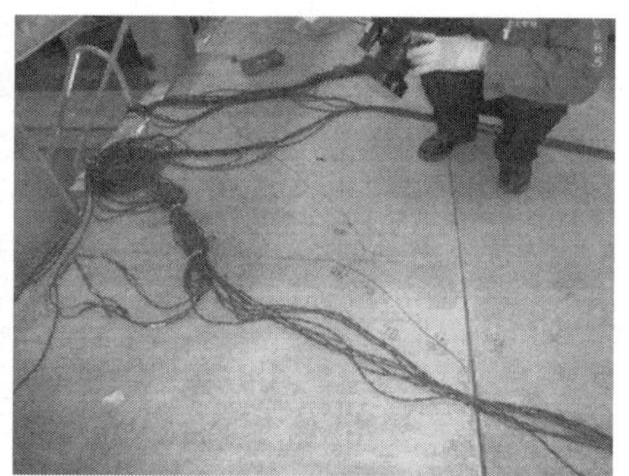

(d) 荷载180 kN时楼盖4-1、4-2板区裂缝

图 5.37　总荷载为 180 kN 时楼盖裂缝开展情形

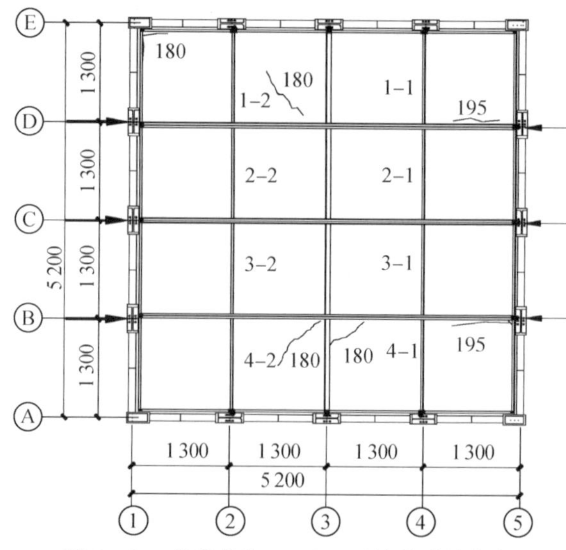

图 5.38　总荷载为 195 kN 时楼盖裂缝分布

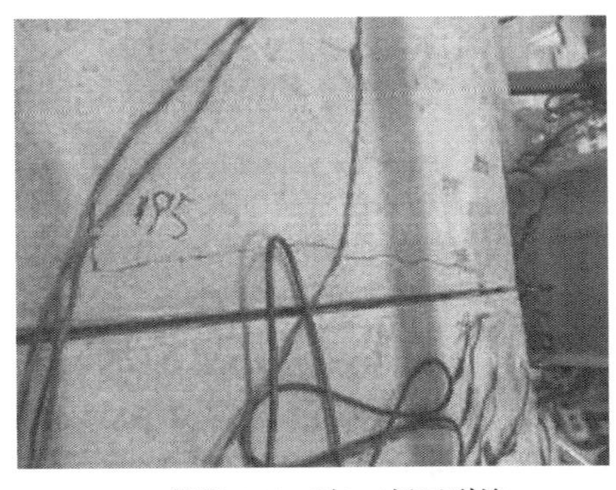

(a) 荷载195 kN时1-1板区裂缝

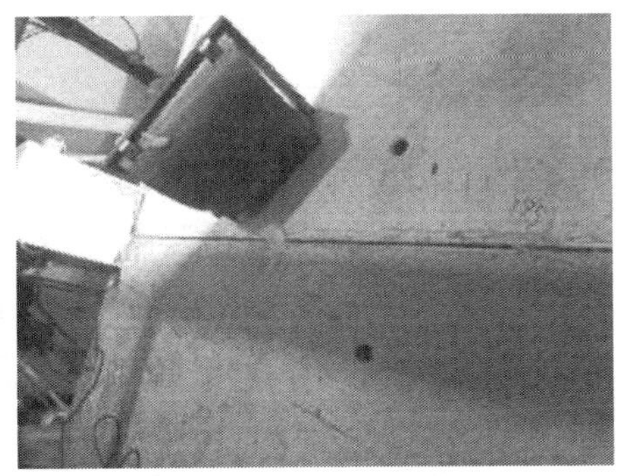

(b) 荷载195 kN时4-1板区裂缝

图 5.39　荷载为 195 kN 时新增裂缝开展情形

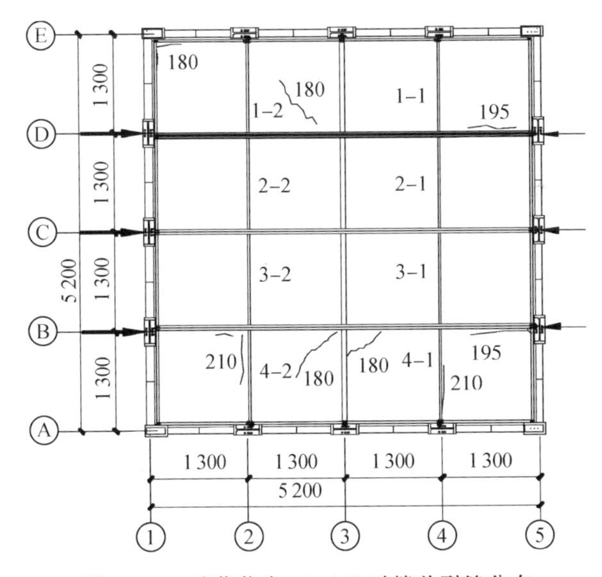

图 5.40　总荷载为 210 kN 时楼盖裂缝分布

荷载增加至 295 kN 时，楼盖 1－1 板区出现一条新增裂缝，进一步增加至 300 kN 时，在楼盖 1－2、4－2 板区又新增 3 条裂缝（均出现在板单元的边缘及角部），该荷载作用下楼盖裂缝分布如图 5.46 所示，新增裂缝开展情形如图 5.47 所示。

当总荷载加至 310 kN 时，楼盖在 1－2 板区 180 kN 荷载级时产生的裂缝发生了较明显的扩展，裂缝与 D 轴方向基本呈 45° 方向，裂缝分布图如图 5.48 所示。进一步加载至 351.4 kN，图 5.48 中在 1－2 区以及 4－2 区两对称位置的两条 45° 斜向裂缝进一步扩展成主要裂缝，同时其他裂缝也都有不同程度的扩展。

分析上述裂缝发展情形，一层楼盖（结构的底层楼盖）初次出现裂缝时水平荷载值为 180 kN，在设计的大震作用取值标准作用下（162 kN），楼盖的装配面板

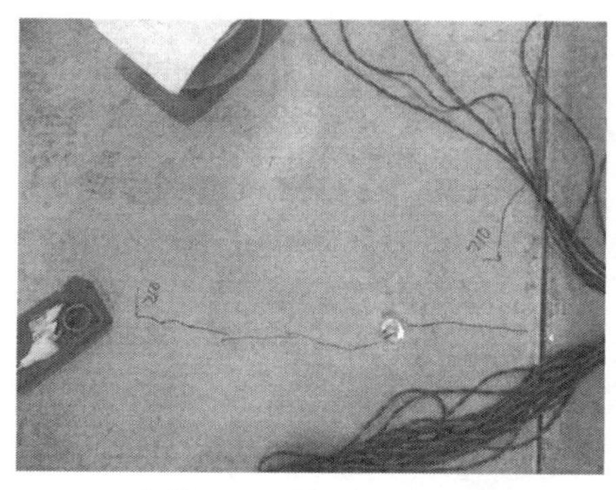

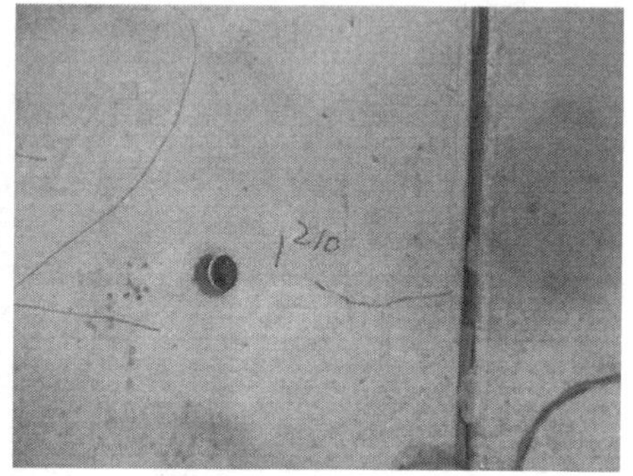

(a) 荷载210 kN时楼盖4–2板区裂缝　　(b) 荷载210 kN时楼盖1–2板区裂缝

图 5.41　总荷载为 210 kN 时楼盖新增裂缝开展情形

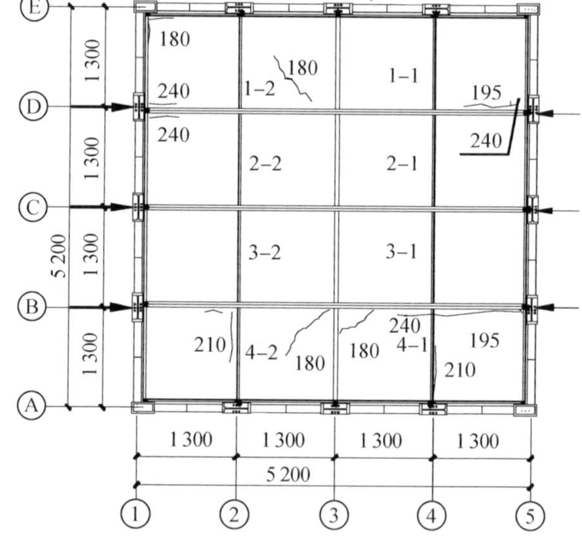

图 5.42　总荷载为 240 kN 时楼盖裂缝分布

并未出现裂缝。裂缝最早出现于边区窄板，后期随着水平荷载的进一步增加，裂缝的发展也主要集中在边区窄板范围，中区宽板范围内裂缝发展较少。随着水平荷载不断加大，楼盖混凝土面板的裂缝发展形态基本表现形式为：从楼盖两侧的边区板外侧朝加载点方向斜向发展，基本符合楼盖整体受弯的受力形态，与二层楼盖的裂缝整体分布形态（图 5.13）基本一致，表明新型装配组合楼盖沿板缝方向受力基本整体性能尚好。

2. 试验结果分析

（1）楼盖整体变形性能。

① 加载楼层平面内整体变形。5 轴、1 轴上桁架梁上弦拼装板缝方向水平位移在不同荷载作用下的分布分别如图 5.49 和图 5.50 所示。从两图中可以看出：

(a) 荷载240 kN时楼盖1-1板区裂缝

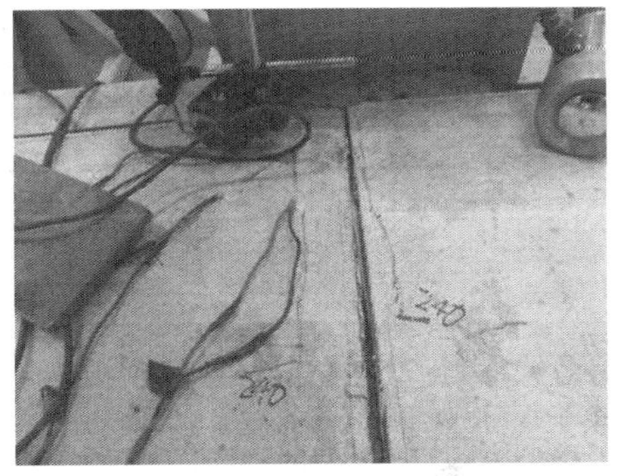

(b) 荷载240 kN时楼盖1-2板区裂缝

图 5.43　总荷载为 240 kN 时楼盖新增裂缝开展情形

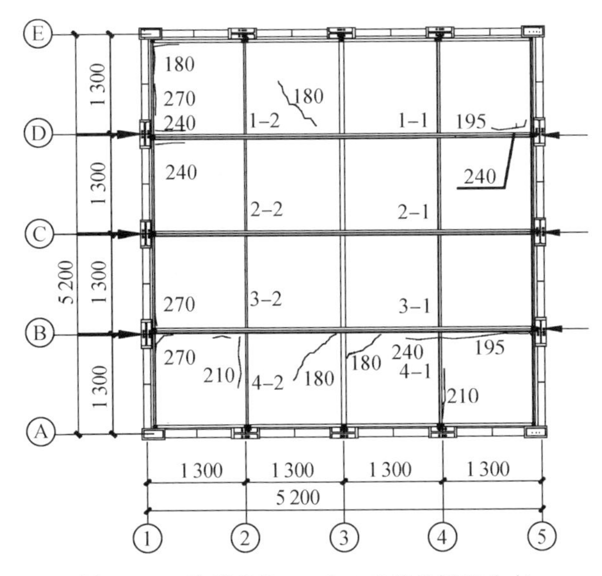

图 5.44　总荷载为 270 kN 时楼盖裂缝分布

a. 在相应于楼盖设计水平荷载值的作用下(165.5 kN)，楼盖跨中的最大相对位移值为 2.12 mm，而整个楼层的整体平均位移(形心位置处位移)为1.62 mm。

b. 在水平荷载不超过 180 kN 时，水平位移都很小且均匀变化，荷载大于 210 kN 后，位移快速增加，中间三点(B、C、D) 的位移增加比角部两点(A、E) 增加大，且增大幅度非常大，楼盖变形发展趋势与前面两层楼盖的变形发展趋势相一致。

各级相同荷载作用下 1 轴和 5 轴顺拼装板缝方向水平位移曲线基本重合，说明该楼盖整体性能较好。

图 5.45　荷载为 270 kN 时 1－2 板区新增裂缝开展情形

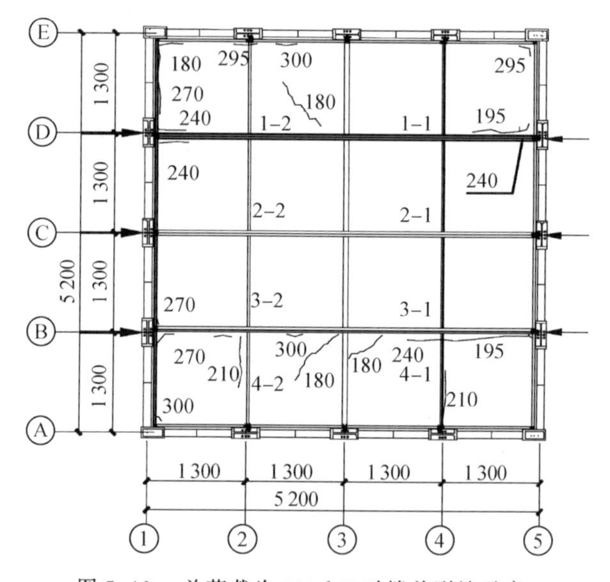

图 5.46　总荷载为 300 kN 时楼盖裂缝示意

图 5.51 给出了 C 轴不同测点荷载－滑移曲线，从图中可以看出：a. 在楼盖体系初次加载至 31.8 kN 时，C 轴（楼盖中轴线）的荷载－滑移曲线出现了一个明显的拐点，随后曲线进入了一个线性上升阶段，而水平荷载增加至 180.7 kN 以后曲线则进入了一个较明显的非线性上升阶段，形成了第二个拐点。对于第一个拐点的出现，通过对试验现场的观察分析，主要是梁柱的插销装配连接受加工精度影响现场扩孔所致的；分析第二个拐点不难发现，在对应水平荷载作用下，楼盖体系出现了初始裂缝，随后整个楼盖体系进入了弹塑性受力状态。b. 在楼盖体系弹性受力状态下，楼盖的平面内变形基本呈对称状态分布，但进入弹塑性受力状态后，楼盖平面内出现了非对称的变形（图 5.49 和图 5.50）。加载至 351.4 kN 时，加载楼层平面内最大位移为 10.83 mm，卸载至零后，残余变形最大值

(a) 荷载300 kN时楼盖1-2板区新增裂缝

(b) 荷载300 kN时4-2板区新增裂缝

图 5.47　总荷载为 300 kN 时楼盖新增裂缝开展情形

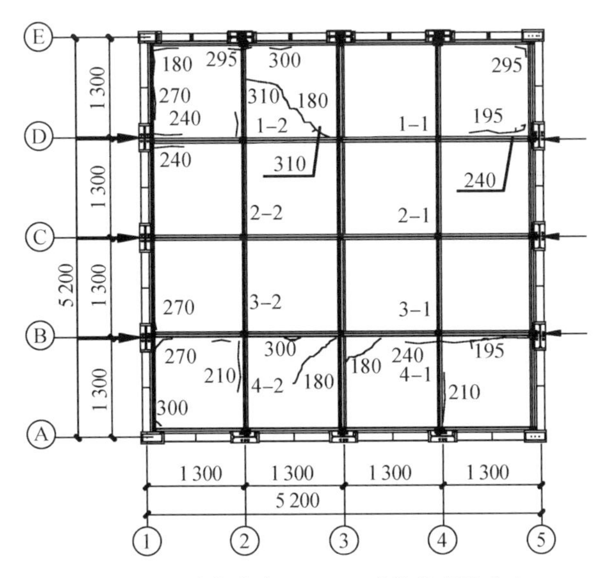

图 5.48　总荷载为 310 kN 时楼盖裂缝分布

为3.63 mm。

② 加载楼层下部相邻抗侧框架的整体变形。图 5.52 所示为一层楼盖标高位置处框架柱的位移测点记录的各级水平荷载作用下，框架柱的水平荷载－侧向变形曲线，它反映了底层框架的整体变形情况。分析图中荷载－滑移曲线可知：a. 在整个加载过程中，框架柱的荷载－变形曲线都呈现上升趋势；在平行于加载方向的各榀框架当中，两外侧框架的荷载－变形曲线基本一致，在整个加载过程中都基本呈线性上升趋势，而中间框架的荷载－变形曲线在整个加载过程中表现出一种非线性的上升状态，在楼盖体系的开裂荷载附近，曲线出现了反弯点(曲线斜率减小)。b. 在平行于加载方向的各榀框架当中，两外侧框架的抗侧

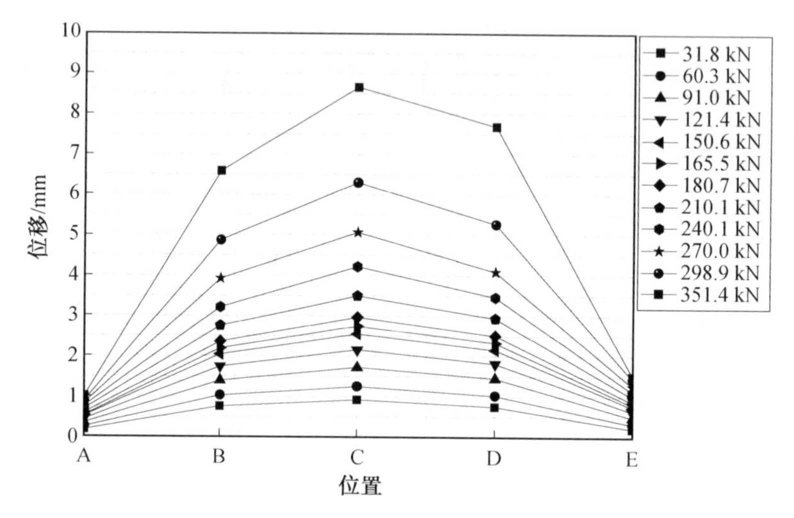

图 5.49　5 轴(LG－2) 桁架梁上弦顺板缝方向水平位移分布

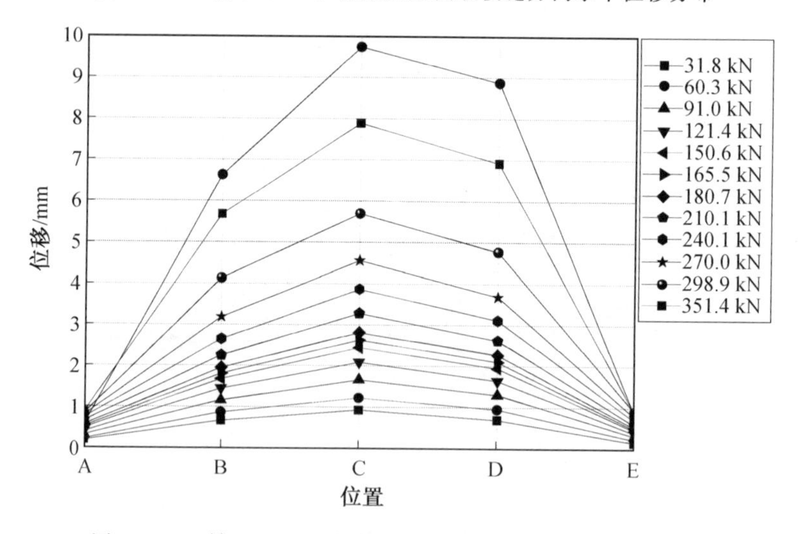

图 5.50　1 轴(LG－2) 桁架梁上弦顺板缝方向水平位移分布

刚度要显著大于中间框架的抗侧刚度。考察框架在相应于大震作用的设计水平荷载(162 kN) 作用下的变形情况,可以得知:试验楼盖的框架柱在加载远端(5 轴) 的平均侧移为 1.19 mm;沿加载方向,中间 C 轴的框架抗侧刚度为 63.4 kN/mm,而两侧 A、E 轴的平均抗侧刚度为 337.8 kN/mm,超过中间框架抗侧刚度的 5 倍以上。

(3) 板－板拼装连接的相对滑移。试验过程中,通过图 5.30 中所示的测点 3－测点 4、测点 14－测点 15、测点 16－测点 17 三组布置于板－板连接两侧布置的位移测点,对试验过程中板－板拼装连接的相对滑移情形进行了测试。图

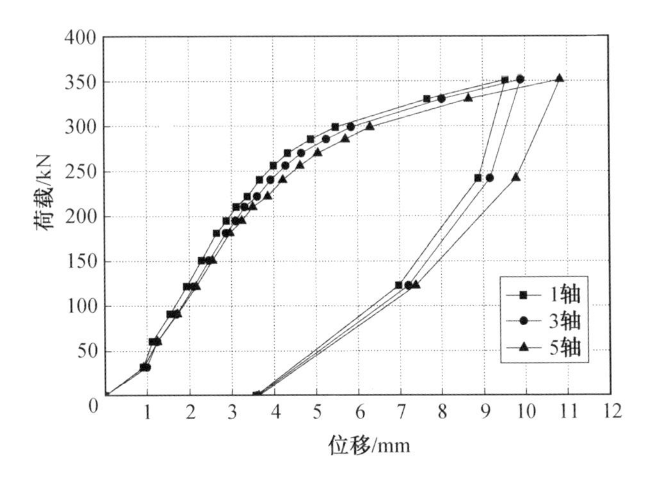

图 5.51　C 轴不同测点荷载－滑移曲线

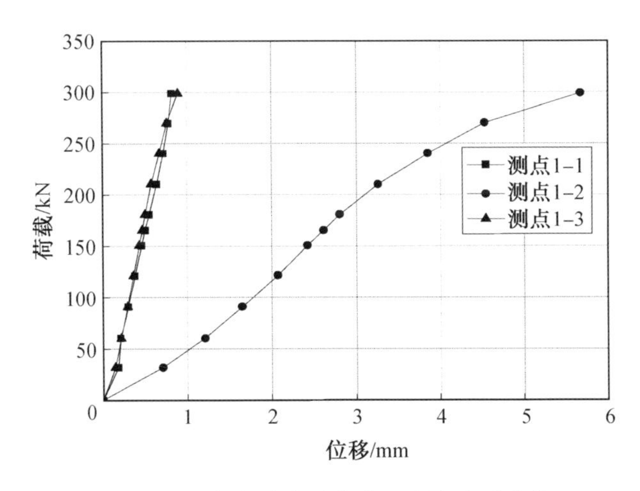

图 5.52　框架柱水平荷载－侧向变形曲线

5.53 所示为楼盖 1 轴与 D 轴相交处(3、4 号测点)的荷载－滑移曲线，从图中曲线分析可以看出：边主板与中主板在 1 轴与 D 轴相交的连接处，在加载总荷载小于 121.4 kN 时，水平错位小于 0.08 mm；当总荷载在 121.4 ～ 298.9 kN 时，水平错位增加较缓慢，基本沿线性增长，在 0.08 ～ 0.32 mm 之间；当总荷载在 329.9 ～ 354.1 kN 时，水平错位增加明显，在 0.52 ～ 0.63 mm 之间。

图 5.54 所示为楼盖 3 轴与 D 轴相交处(14、15 号测点)的荷载－滑移曲线。分析图中这对测点的荷载－滑移曲线可以看出，边主板与中主板在 3 轴与 D 轴的相交处，在加载总荷载为 31.8 kN 时，水平错位为 0.14 mm；当总荷载在 31.8 ～ 180.7 kN 时，水平错位均匀增加，在 0.14 ～ 0.44 mm 之间；当总荷载在 180.7 ～ 298.9 kN 时，水平错位非线性增加，在 0.44 ～ 0.95 mm 之间；当总荷载在

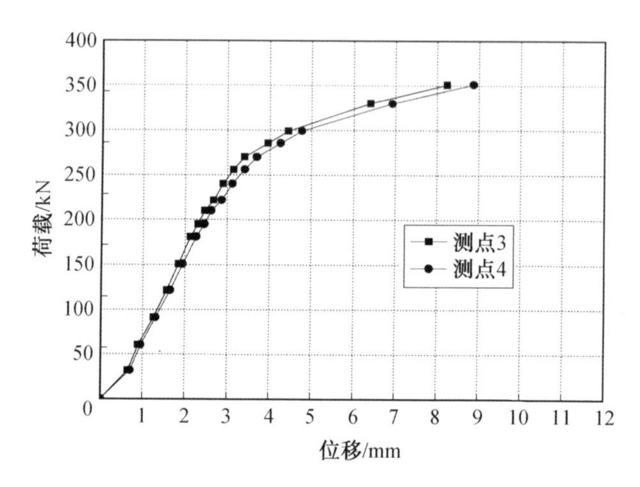

图 5.53　楼盖 1/D 轴相交处荷载－滑移曲线

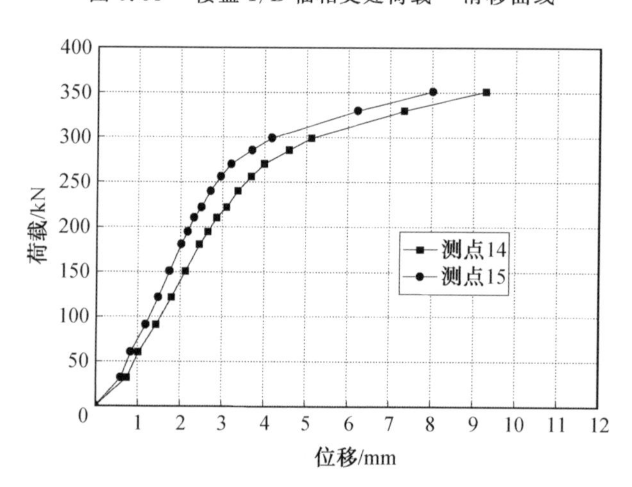

图 5.54　3/D 轴相交处荷载－滑移曲线

298.9～351.4 N时，水平错位增加明显，在0.95～1.27 mm之间。对比分析图5.55与图5.56所示的板－板连接相对滑移情况，3/D轴处的板－板连接相对滑移要明显大于1/D处的相对滑移情形。图5.55所示则为楼盖3轴与C轴相交处(16、17号测点)的荷载－滑移曲线，可测出两测点的相对滑移，分析图中两测点的相对位移情形不难看出：中间两块主板在3轴与C轴相交的连接处，在整个加载过程中基本没有产生滑移，最大水平错位仅为0.14 mm。

从LG－2的板－板连接的相对滑移情况分析，LG－2与LG－1具有相类似的情况，滑移在楼盖水平荷载尚未达到设计水平荷载之前就已产生，表明试验楼盖板－板连接的高强螺栓紧固应该同样没有达到设计要求。分析图5.53～5.55的楼盖相关荷载－滑移曲线可以发现，LG－2的楼盖－位移曲线在初始加

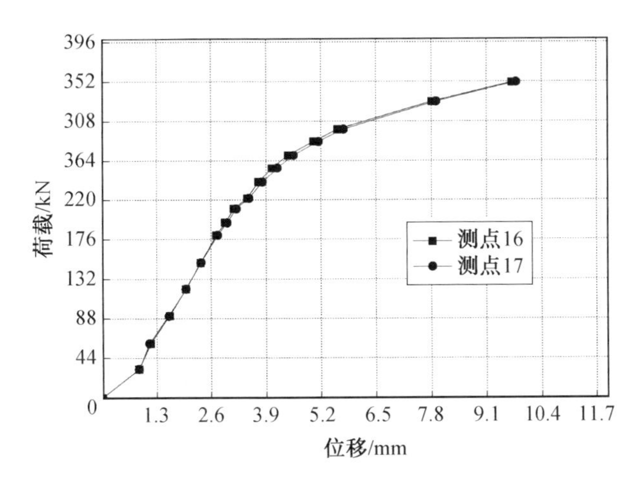

图 5.55　3/C 轴相交处荷载－滑移曲线

载时都有一个转折点，前面分析已经指出，这是受装配式楼盖的装配间隙的影响，LG－2 试件的板－柱连接装配间隙要比 LG－1 大，装配间隙对楼盖受力性能存在较大影响，在结构设计当中应该考虑装配间隙的影响。

④ 楼盖的平面外变形。图 5.56 所示为反映楼盖平面外变形的水平荷载－竖向挠度变形曲线。从图中可以看出：楼盖刚开始加载即出现了平面外的竖向变形，当水平荷载超过 90 kN 后，竖向变形又基本稳定，进一步增大的幅度比较小，结合前面楼盖水平位移的发展情况分析，出现该现象应该是受初始加载时板－柱连接间隙的影响所致。

(2) 应变测试结果与加载楼层下部相邻抗侧框架的柱端剪力发展情况。

① 加载楼层下部相邻抗侧框架的柱应变及柱端剪力发展。试验通过框架柱应变的测试(图 5.32 的测试方案)，考察了试验楼盖对加载楼层平面内水平荷载的分配－传递性能。

图 5.57(a) 所示为对应图 5.32(c) 所示底层框架柱的柱翼缘应变测点记录的荷载－应变关系曲线。图中框架柱应变发展情况与 LG－1 中二层框架柱试验结果基本一致：a. 在整个加载过程中，框架柱应变均处于弹性范围内；b. 在楼盖体系的混凝土面板开裂荷载附近，框架柱的荷载－应变曲线存在一个较明显的拐点：在开裂荷载之前，框架柱的荷载－应变曲线呈线性发展，在开裂荷载之后，荷载－应变曲线依然呈上升状态，但线性规律不太明显。这表明，在设计大震作用(小于各试验楼盖开裂荷载)下，楼盖体系具有稳定的水平导荷性能，楼盖面板开裂以后，楼盖水平导荷性能产生了明显的调整。

楼盖面板开裂前框架柱的剪力 Q 可以基于式(5.1) 进行分析确定。图 5.57(b) 所示即为各试验楼盖的测试框架柱端剪力分布与发展情形，图中非常直

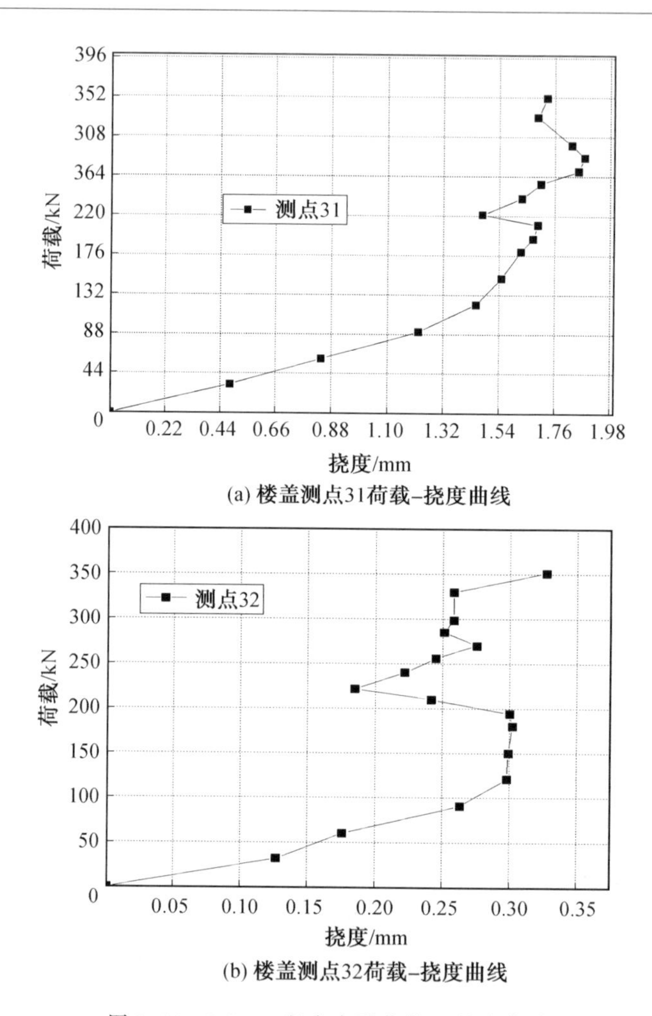

(a) 楼盖测点31荷载-挠度曲线

(b) 楼盖测点32荷载-挠度曲线

图 5.56　LG－2 竖向变形荷载－挠度曲线

观地显示了楼盖框架柱端剪力与楼层总水平荷载的线性关系。表 5.2 列出了相应于设计大震作用下的加载楼层下部相邻框架部分框架柱的柱端剪力分布情形。由于楼盖体系的加载及结构布置均具有对称性，可以估算出各试验楼盖平行加载方向的外侧轴线上框架柱所承担的总水平荷载为 149.4 kN，试验过程中该级水平荷载总值为 165.5 kN，可见，通过楼盖体系的分配－传递，超过 90% 的楼盖平面内水平荷载由平行于加载方向的两侧框架柱（A、E 轴框架柱）承担了。

表 5.2　LG－2 相应于设计大震作用下各加载楼盖下部相邻框架柱端剪力分布

位置	A/1 轴	A/2 轴	A/3 轴	总水平剪力 Q	A、E 轴柱总剪力 / 总水平剪力 Q
LG－2	15.4	14.7	14.5	165.5	0.903

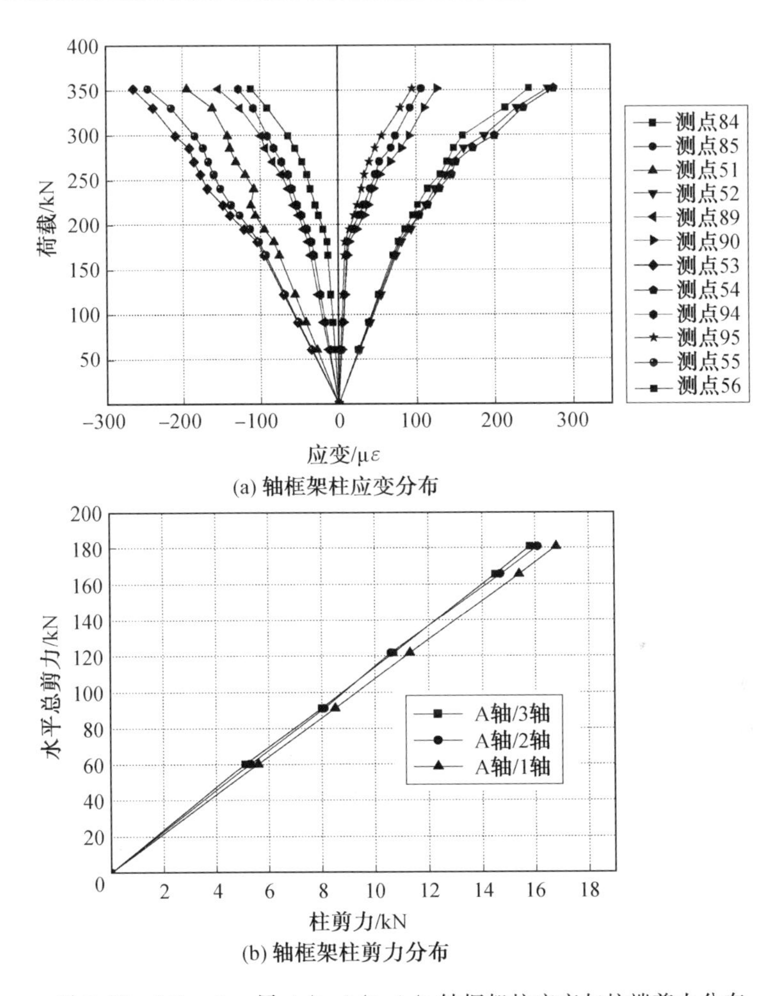

(a) 轴框架柱应变分布

(b) 轴框架柱剪力分布

图 5.57　LG－2 一层 A/1、A/2、A/3 轴框架柱应变与柱端剪力分布

② 加载楼层钢桁架应变。图 5.58 所示分别为 2 轴弦杆上各测点的应变分布曲线，分析图中应力分布可知：该轴弦杆上各点的应变变化都处于正常弹性范围内。其中 11、12 号测点在 C/2 轴位置的 C 轴两侧的主梁(图 2.5 所示 ZL1) 上，图中所示两侧测点应变基本一致，说明在 C 轴线上的双拼梁连接节点之间的剪力较小。测点 27 显示随荷载增加该位置应变增加幅值较大，表明两侧板单元传递的剪力较大。

③ 混凝土构件应变结果。图 5.59 记录了测试楼盖(LG－2) 混凝土面板关键角点部位的荷载－应变曲线，由图可知：a. 10＃、2＃ 测点处混凝土处于受拉应力状态，而测点 27＃、33＃、35＃ 则处于受压应力状态；b. 当楼盖水平荷载达到 195 kN 附近时，2＃ 测点应变已达 200 $\mu\varepsilon$，依据 C30 混凝土的基本性能，该应变值已超出混凝土的开裂应变，混凝土面板出现了裂缝；当水平荷载增加至 270 kN

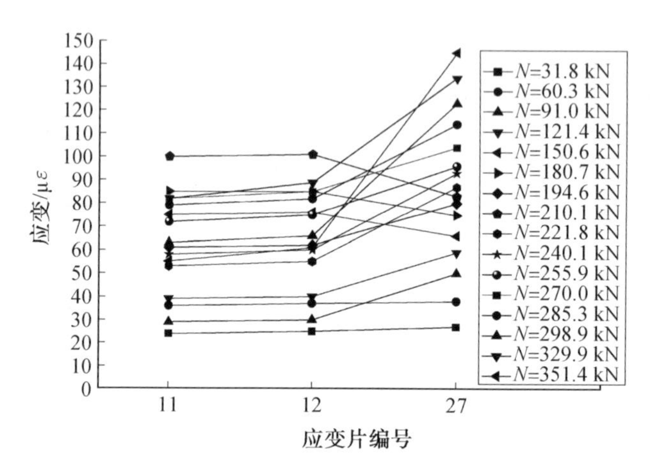

图 5.58　2 轴弦杆各点应变分布曲线

附近，10＃ 应变测点处的应变达到 265 με，此时，该处混凝土面也处于开裂状态了；c. 整个加载过程中，压区混凝土应变基本处于线性增长阶段，且混凝土压应变均比较小。

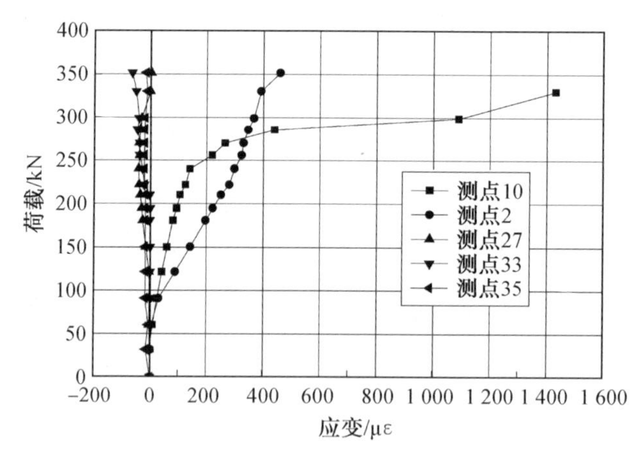

图 5.59　二层楼盖混凝土荷载 — 应变曲线

(3) 楼盖的等效剪切刚度与刚度性能分析。

基于 LG－1 关于楼盖等效剪切刚度的确定方法，可以确定 LG－2 的平面内等效抗剪刚度 k_e，如下：

图 5.52 通过底层柱侧向变形测点(1－1、1－2、1－3) 记录了框架柱在一层楼盖平面位置处的侧向变形，测点 1－2 记录位移即为楼盖体系跨中的最大位移。通过插值，可以确定相应于 $0.4F_{max}$(64.8 kN) 的楼盖体系最大相对位移值为 1.32 mm，由此可得该试验楼盖顺板方向受力的等效抗剪刚度为：$k_e = 49.1$ kN/mm。

5.3　二层装配式组合楼盖试件垂直拼装板缝方向的试验(LG－3)

5.3.1　加载制度

试件 LG－3 的制作与装配安装方式与 LG－1 完全相同，依据第 4 章试验方案设计分析，模型试件的楼层水平荷载设计取值同样为 $\frac{1\ 460\ \text{kN}}{9}=162\ \text{kN}$，但 LG－3 加载采用图 4.4(c) 的方式，水平荷载方向垂直于楼盖装配单元的拼装板缝方向，考察楼盖不同方向的平面内受力变形性能的差异。

加载制度仍然按 LG－1 的试验加载制度：采用分级加(卸)载，每级控制为目标荷载的 10% 左右，三个加载点每级荷载控制为 5 kN，即每级总荷载为 15 kN，首先预加载 $3\times10=30$(kN)，然后卸载到零，观察荷载作用下的各测点通道是否正常；完成预加载后转入正式加载，按每级 15 kN 的加载制度逐级加载直至试件破坏。

5.3.2　测试内容及方法

(1) 荷载的测量方案。

在千斤顶上安装 300 kN 荷载传感器读取试验过程中的荷载值。

(2) 裂缝的测量。

对出现的裂缝用记号笔在楼盖上标明；并记录在纸上，画出裂缝开展及分布图。

(3) 位移测试方案。

位移测试包括以下三方面的内容：

① 楼盖整体沿加载方向的水平位移。

② 楼盖竖向位移。

③ 框架柱的侧向位移。

具体位移测点如图 5.60 所示，楼盖位移测点现场安装及调试情形如图5.61 所示。在图5.62 中，测点 1－1、1－2、1－3 以及 2－1、2－2、2－3 分别测试框架柱在一、二层楼盖位移处加载方式的侧向位移；而测点 1－10、1－11、1－12 则用来测试二层楼盖的竖向位移。

(4) 应变测试方案。

应变测试包括以下四方面的内容：

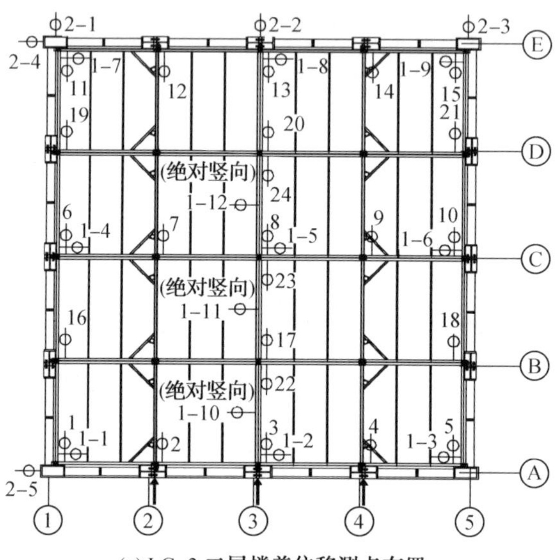

(a) LG-3 二层楼盖位移测点布置

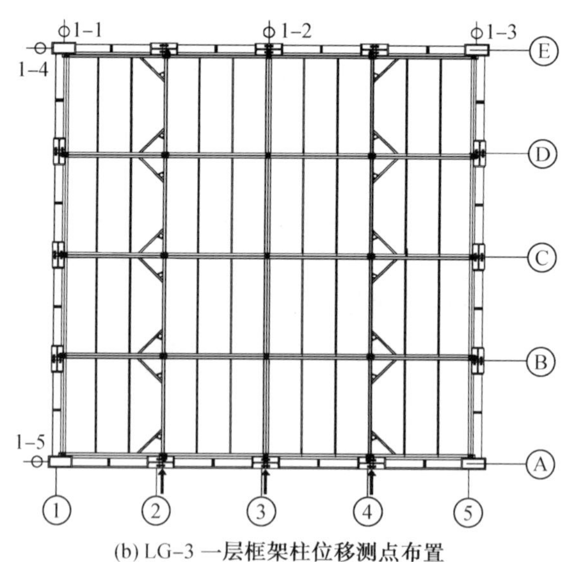

(b) LG-3 一层框架柱位移测点布置

图 5.60　试件一(LG－3)楼盖位移测点布置

① 楼盖桁架杆件的轴向应变,具体测点如图 5.62(a)所示。

② 钢框架柱柱底翼缘轴向应变,具体测点如图 5.62(b)所示。

③ 钢框架梁柱连接节点附近梁柱翼缘的应变,具体测点如图 5.62(c)、(d)所示,梁上应变测点应尽量靠近柱面,但要避开焊缝位置;柱翼缘应变测点布置应该符合图 5.6 所示的要求。

(a) 二层楼盖位移计安装

(b) 位移采集系统调试

图 5.61　楼盖位移测点现场安装及调试情形

④ 在组合楼盖装配式连接节点附近的混凝土板面板表面设置应变片，测量面板混凝土应变发展情形，具体测点如图 5.63 所示。

楼盖应变片测点现场安装及调试情形如图 5.64 所示。

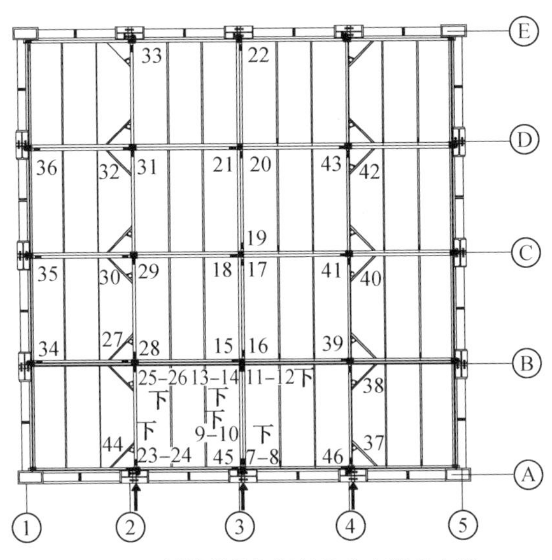

(a) LG-3 二层楼盖桁架杆件的应变测点布置

图 5.62　试件一（LG－3）钢构件应变测点布置

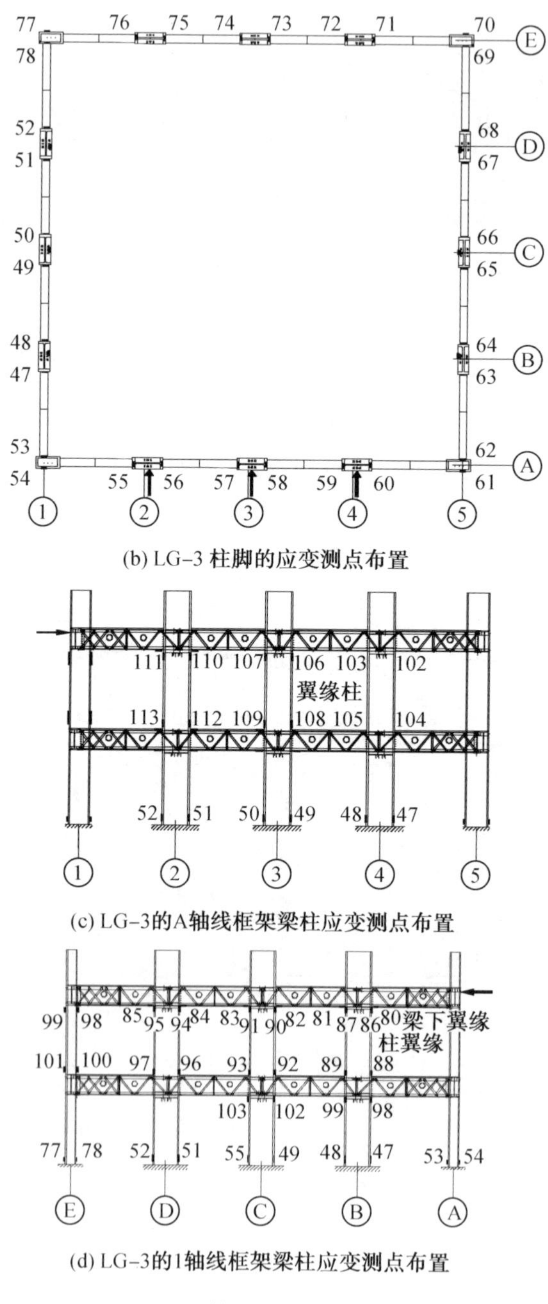

(b) LG-3 柱脚的应变测点布置

(c) LG-3的A轴线框架梁柱应变测点布置

(d) LG-3的1轴线框架梁柱应变测点布置

续图 5.62

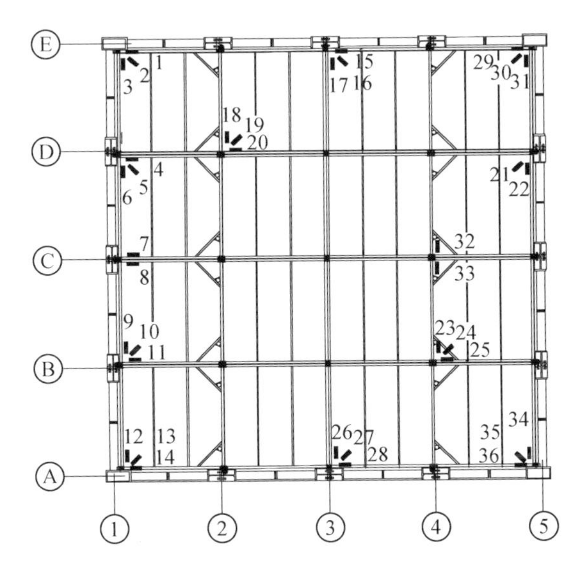

图5.63 LG－3二层楼盖混凝土应变片布置

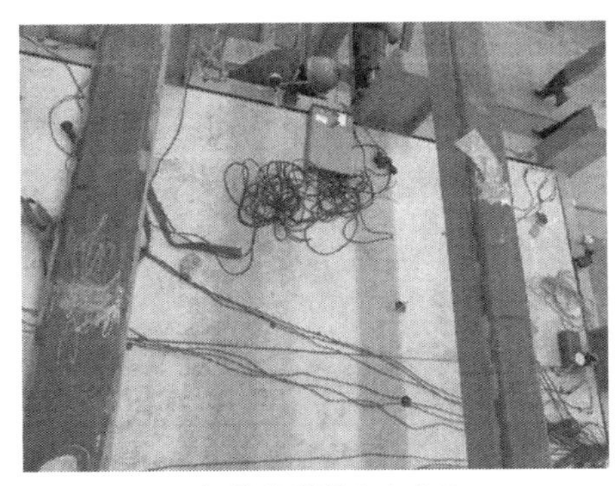

(a) 现场粘贴混凝土应变片

(b) 现场粘贴柱底应变片

图5.64 楼盖应变片测点现场安装及调试情形

5.3.3 试验现象与结果分析

1. 试验现象

为对面板裂缝开展情形描述的方便，对楼盖体系各装配单元按图5.65情形进行了编号，每块主板分别编号为1区和2区。按照预定的荷载步均匀地在三根柱上施加荷载，加载前期楼盖无异常，楼盖上混凝土无开裂现象。当总荷载加到180 kN时，楼盖1－1、1－2、3－1、4－2板区边缘处出现斜裂缝，裂缝分布如图5.66所示，具体裂缝开展情形如图5.67所示。

当总荷载加至240 kN时，楼盖1－2、3－2、4－2板区边缘出现了新裂缝，图5.68所示为此时的裂缝分布图，图5.69显示了该级荷载作用下楼盖裂缝开展

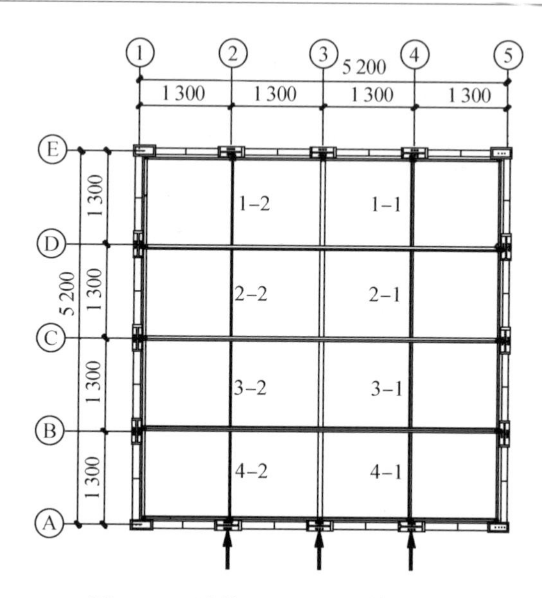

图 5.65　试件三(LG－3)楼盖编号

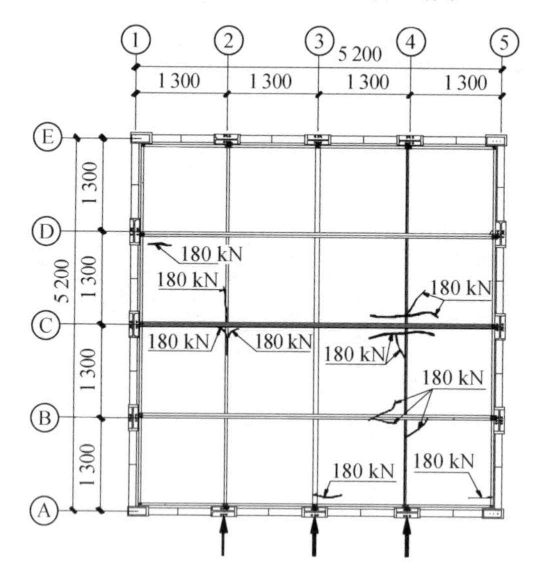

图 5.66　总荷载为 180 kN 时楼盖裂缝分布

情形。

当总荷载加至 270 kN 时，在楼盖 1－1 板区新增了裂缝。进一步增加荷载，当荷载增至 300 kN 时，在楼盖的 1－1、1－2、4－1、4－2 板区均出现新的裂缝，该级荷载作用下楼盖裂缝分布如图 5.70 所示，具体裂缝开展情况如图 5.71 所示。

当进一步增加荷载至 330 kN 时，楼盖 1－1、1－2 板区出现新增裂缝，裂缝分布如图 5.72 所示，新增裂缝开展情况如图 5.73 所示。

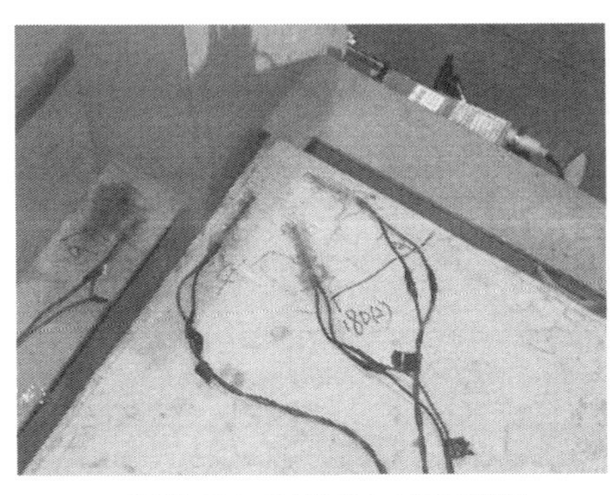
(a) 荷载180 kN时楼盖1-1板区裂缝

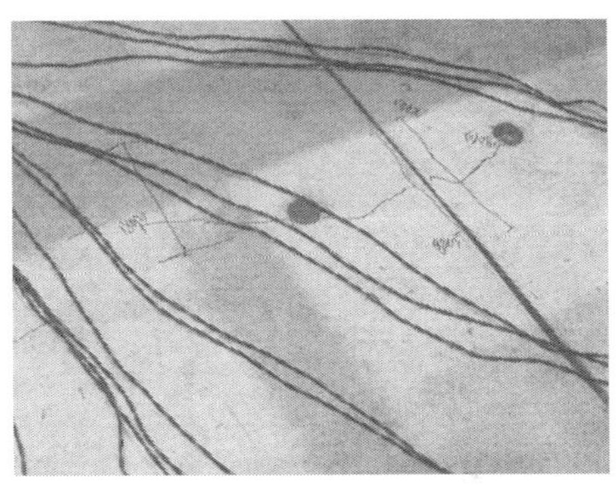
(b) 荷载180 kN时楼盖2-1、3-1板区裂缝

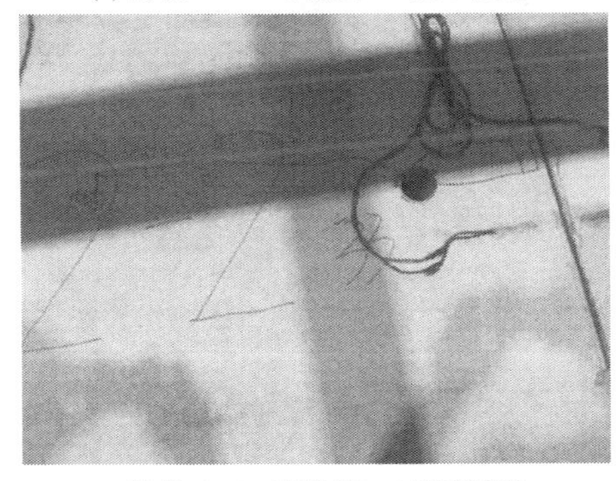
(c) 荷载180 kN时楼盖1-1板区裂缝

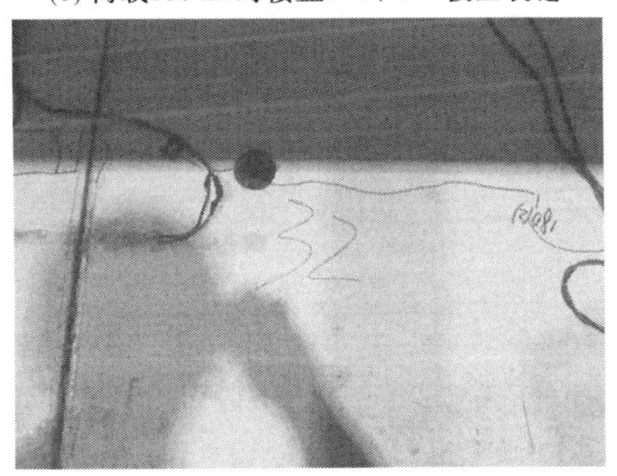
(d) 荷载180 kN时楼盖2-1、3-1板区裂缝

图 5.67　总荷载为 180 kN 时楼盖裂缝开展情形

从上述裂缝发展情形分析，楼盖初次出现裂缝时水平荷载值为 180 kN，这与二层楼盖顺板缝方向受力情形类似，在相应于 7 度大震的设计水平荷载作用下(162 kN)，垂直板缝受力的楼盖装配面板未出现裂缝。裂缝首先产生的部位与顺板缝受力不同，出现在横向板缝的板 — 板拼接部位。随着后期水平荷载的进一步增加，楼盖混凝土面板的裂缝整体发展形态也与顺板缝受力裂缝发展的情形不同，垂直板缝受力楼盖的各装配单元基本都出现裂缝，裂缝首先主要集中在靠近加载端的板单元，但在加载后期(已超出设计水平作用取值)，加载远端的装配板单元也出现裂缝。各板单元裂缝基本朝板 — 板连接的节点位置斜向发展，但规律不如顺板缝加载的裂缝分布趋势明显。从楼盖裂缝产生发展的整体形态分析，楼盖体系呈现出各装配单元各自受弯的形态，说明楼盖体系的整体性不太好。

2. 试验结果分析

(1) 楼盖整体变形性能。

① 加载楼层平面内整体变形。图 5.74 显示了各级荷载作用下 A 轴(加载近端) 和 E 轴(加载远端) 桁架梁上弦在垂直板缝方向的水平位移分布，图 5.75 和

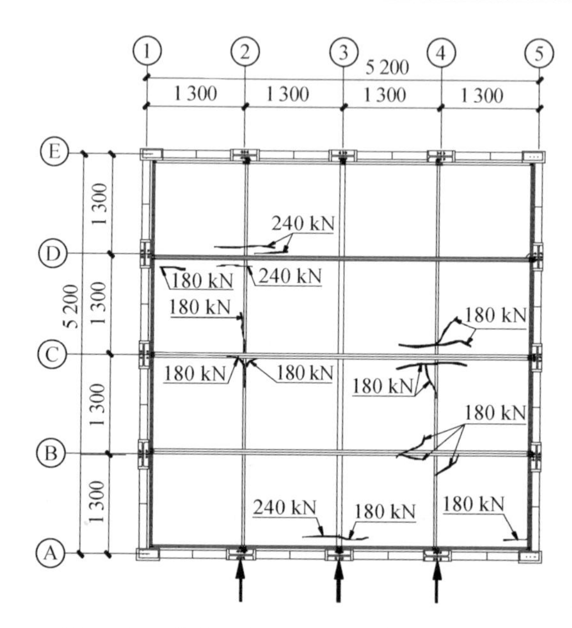

图 5.68　总荷载为 240 kN 时楼盖裂缝分布

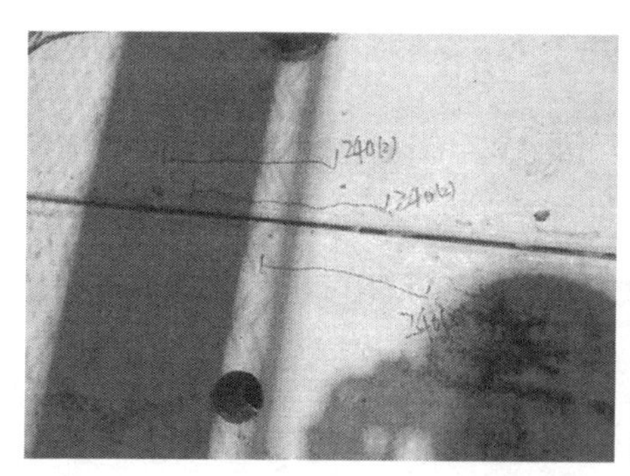

(a) 荷载240 kN时楼盖3-4、4-2板区裂缝

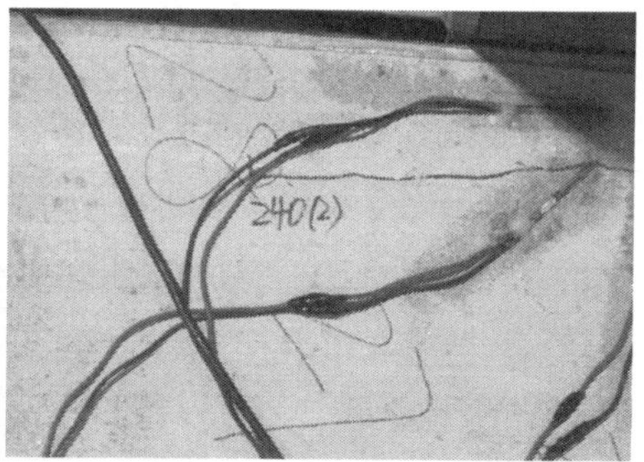

(b) 荷载240 kN时楼盖1-2板区裂缝

图 5.69　总荷载为 240 kN 时楼盖新增裂缝开展情形

图 5.76 则分别概括了 A 轴、E 轴上桁架梁上弦垂直板缝方向的水平位移在不同荷载作用下的分布状况。分析上述两轴线上位移在各级荷载作用的分布情形，从中可以看出：

a. A 轴和 E 轴的水平位移曲线在各级荷载作用下变形不一致，A 轴的位移大于 E 轴的位移。随着荷载的增加，1 轴与 A 轴和 E 轴测点的位移差逐渐增大。这表明试验楼盖垂直板缝方向受力整体性不太好。

b. 2/A 轴测点的位移一直大于 3/A 轴测点的位移，说明 2 轴与 A 轴相交位置附近结构存在薄弱环节。试验后发现该位置处压型钢板与下部钢桁架梁的连接焊钉没有焊接到钢梁上，连接栓钉因焊接电流过大自身已被烧熔，混凝土与钢桁

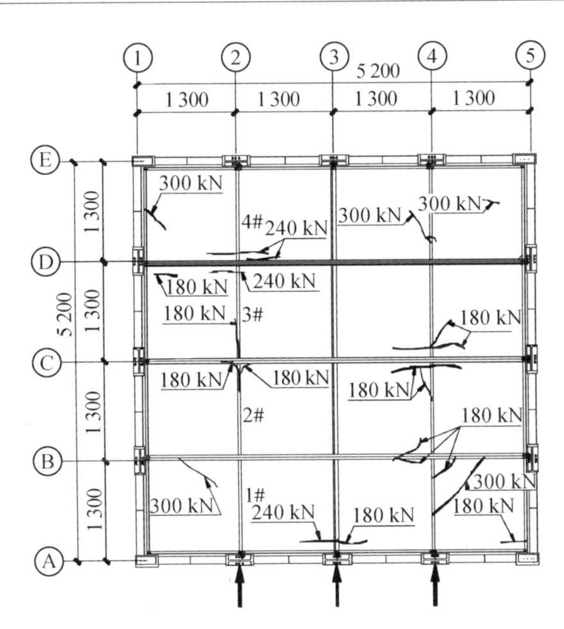

图 5.70　总荷载为 300 kN 时楼盖裂缝分布

架梁之间没有形成有效的组合(图 5.77)。

c. 荷载 180.3 kN 以前，水平位移均较小且均匀变化，荷载大于 180.3 kN 后，位移增加加快。

d. 在相应于 7 度大震作用的设计水平荷载(165.8 kN) 作用下，楼盖 E 轴跨中的最大相对位移值为 0.33 mm，而整个楼层的整体平均位移(形心位置处的位移) 为 1.96 mm。

图 5.78 给出了 3 轴(中轴线) 不同测点荷载－滑移曲线，从图中可以看出：a. 与3 轴相交的(A、C、E 轴)3 点的曲线发展趋势相同，但加载近端 A 轴的位移要明显大于加载远端的 E 轴的位移，离加载侧越远水平位移越小，这也说明该楼盖横缝向整体性不太好；b. 荷载在 180.3 kN(楼盖的开裂荷载) 以前，曲线为一直线段，但在开裂荷载附近，楼盖的荷载－滑移曲线出现了一个较为明显的转折点，此后随着荷载的进一步增加，楼盖的荷载－滑移曲线继续呈上升趋势，但曲线斜率要小于转折点之前的曲线斜率，楼盖平面内刚度出现了较为明显的退化。加载至 327.7 kN 时，最大位移为 7.32 mm，卸载至零后，残余变形最大值为1.69 mm。

② 加载楼层下部相邻抗侧框架的整体变形。图 5.79 所示为 LG－3 二层楼盖标高位置处框架柱的位移测点记录的各级水平荷载作用下，框架柱的水平荷载－侧向变形曲线，它反映了与加载楼层相邻的下部框架的整体变形情况。分析图中荷载－滑移曲线可知：a. 整个加载过程中，框架柱的荷载－滑移曲线都呈

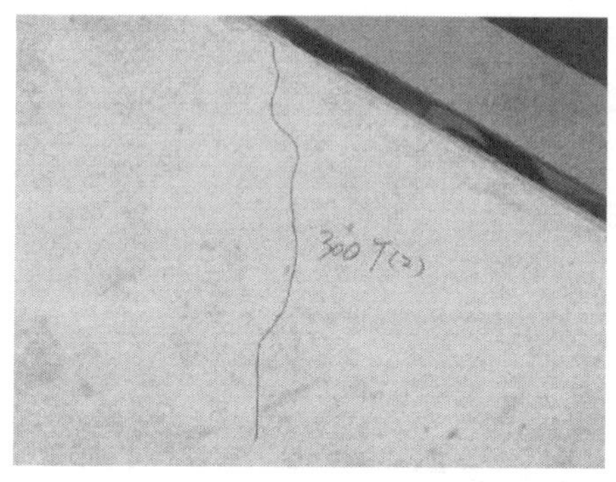

(a) 荷载300 kN时楼盖4-2板区裂缝

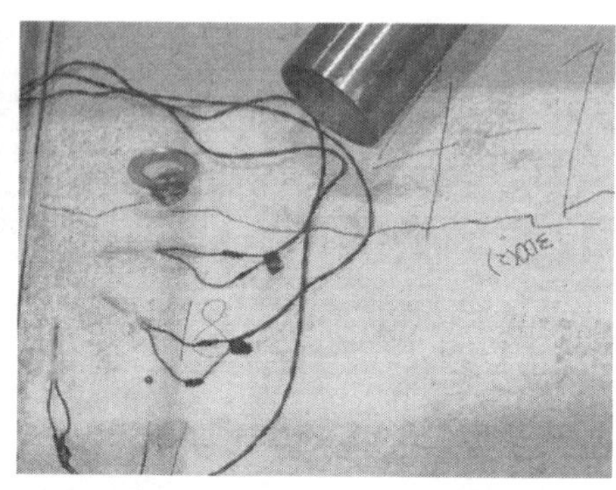

(b) 荷载300 kN时楼盖4-1板区裂缝

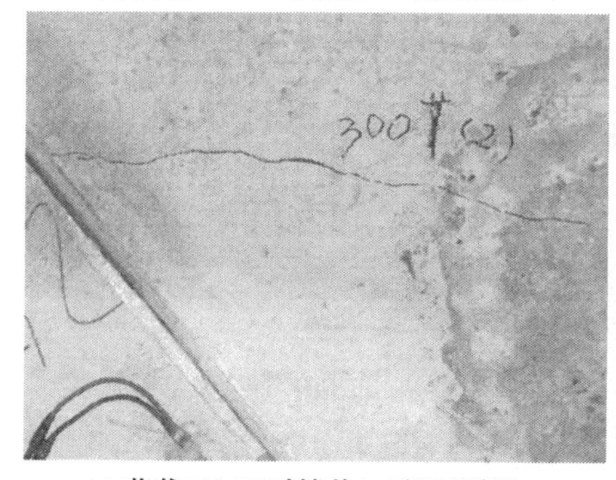

(c) 荷载300 kN时楼盖1-2板区裂缝

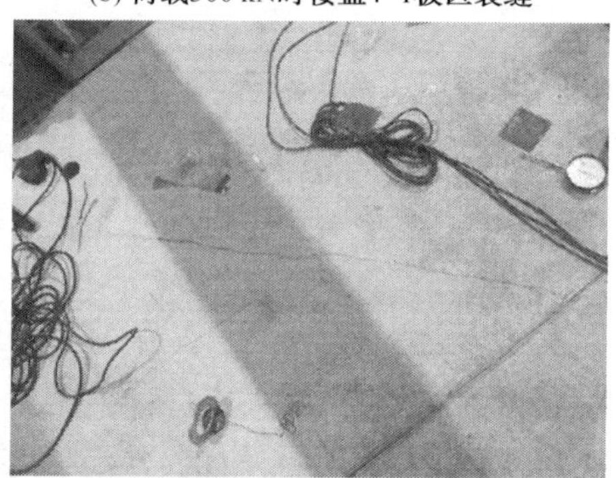

(d) 荷载300 kN时楼盖1-1板区裂缝

图 5.71　总荷载为 300 kN 时楼盖新增裂缝开展情形

上升趋势。与楼盖平面内的整体变形情况类似，楼盖体系的开裂荷载附近，框架柱的荷载－滑移曲线出现了一个转折点，之后曲线的斜率有所减小。b. 在平行加载方向的各榀框架当中，两外侧框架的抗侧刚度要大于中间框架的抗侧刚度；当水平荷载超过楼盖开裂荷载以后，框架的抗侧刚度有所降低，但降低不太大。考察框架在相应于大震作用的设计水平荷载(162 kN) 作用下的变形情况，可以得知：加载楼层下部相邻框架柱在加载远端(E 轴) 的平均侧移为 1.61 mm；沿加载方向，中间 3 轴的框架抗侧刚度为 89.1 kN/mm，而两侧 A、E 轴的平均抗侧刚度为 111.6 kN/mm，中间部位框架抗侧刚度比两外侧框架刚度小，但相对第 5 章顺拼装板缝加载情形，中间部位框架与两外侧框架的抗侧刚度的相差没那么大。

③ 楼盖的平面外变形。图 5.80 所示为楼盖的竖向荷载－挠度曲线。从图中分析可以看出：楼盖刚开始加载即产生了平面外的竖向变形，当水平荷载达到 180.3 kN 时，3 轴主梁(ZL1) 靠近加载一侧出现明显的局部屈曲，同时栓钉未能与桁架梁焊接部位的次梁也产生明显的局部屈曲(图 5.81)，此时 3 轴靠近加载端主板挠度开始反向，而远离加载端主板竖向挠度则基本不增加。

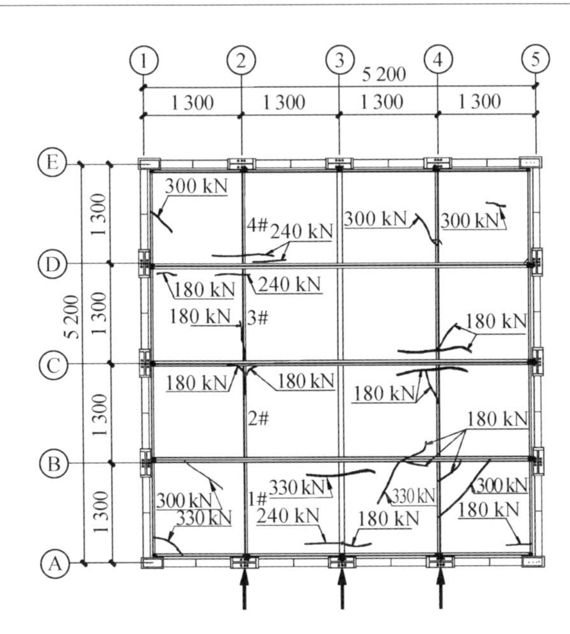

图 5.72　总荷载为 330 kN 时楼盖裂缝分布

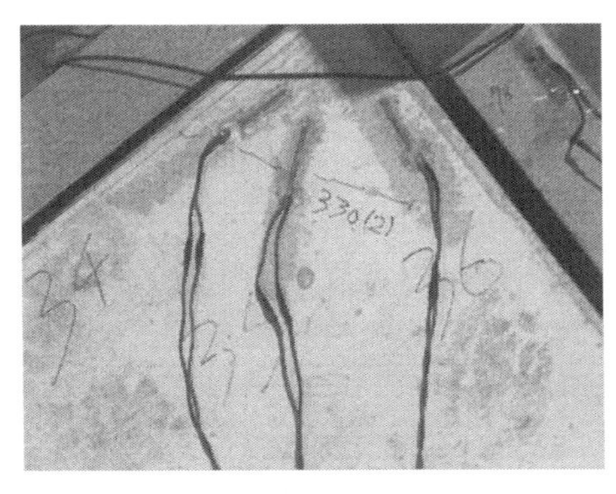

(a) 荷载300 kN时楼盖1-2板区裂缝

(b) 荷载330 kN时楼盖1-1/1-2板区裂缝

图 5.73　总荷载为 330 kN 时楼盖新增裂缝开展情形

(2) 应变测试结果与加载楼层下部相邻框架柱的柱端剪力发展情况。

① 加载楼层下部相邻抗侧框架的柱应变及柱端剪力发展。试验通过框架柱应变的测试(图 5.62 的测试方案)，考察了试验楼盖对楼层平面内水平荷载的分配—传递性能。

图 5.82(a) 所示为对应图 5.62(c) 所示第二层框架柱的柱翼缘应变测点记录的荷载—应变关系曲线。分析图中框架柱应变发展情况，基本与楼盖体系顺拼装板缝方向加载的情形类似：a. 在整个加载过程中，框架柱应变均处于弹性范围内；b. 在楼盖体系的混凝土面板开裂荷载附近，框架柱的荷载—应变曲线也存

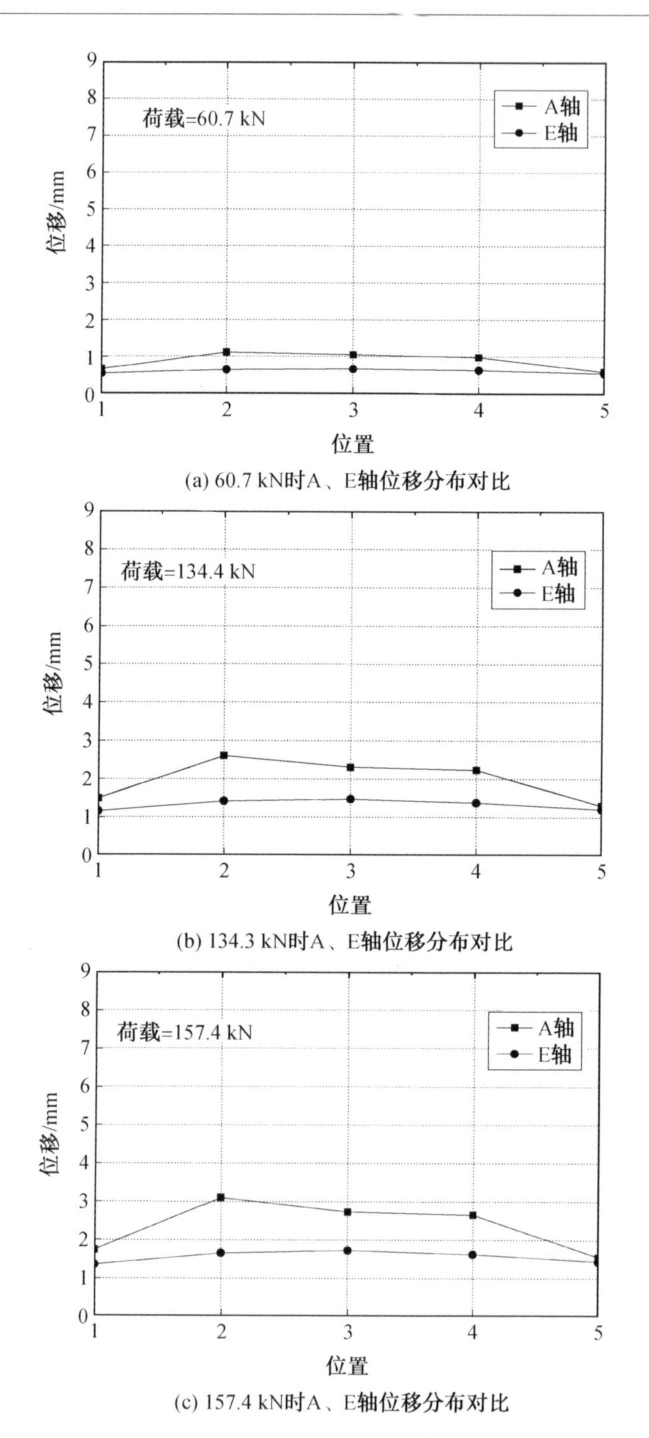

(a) 60.7 kN时A、E轴位移分布对比

(b) 134.3 kN时A、E轴位移分布对比

(c) 157.4 kN时A、E轴位移分布对比

图 5.74　LG－3 各级水平荷载作用下 A、E 轴线上各测点位移分布对比

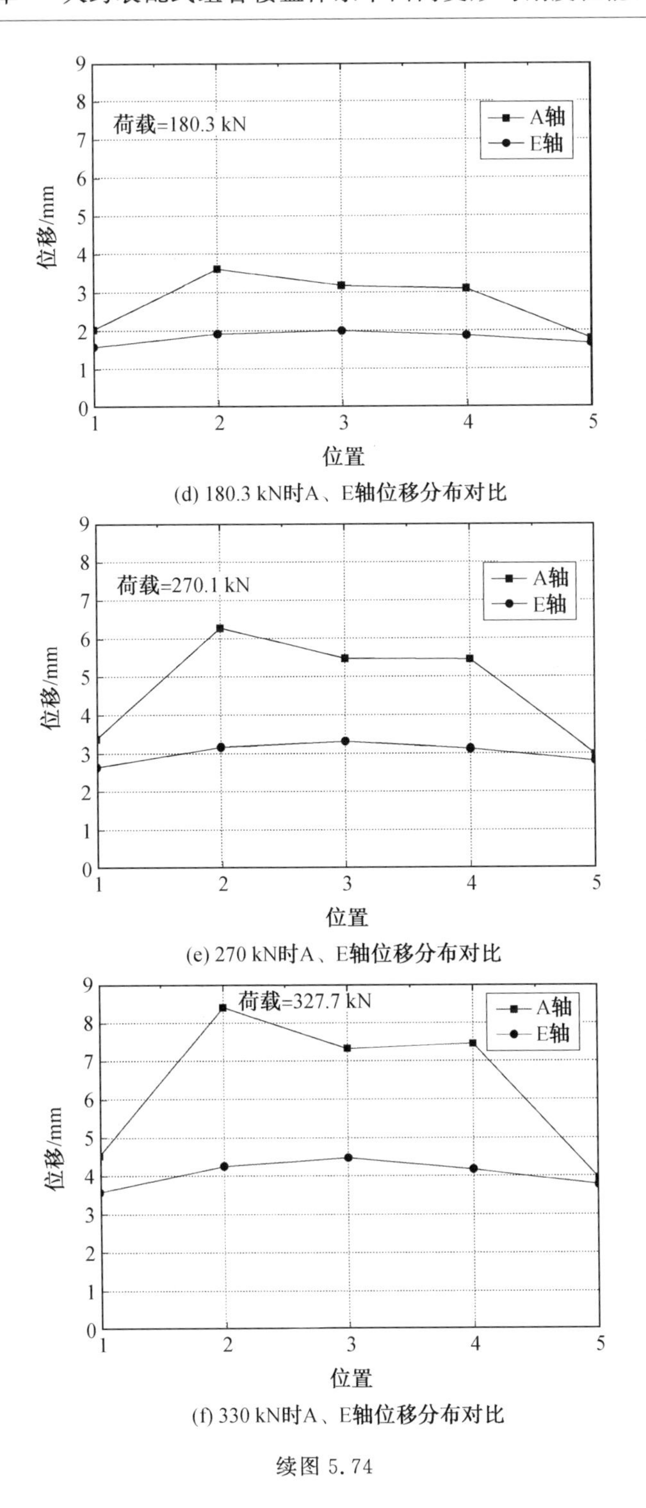

(d) 180.3 kN时A、E轴位移分布对比

(e) 270 kN时A、E轴位移分布对比

(f) 330 kN时A、E轴位移分布对比

续图 5.74

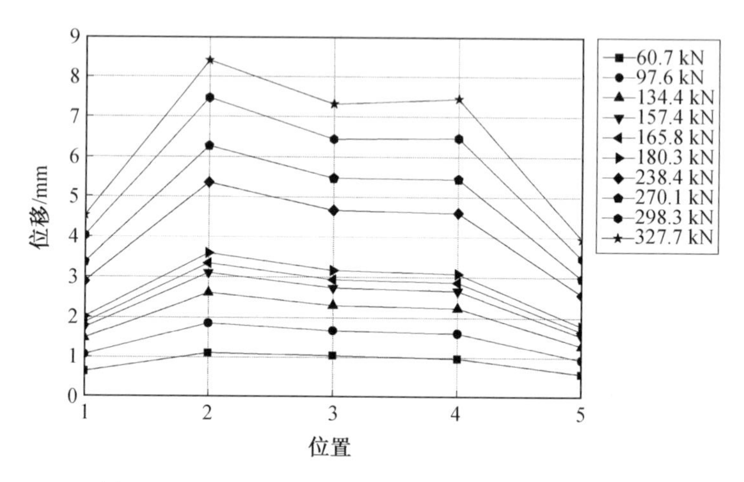

图 5.75 LG－3 各级荷载作用下 A 轴水平位移分布

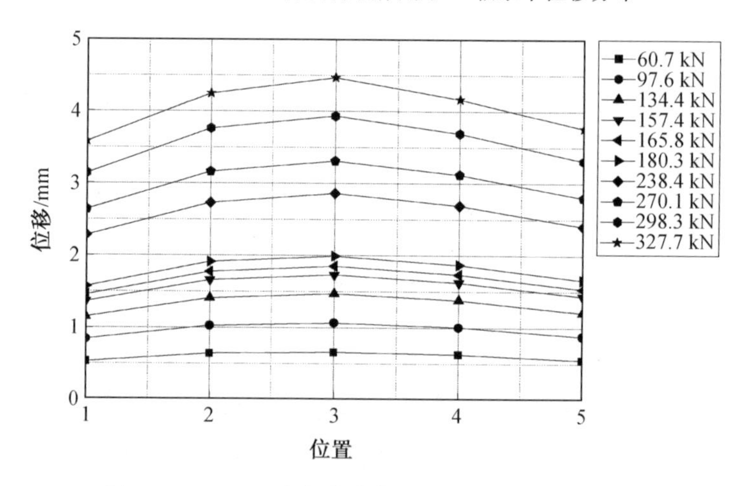

图 5.76 LG－3 各级荷载作用下 E 轴水平位移分布

在一个较明显的拐点：在开裂荷载之前，框架柱的荷载－应变曲线呈线性发展，在开裂荷载之后，荷载－应变曲线依然呈上升状态，但线性规律不太明显。这表明，在设计大震作用(小于各试验楼盖开裂荷载)下，楼盖体系具有稳定的水平导荷性能，楼盖面板开裂以后，楼盖水平导荷性能产生了明显的调整。

基于式(5.1)可以分析确定楼盖面板开裂前框架柱的剪力 Q。图 5.82(b)所示即为各试验楼盖的测试框架柱端剪力分布与发展情形，图中非常直观地显示了楼盖框架柱端剪力与楼层总水平荷载的线性关系。表 5.3 列出了相应于设计大震作用下各加载楼盖下部相邻框架部分框架柱的柱端剪力分布情形。由于楼盖体系的加载及结构布置均具有对称性，可以估算出各试验楼盖平行加载方向的外侧轴线上框架柱所承担的总水平荷载为 149.4 kN，试验过程中该级水平

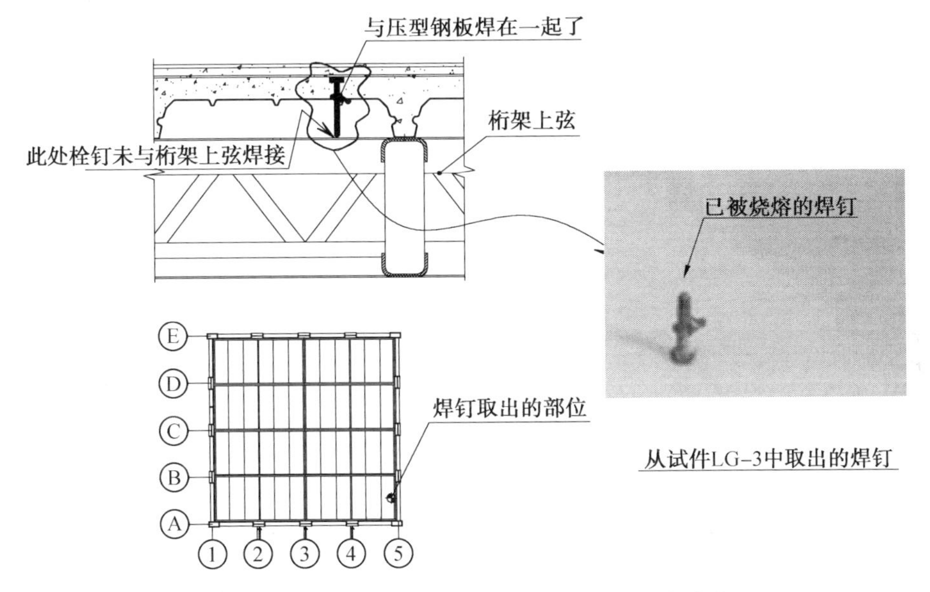

图 5.77　LG－3 在 2/A 轴附近栓钉焊接缺陷说明

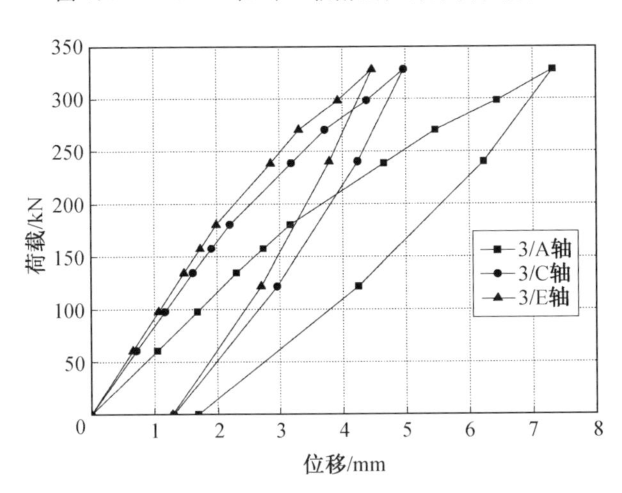

图 5.78　3 轴不同测点荷载－滑移曲线

荷载总值为 165.5 kN，可见，通过楼盖体系的分配－传递，超过 94% 的楼盖平面内水平荷载由平行于加载方向的两侧框架柱（A、E 轴框架柱）承担了。

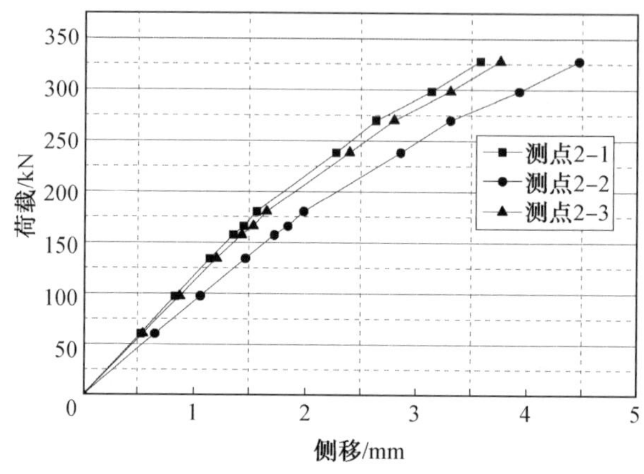

图 5.79　LG－3 二层框架柱水平荷载－侧向变形曲线

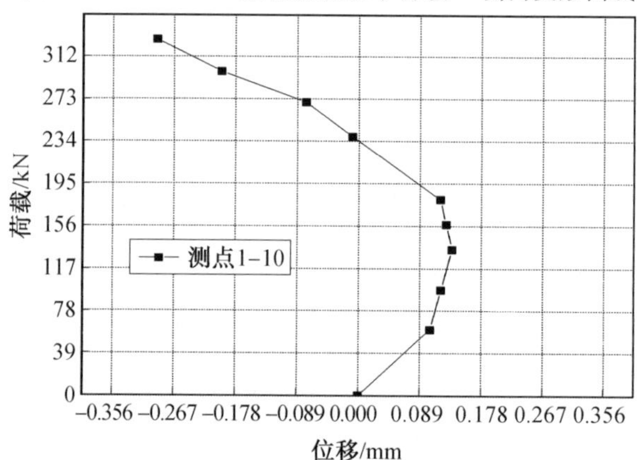

(a) 测点1-10处竖向荷载-挠度曲线

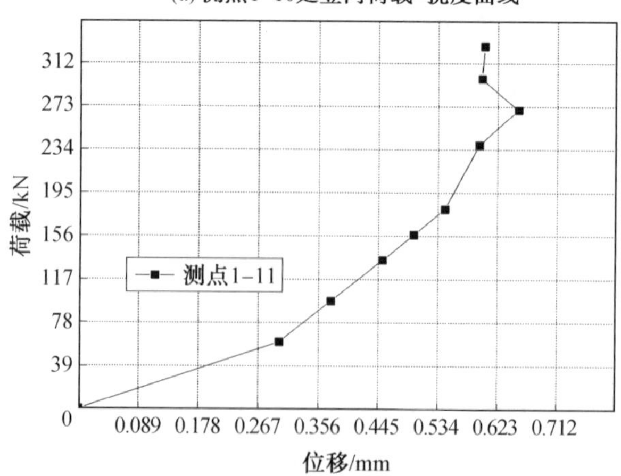

(b) 测点1-11处竖向荷载-挠度曲线

图 5.80　测试楼盖二层竖向位移测点的荷载－挠度曲线

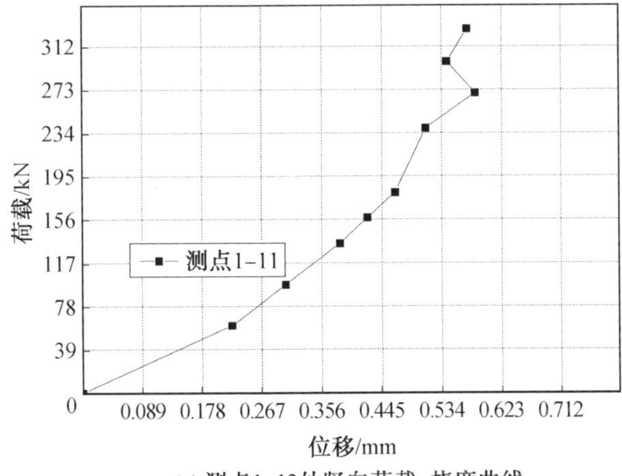

(c) 测点1-12处竖向荷载-挠度曲线

续图 5.80

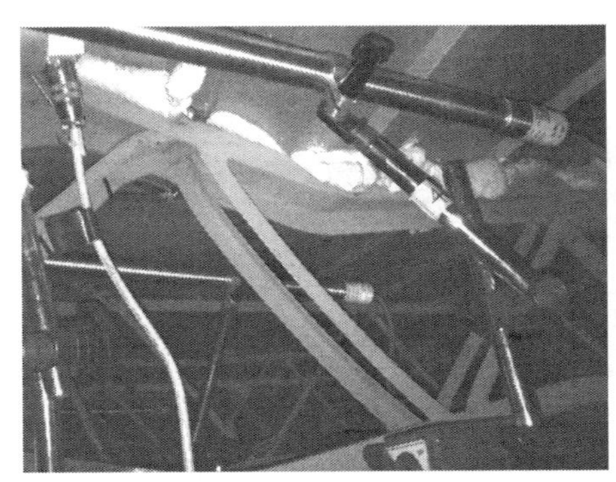
(a) ZL1靠近加载端局部屈曲

(b) 未连接栓钉的次梁局部屈曲

图 5.81　LG－3 水平荷载大于 180.3 kN 后部分桁架梁局部屈曲

② 加载楼层钢桁架应变。图 5.83 和图 5.84 所示分别为 2 轴及 3 轴弦杆上各测点的应变分布曲线图，两根轴线上桁架梁均为沿加载方向的楼盖主梁，分析图中应变分布可知：2 轴桁架梁基本均处于受压状态，靠近加载端的桁架梁受力比较大，而远离加载端时，桁架梁受力明显减小。其中 ZL1 靠近加载端应变已达 －1 400 $\mu\varepsilon$，这也与试验过程的 3 轴靠近加载端主梁出现屈曲是相对应的。该应变分布状况也说明了楼盖横板缝方向受力时整体性能不太好的一面。

③ 混凝土构件应变结果。图 5.85 所示为装配板单元混凝土面板的角点位置处的荷载－应变曲线。从图中荷载－应变曲线分析可知：a. 在楼盖水平荷载达到 180.3 kN（楼盖开裂荷载）之前，各测点的应变均比较小（为超过 100 $\mu\varepsilon$）；此阶段各测点的混凝土荷载－应变曲线基本呈线性发展。b. 当楼盖水平荷载达到开裂荷载时，部分测点位置应变急剧增大，特别是测点 4 部位。现场观察发现，该

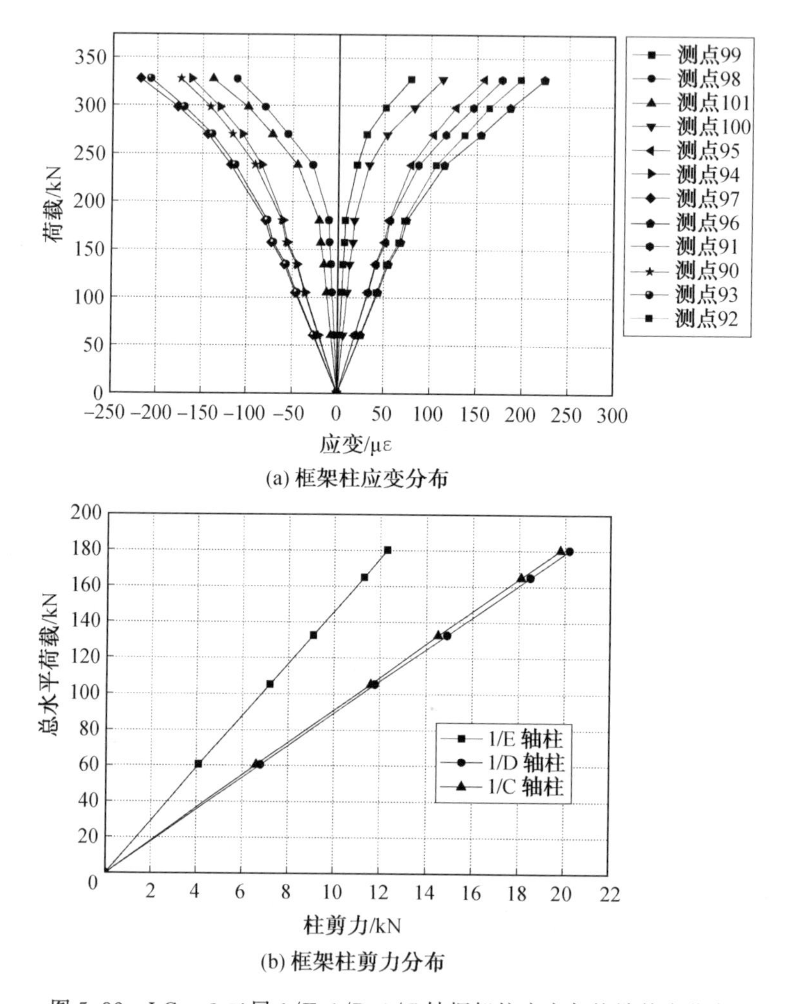

(a) 框架柱应变分布

(b) 框架柱剪力分布

图 5.82 LG－3 二层 1/E、1/D、1/C 轴框架柱应变与柱端剪力分布

部位已经出现了裂缝。

表 5.3 LG－3 相应于设计大震作用下各加载楼盖下部相邻框架柱端剪力分布

位置	E/1 轴	D/1 轴	C/1 轴	总水平剪力 Q	A、E 轴柱总剪力 / 总水平剪力 Q
LG－3	11.3	18.5	18.1	165.5	0.94

(3) 楼盖的等效剪切刚度分析。

采用本章楼盖等效剪切刚度确定方法，可以确定 LG－3 的平面内等效抗剪刚度 k_e，如下：

图 5.79 通过二层柱侧向变形测点(2－1、2－2、2－3)记录了框架柱在二层楼盖平面位置处的侧向变形，测点 2－2 记录位移即为楼盖体系跨中的最大位移。通过插值，可以确定相应于 $0.4F_{max}$(64.8 kN) 的楼盖体系最大相对位移值

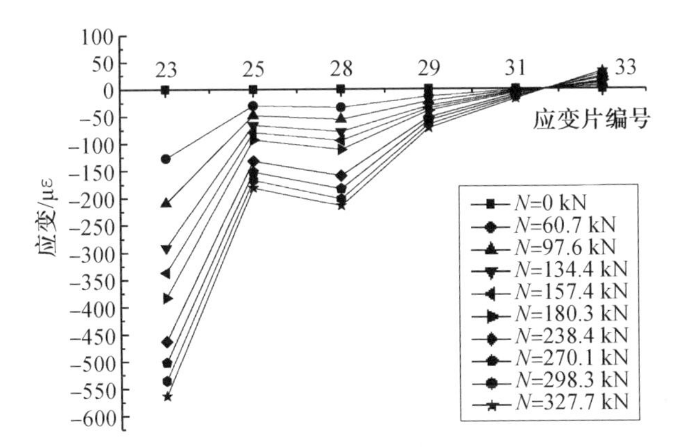

图 5.83　LG－3 2 轴弦杆各点应变分布曲线

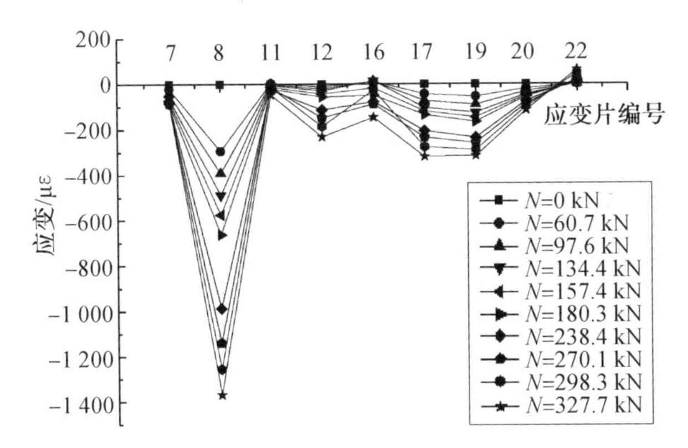

图 5.84　LG－3 3 轴弦杆各点应变分布曲线

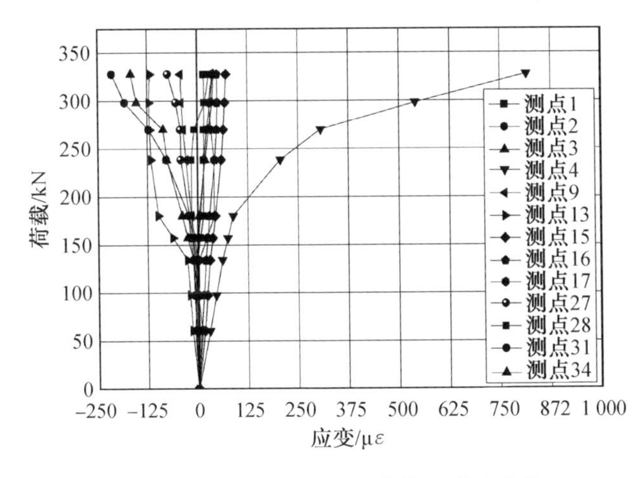

图 5.85　二层楼盖混凝土荷载－应变曲线

为 0.49 mm，由此可得该试验楼盖顺板方向受力的等效抗剪刚度为：$k_e = 131.9$ kN/mm。

5.4 一层装配式组合楼盖试件垂直拼装板缝方向的试验(LG－4)

5.4.1 加载制度

试件 LG－4 的制作与装配安装方式与 LG－2 完全一样，区别在于 LG－4 的加载采用图 4.4(d) 所示的方式，加载方向垂直于楼盖拼装板缝的方向。相比试件 LG－3，试件 LG－4 是框筒结构的底层楼盖，通过对比考察楼盖相邻的支撑框架的抗侧刚度改变对楼盖平面内刚度性能的影响。

试验模型楼盖平面内水平荷载设计取值仍控制为 $\frac{1\ 460\ \text{kN}}{9} = 162\ \text{kN}$，加载制度选择与 LG－3 的加载制度一致：采用分级加(卸)载，每级控制为目标荷载的 20% 左右，三个加载点每级荷载控制为 10 kN，即每级总荷载为 30 kN，首先预加载 $3 \times 10 = 30$(kN)，然后卸载到零，观察荷载作用下的各测点通道是否正常；完成预加载后转入正式加载，按每级 15 kN 的加载制度逐级加载直至试件破坏。

5.4.2 测试内容及方法

(1) 荷载的测量方案。

在千斤顶上安装 300 kN 荷载传感器读取试验过程中的荷载值。

(2) 裂缝的测量。

对出现的裂缝用记号笔在楼盖上标明；并记录在纸上，画出裂缝开展及分布图。

(3) 位移测试方案。

位移测试包括以下三方面的内容：

① 楼盖整体沿加载方向的水平位移。

② 楼盖竖向位移。

③ 框架柱的侧向位移。

具体的加载方式与位移测点如图 5.86 所示，楼盖位移测点现场安装情形如图 5.87 所示。基本测试方案与试件 LG－3 的保持一致，图中 1－10、1－11、1－12 三个测点同样设置用来测试楼盖的竖向变形。

(4) 应变测试方案。

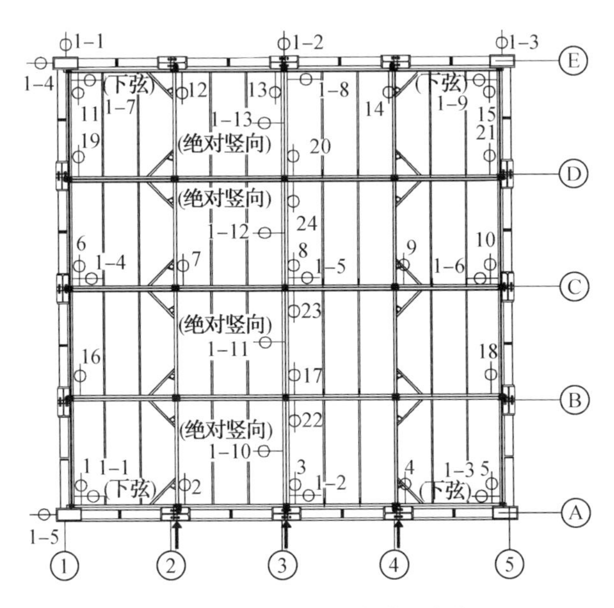

图 5.86　LG－4 楼盖位移测点布置

图 5.87　楼盖位移测点现场安装情形

应变测试包括以下四方面的内容：

① 楼盖桁架杆件的轴向应变，具体测点如图 5.88(a) 所示。

② 钢框架柱柱底翼缘轴向应变，具体测点如图 5.88(b) 所示。

③ 钢框架梁柱连接节点附近梁柱翼缘的应变，具体测点如图 5.88(c)、(d) 所示，梁上应变测点应尽量靠近柱面，但要避开焊缝位置；柱翼缘应变测点布置应符合图 5.6 所示的布置要求。

④ 在组合楼盖装配式连接节点附近的混凝土面板表面设置应变片，测量面板混凝土应变发展情况，具体测点如图 5.89 所示。

楼盖应变片测点现场安置及调试情形如图 5.90 所示。

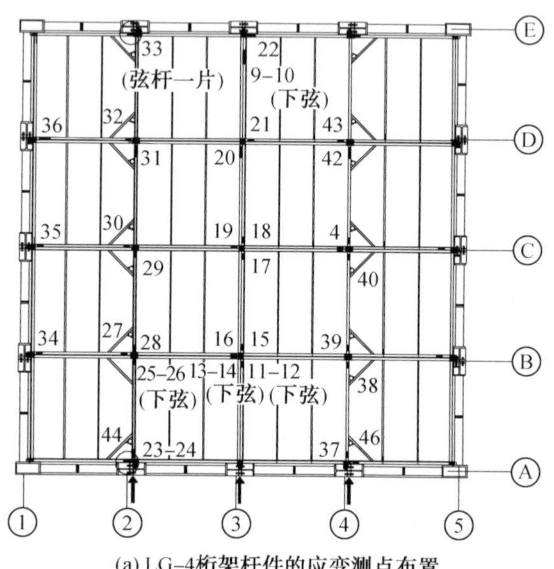

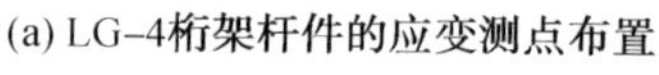
(a) LG-4桁架杆件的应变测点布置

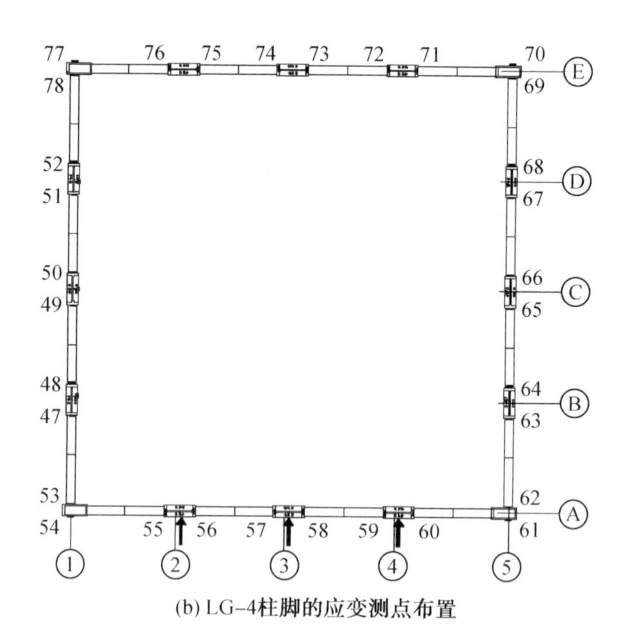

(b) LG-4柱脚的应变测点布置

图 5.88　LG－4 钢构件应变测点布置

(c) LG-4 A轴框架梁柱应变测点布置

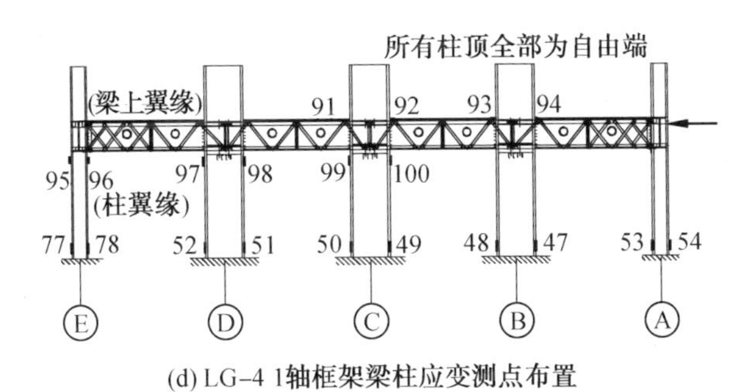

(d) LG-4 1轴框架梁柱应变测点布置

续图 5.88

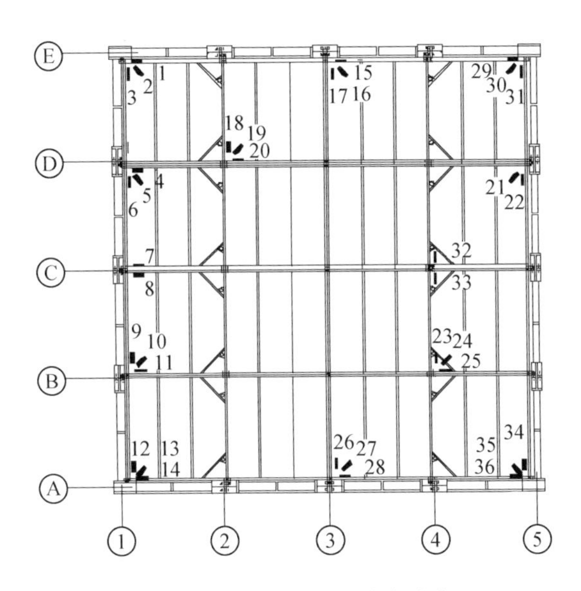

图 5.89　LG－4 混凝土应变片布置

(a) 混凝土面板应变片粘贴情形

(b) 应变量测系统调试

图 5.90 应变片安置及量测系统现场调试情形

5.4.3 试验现象与结果分析

1. 试验过程与现象描述

试验过程中为了对面板裂缝开展情况描述的方便，对楼盖体系各装配单元按图 5.91 情形进行了编号，每块主板分别编号为 1 区和 2 区。

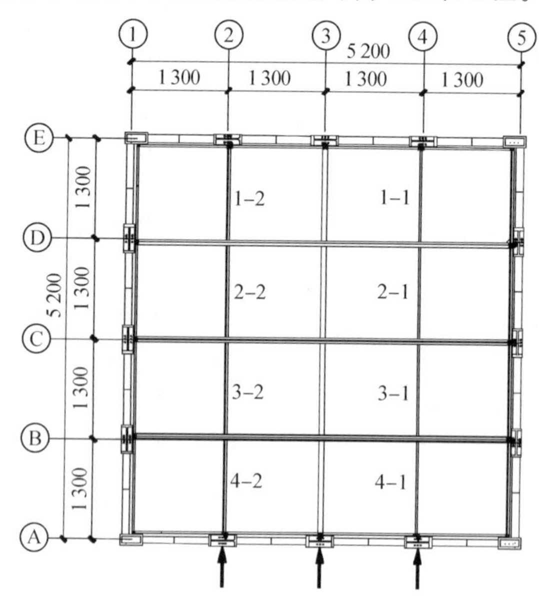

图 5.91 LG－4 装配单元的分区与编号

本次试验楼盖在加载前板面存在有几条初始裂缝，初始裂缝分布如图 5.92 所示，具体裂缝开展情形如图 5.93 所示。

按照预定的荷载步均匀地在三根柱上施加荷载，加载前期楼盖无异常，楼盖混凝土面板上未出现新增裂缝。当总荷载加到 165 kN 时，楼盖 1－1 板区与 1－2 板区出现新裂缝，进一步增加荷载至 210 kN 时，在 1－1 板区靠近加载点位置的

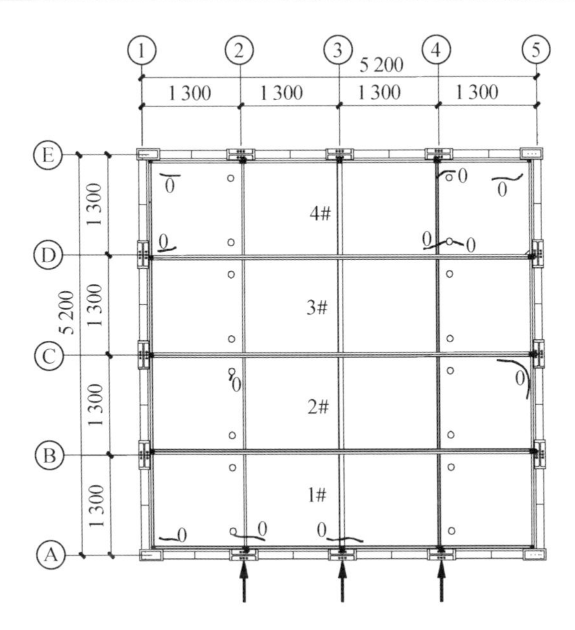

图 5.92　LG－4 加载前板面的初始裂缝分布

(a) 初始状态时楼盖1-1板区裂缝

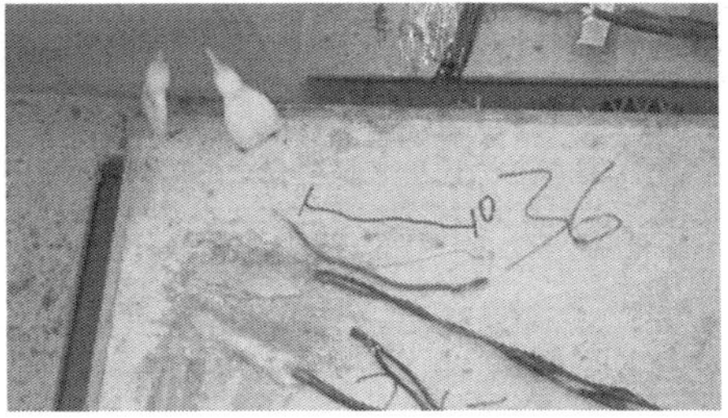

(b) 初始状态时楼盖1-2板区裂缝

(c) 初始状态时楼盖4-1板区裂缝

(d) 初始状态时楼盖4-2板区裂缝

图 5.93　LG－4 楼盖加载前板面的初始裂缝开展情形

板角部位出现新的裂缝，图 5.94 显示了加载至 210 kN 时的板面裂缝分布图，两次裂缝的开展情形如图 5.95 所示。

当总荷载加至 240 kN 时，楼盖 1－2、2－1、2－2、4－1 板区边缘出现新的裂

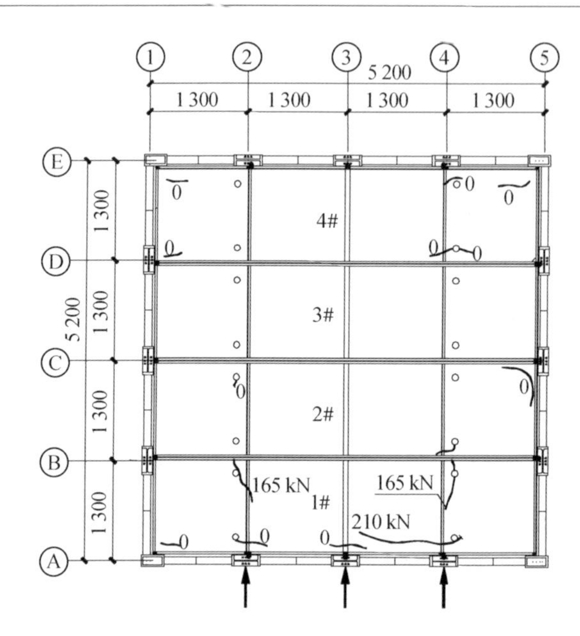

图 5.94　总荷载为 210 kN 时楼盖面板裂缝分布

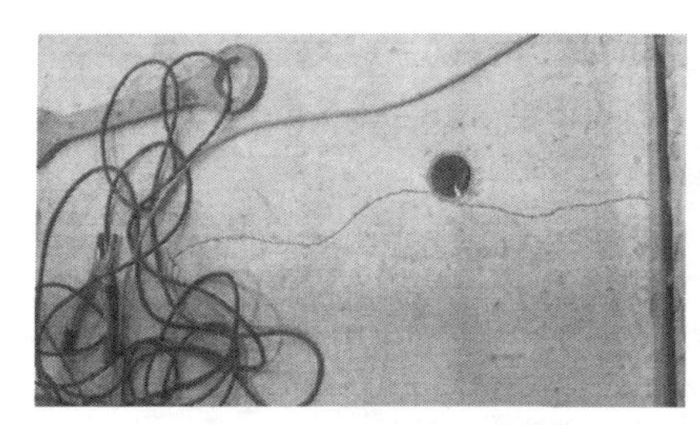

(a) 荷载165 kN时楼盖1-1板区裂缝

(b) 荷载210 kN时楼盖1-1板区裂缝

图 5.95　加载至 210 kN 时楼盖裂缝开展情形

缝，该级荷载作用下混凝土面板裂缝分布如图 5.96 所示，图 5.97 所示为该级荷载作用下新增裂缝的开展情形。

继续增加荷载，当总荷载加至 270 kN 时，楼盖面板在 2－1、2－2、4－2 板区出现新增裂缝，此时的裂缝分布及新增裂缝开展情形分别如图 5.98 和图 5.99 所示。

进一步增加荷载，当总荷载加至 300 kN 时，楼盖在 1－1 板区出现新增裂缝，该新增裂缝从 1# 板块的右下角斜向中间加载点发展，图 5.100 显示了该级水平荷载作用下楼盖混凝土面板裂缝的整体分布形态与新增裂缝的开展情形。

继续加载至 330 kN 时，楼盖面板在 1－2 板区的左下角边缘出现一道新增裂缝，加载至 360 kN 时，在刚刚新出裂缝的附近又出现一道裂缝，此时楼盖的裂缝分布如图 5.101 所示，新增裂缝的开展情形如图 5.102 所示。

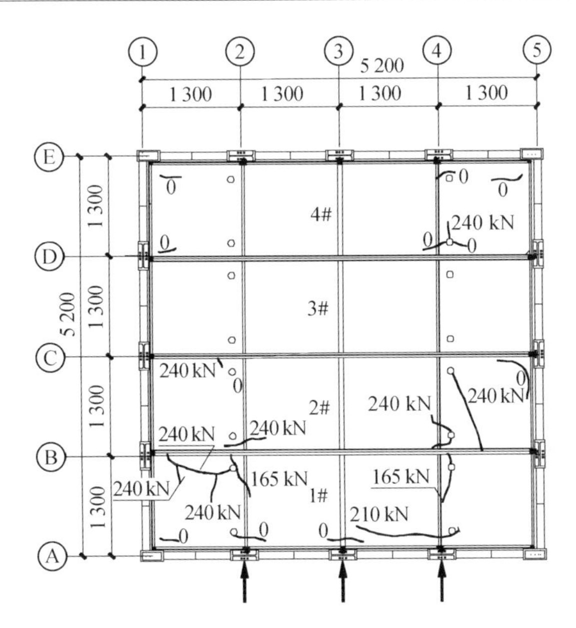

图 5.96　总荷载为 240 kN 时楼盖面板裂缝分布

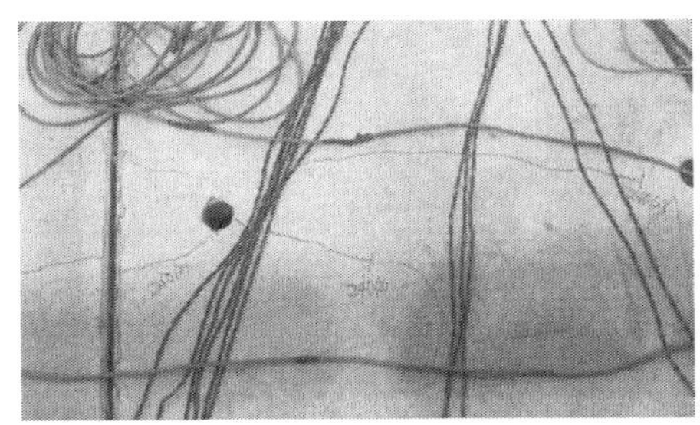

(a) 荷载240 kN时楼盖2-1板区裂缝

(b) 荷载为240 kN时楼盖1-2、2-2板区裂缝

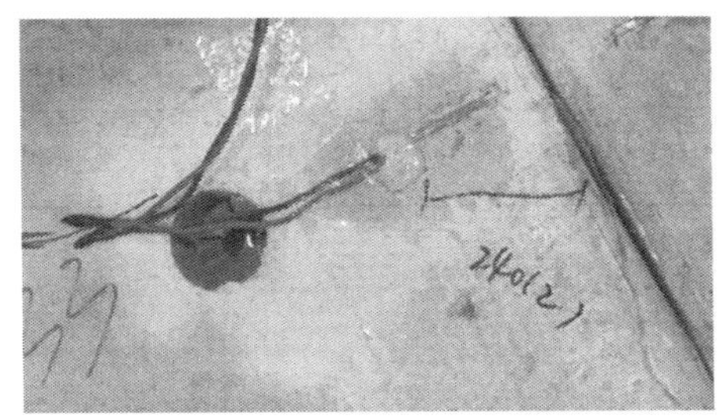

(c) 荷载240 kN时楼盖2-2板区裂缝

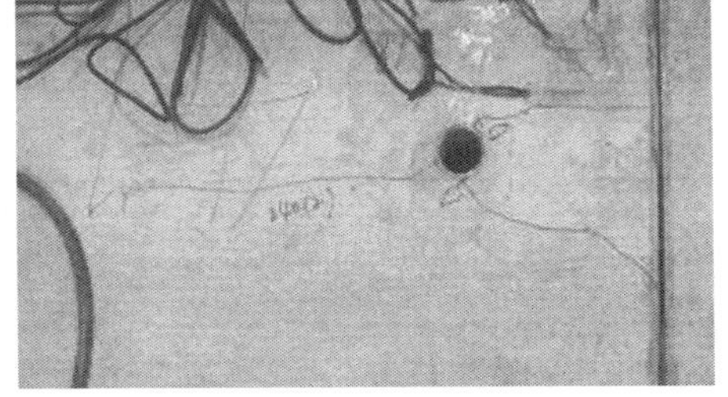

(d) 荷载240 kN时楼盖4-1板区裂缝

图 5.97　总荷载为 240 kN 时楼盖新增裂缝开展情形

分析试验楼盖上述裂缝开展情形，楼盖加载前 1＃、2＃、4＃ 装配单元的混凝土面板已存在一些初始小裂缝，特别是在加载远端的装配板单元(4＃ 板单元)，初始裂缝开展长度还较大，但试验显示楼盖最初新增裂缝的水平荷载也达到了

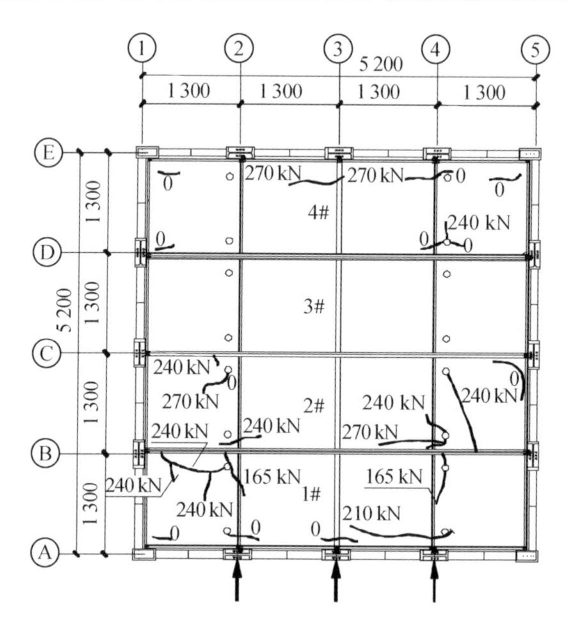

图 5.98　总荷载为 270 kN 时楼盖面板裂缝分布

(a) 荷载270 kN时楼盖2-1、2-2板区裂缝

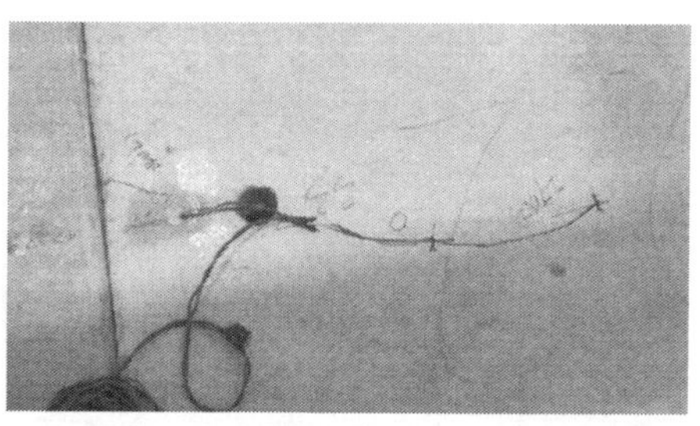

(b) 荷载为270 kN时楼盖2-2板区裂缝

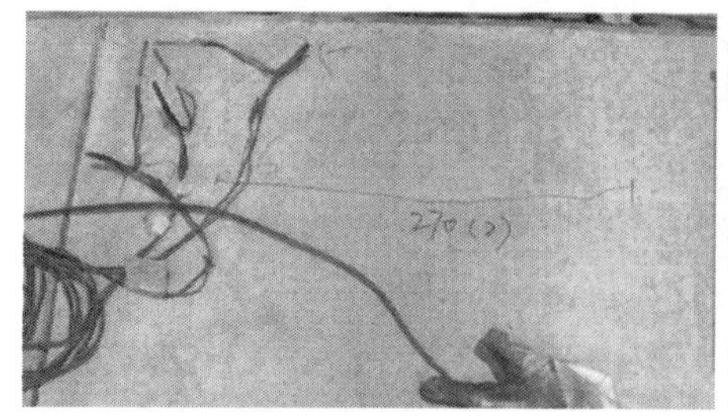

(c) 荷载270 kN时楼盖4-2板区裂缝

(d) 荷载270 kN时楼盖4-1板区裂缝

图 5.99　加载至 270 kN 时楼盖面板新增裂缝开展情形

165 kN(大于 7 度大震的设计水平荷载 162 kN),表明在相应于 7 度大震的情形下,楼盖整体依然处于弹性受力状态。新增裂缝出现后,后期随水平荷载的进一步增加,楼盖裂缝的发展规律与试件 LG－3 的基本一致:裂缝首先集中在靠近加

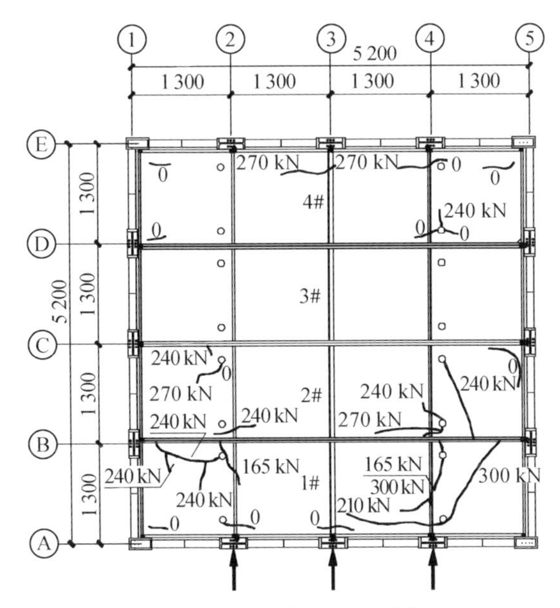

(a) 荷载300 kN时混凝土面板裂缝分布

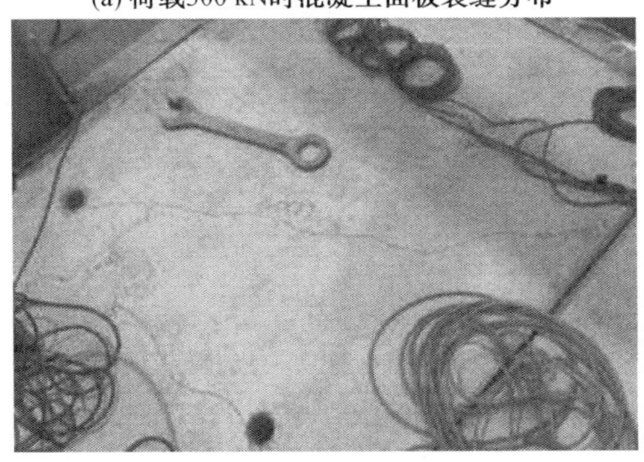

(b) 荷载300 kN时1-1区新增裂缝开展情形

图 5.100　加载至 300 kN 时楼盖面板裂缝分布及新增裂缝开展情形

载端的板单元(1＃ 板单元) 开展,加载远端的 4＃ 板单元即便存在初始裂缝,在新增裂缝出现后也并未随荷载的进一步增加立刻出现更多的裂缝开展,直至水平荷载增至 270 kN 时,4＃ 板单元才出现新增的裂缝,整个加载过程中,3＃ 板单元均未出现裂缝,表明垂直板缝方向楼盖的整体性能不太好。

2. 试验结果分析

(1) 楼盖整体变形性能。

① 加载楼层平面整体变形。图 5.103 和图 5.104 分别概括了 A 轴、E 轴桁架梁上弦垂直拼装板缝方向水平位移在不同荷载作用下的分布情况。分析上述两

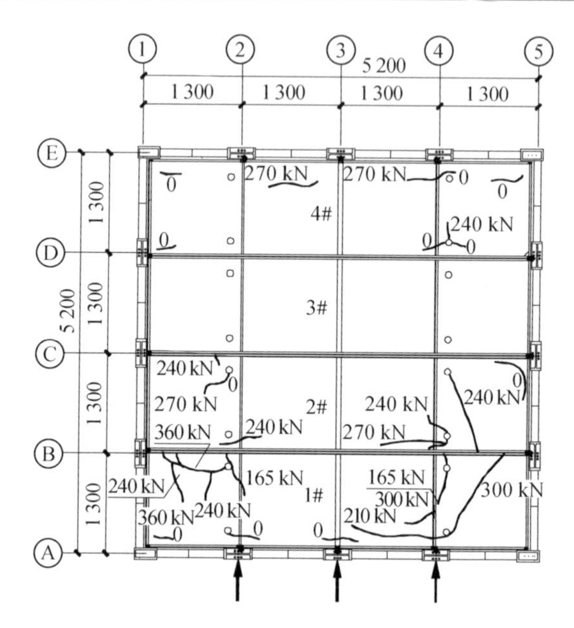

图 5.101　总荷载为 360 kN 时楼盖面板裂缝分布

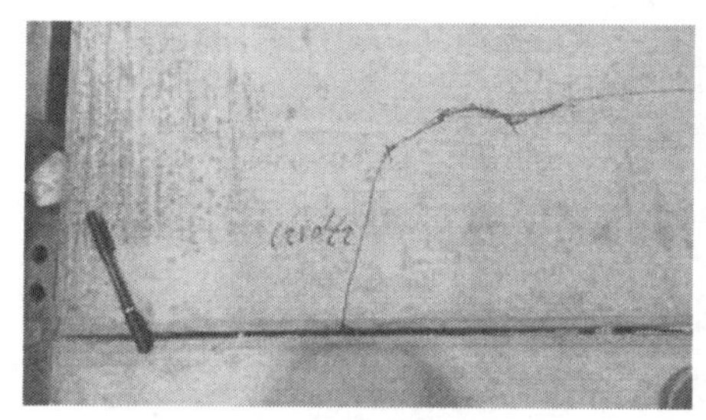

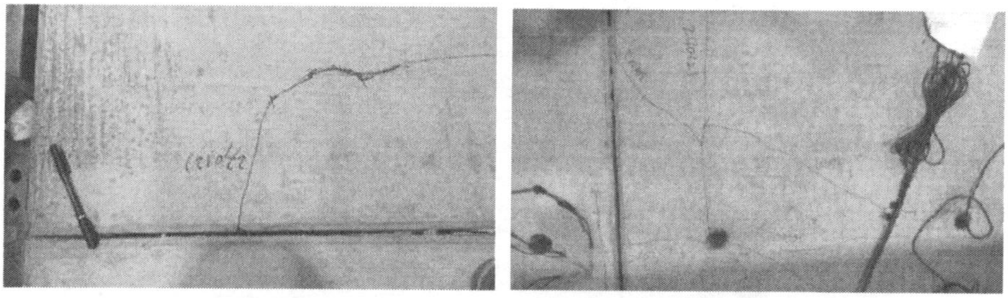

(a) 荷载330 kN时楼盖1-2板区裂缝　　(b) 荷载360 kN时楼盖1-2板区裂缝

图 5.102　总荷载为 330 kN、360 kN 时楼盖面板新增裂缝开展情形

轴线上位移在各级荷载作用的分布情形，从中可以看出：

a. A 轴和 E 轴的水平位移分布与 LG－3 非常相似：在各级荷载作用下，A 轴的位移大于 E 轴位移，随着荷载的增加，A 轴与 E 轴测点的位移差逐渐增大。

b. 在相应于 7 度大震作用的设计水平荷载值的作用下(165.5 kN)，加载远端 E 轴上楼盖最大相对水平位移为 0.32 mm，而整个加载楼层整体平均位移(形心位置处的位移) 为 1.07 mm。

c. 当水平荷载不超过 120.1 kN 时，A 轴与 2 轴、3 轴和 4 轴相交处测点的位移基本相同，荷载大于 180.7 kN 后，A 轴与 2 轴和 4 轴相交处测点的位移开始比 A 轴与 3 轴相交处测点的位移大，且随着荷载的增加，更加明显，经现场观察发现，这是 2 轴和 4 轴处的主梁 2(ZL2) 在加载后期局部屈服所致(图 5.105)。

图 5.106 给出了 3 轴(中轴线) 上不同测点的荷载－滑移曲线。从图中可以

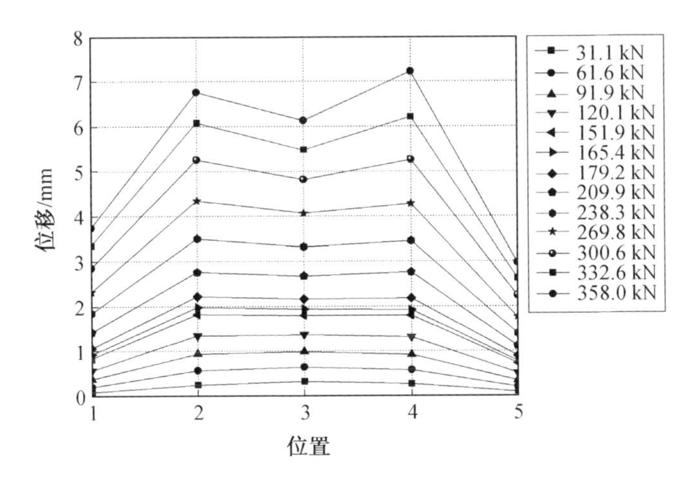

图 5.103　各级荷载作用下 A 轴水平位移分布

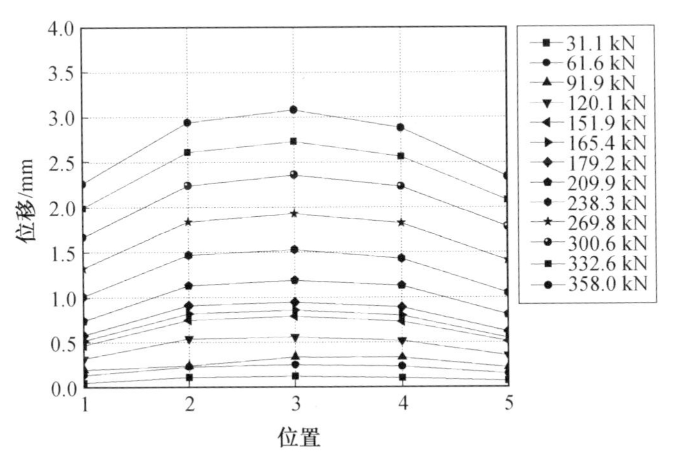

图 5.104　各级荷载作用下 E 轴水平位移分布

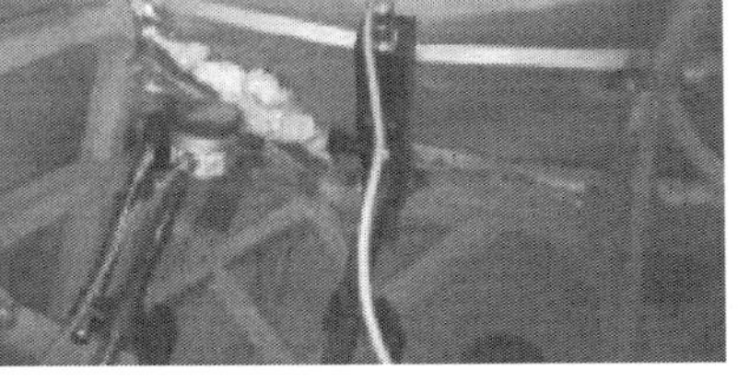

(a) 2轴主梁(ZL2)近加载端局部屈曲　　(b) 3/B轴附近主梁(ZL1)局部屈曲

图 5.105　LG－4 水平荷载超过 209.9 kN 时部分桁架梁局部屈曲

看出，LG－4中轴线上3/A、3/C、3/E三点的荷载－滑移曲线与LG－3中轴线上对应位值的荷载－滑移曲线基本一致：a.加载近端A轴的位移要明显大于加载远端的E轴的位移，离加载侧越远水平位移越小；b.荷载在165 kN（楼盖的开裂荷载）以前，曲线为一直线段，但在开裂荷载附近，楼盖的荷载－滑移曲线出现了一个较为明显的转折点，此后随着荷载的进一步增加，楼盖的荷载－滑移曲线继续呈上升趋势，但曲线斜率要小于转折点之前的曲线斜率，楼盖平面内刚度出现了较为明显的退化。加载至358.0 kN时，最大位移为6.13 mm，卸载至零后，残余变形最大值为1.58 mm。

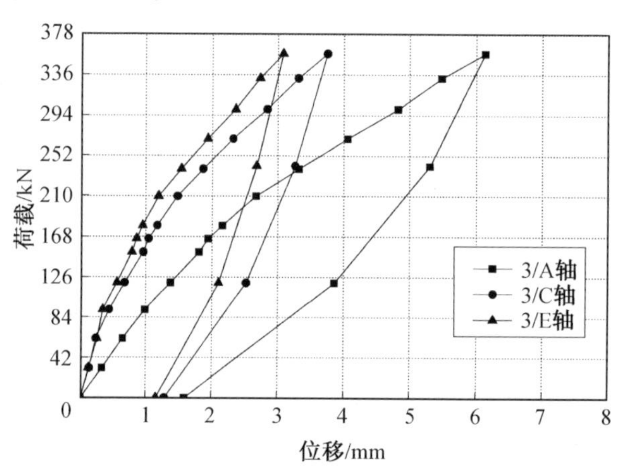

图5.106　LG－4 3轴不同测点荷载－滑移曲线

② 加载楼层下部相邻抗侧框架的整体变形。图5.107所示为LG－4一层楼面标高位置处框架柱的位移测点记录的各级水平荷载作用下，框架柱水平荷载－侧向变形曲线，它反映了与加载楼层相邻的下部框架的整体变形情况。分

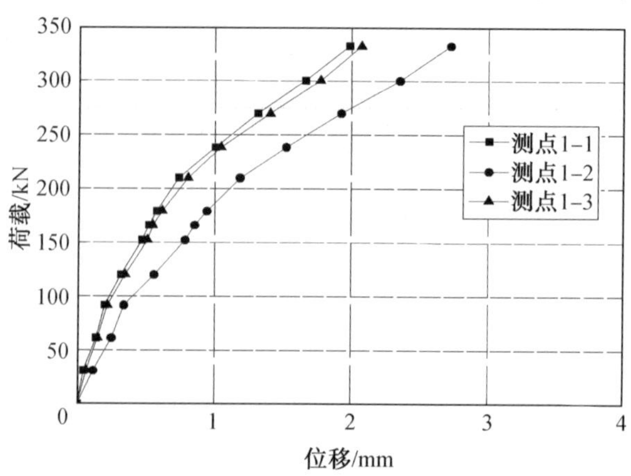

图5.107　LG－4 E轴框架柱水平荷载－侧向变形曲线

析图中荷载－滑移曲线可以看出：a. 整个加载过程中，框架柱的荷载－滑移曲线都呈上升趋势；在楼盖体系开裂荷载附近，框架柱的荷载－滑移曲线出现了一个转折点，当楼层平面内水平荷载超过开裂荷载以后，框架柱的荷载－滑移曲线的斜率有所减小。b. 在平行加载方向的各榀框架当中，两外侧框架的抗侧刚度要大于中间框架的抗侧刚度；当水平荷载超过楼盖开裂荷载以后，框架的抗侧刚度有所降低，但降低不太大。考察框架在相应于大震作用的设计水平荷载(162 kN)作用下的变形情况，可以得知：加载楼层下部相邻框架柱在加载远端(E 轴)的平均侧移为 0.64 mm；沿加载方向，中间 3 轴的框架抗侧刚度为 193.9 kN/mm，而两侧 A、E 轴的平均抗侧刚度为 312.8 kN/mm。相比试件 LG－3 的二层楼盖情形，试件 LG－4 一层楼盖的下部相邻框架的抗侧刚度要比 LG－3 二层楼盖下部相邻框架的抗侧刚度要大。

③ 楼盖的平面外变形。图 5.108 所示为反映楼盖平面外变形的荷载－挠度变形曲线，曲线的基本形式与 LG－3 的非常相似：楼盖一开始受荷即产生有平面外的变形，当水平荷载超出 209.9 kN 时，测点 1－10、1－11 两处均显示楼盖出现了反向的挠度变形，经观察，此时楼盖的 2 轴 ZL2 靠近加载端、3/B 轴附近的 ZL1 均出现了局部屈曲现象(图 5.105)，而远离加载端的测点 1－12 处显示楼盖的挠度基本保持不变。

(2) 应变测试结果与加载楼层下部相邻框架柱的柱端剪力发展情况。

① 加载楼层下部相邻抗侧框架的柱应变及柱端剪力发展。基于图 5.88(d) 的框架柱应变测试方案，可以考察 LG－4 楼盖对平面内水平荷载的分配－传递性能。

图 5.109(a) 为对应图 5.88(d) 所示 LG－4 底层框架柱的柱翼缘应变测点记

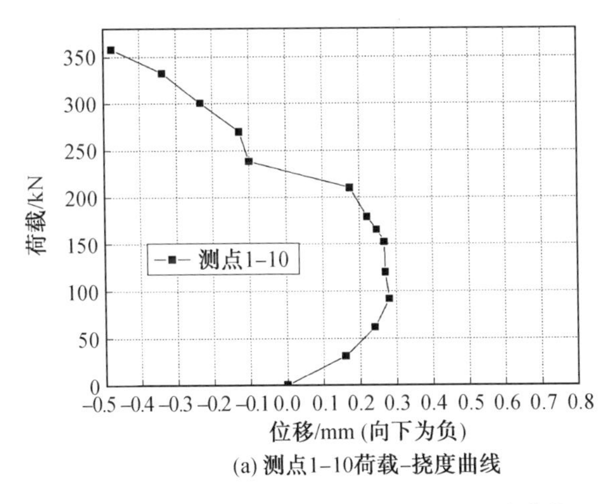

(a) 测点1-10荷载-挠度曲线

图 5.108　楼盖竖向挠度测点的荷载－挠度曲线

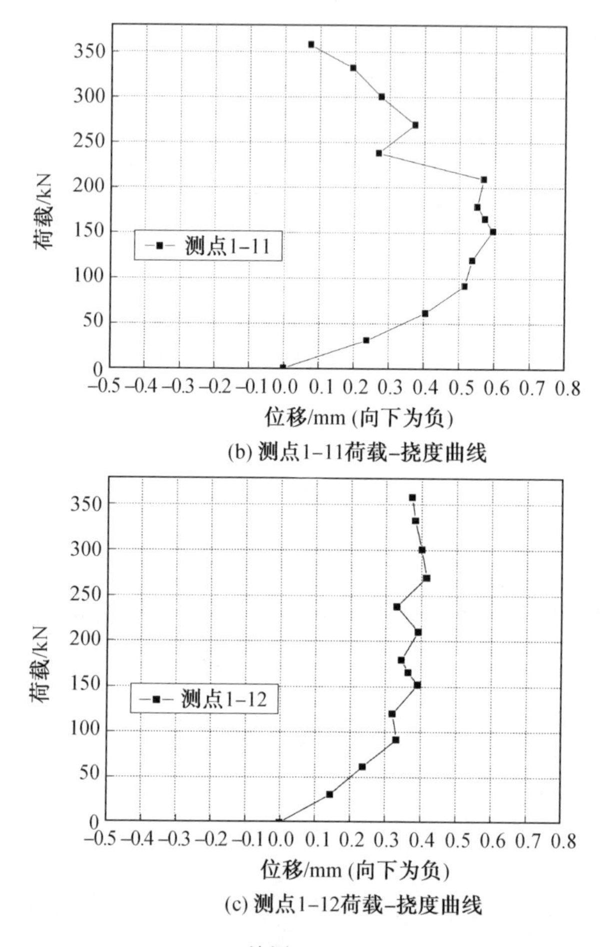

(b) 测点1-11荷载-挠度曲线

(c) 测点1-12荷载-挠度曲线

续图 5.108

录的荷载—应变关系曲线。分析图中框架柱应变发展情况不难发现：a. 在整个加载过程中，框架柱应变均处于弹性范围内；b. 在楼盖体系的混凝土面板开裂荷载附近，框架柱的荷载—应变曲线也存在一个较明显的拐点：在开裂荷载之前，框架柱的荷载—应变曲线呈线性发展，在开裂荷载之后，荷载—应变曲线依然呈上升状态，但线性规律不太明显。这表明，在设计大震作用（小于各试验楼盖开裂荷载）下，楼盖体系具有稳定的水平导荷性能，楼盖面板开裂以后，楼盖水平导荷性能产生了明显的调整。

基于式(5.1)确定楼盖面板开裂前框架柱的剪力 Q。图 5.109(b) 所示即为各试验楼盖的测试框架柱端剪力分布与发展情形，图中非常直观地显示了楼盖框架柱端剪力与楼层总水平荷载的线性关系。表 5.4 列出了相应于设计大震作用下各加载楼层下部相邻框架部分框架柱的柱端剪力分布情形。由于楼盖体系的加载及结构布置均具有对称性，可以估算出各试验楼盖平行加载方向的外侧

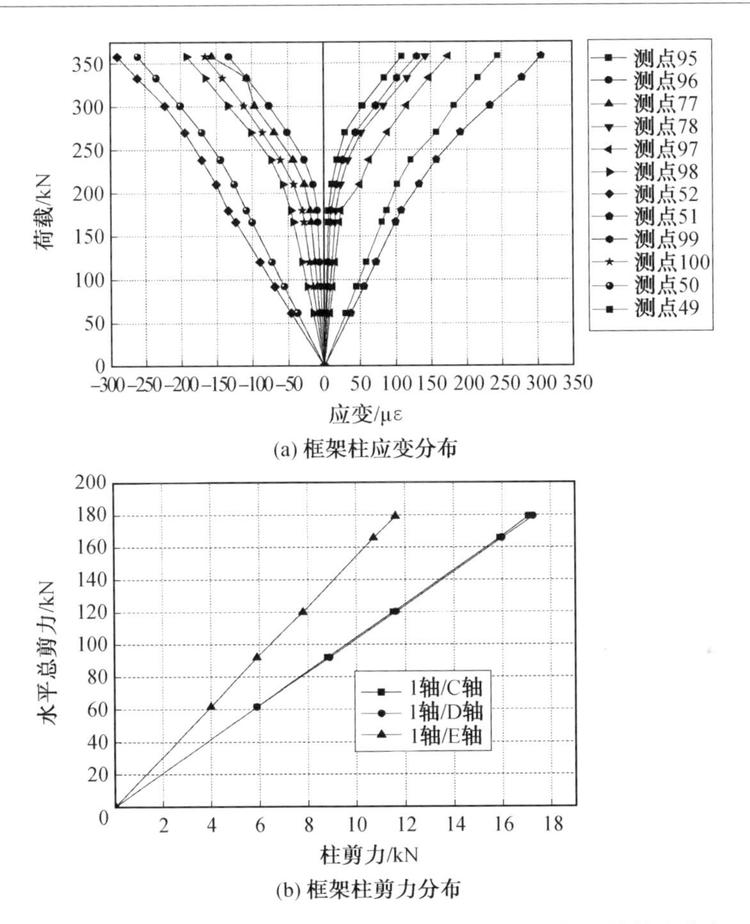

(a) 框架柱应变分布

(b) 框架柱剪力分布

图 5.109　LG－4 一层 1/E、1/D、1/C 轴框架柱应变与柱端剪力分布

轴线上框架柱所承担的总水平荷载为 138.6 kN，试验过程中该级水平荷载总值为 165.8 kN，可见，通过楼盖体系的分配－传递，超过 84% 的楼盖平面内水平荷载由平行于加载方向的两侧框架柱(A、E 轴框架柱)承担了。

表 5.4　LG－4 相应于设计大震作用下各加载楼盖下部相邻框架柱端剪力分布

位置	E/1 轴	D/1 轴	C/1 轴	总水平剪力 Q	A、E 轴柱总剪力 / 总水平剪力 Q
LG－4	10.7	16	15.9	165.8	0.84

(2) 加载楼层钢桁架应变。图 5.110 和图 5.111 分别为试件 LG－4 的 2、3 轴钢梁弦杆上各点的应变分布曲线。由图中可知：楼盖的应变分布模型与试件 LG－3 的基本一致，在靠近加载端，2、3 轴主梁的应变都较大，3 轴主梁的应变将近达到 1 900 $\mu\varepsilon$，这与试验当中该部位主梁最终出现屈曲是相对应的，3 轴远离加载端的部分应变明显出现了异常。

③ 混凝土构件应变结果。图 5.112 为混凝土各角点应变点处的荷载－应变

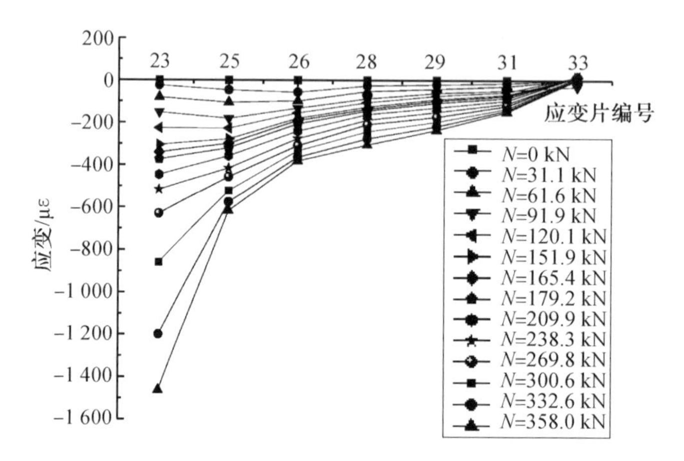

图 5.110　2 轴弦杆各测点应变分布曲线

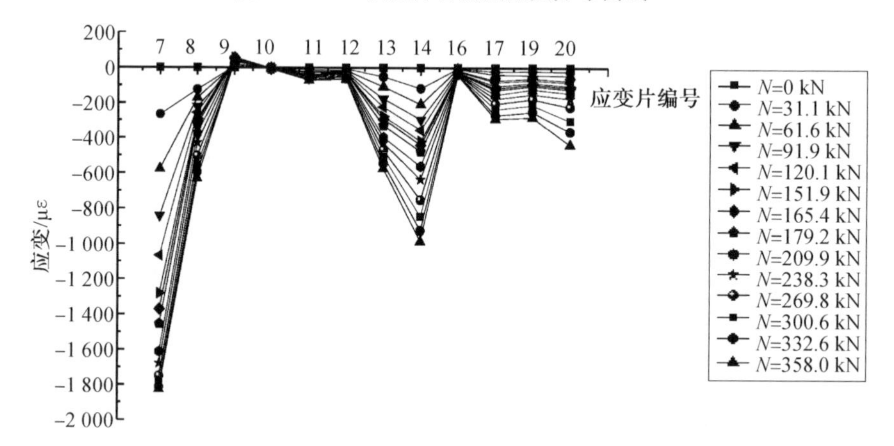

图 5.111　3 轴弦杆各测点应变分布曲线

曲线。由图可知：在楼盖平面内水平荷载未超过165.4 kN时，楼盖面板混凝土的荷载－应变曲线基本呈线性发展，超过 165.4 kN 以后，部分测点荷载－应变曲线呈现出非线性发展态势；测点 15 混凝土处于受拉状态，当水平荷载为 270 kN 时，其应变已达 470 με，该位置处混凝土出现较为明显的裂缝。

(3) 楼盖的等效剪切刚度与刚度性能分析。

试件 LG－4 的平面内等效剪切刚度 k_e 可以通过以下方法确定：

图 5.107 通过底层柱侧向变形测点(1－1、1－2、1－3) 记录了框架柱在一层楼盖平面位置处的侧向变形，测点 1－2 记录位移即为楼盖体系跨中的最大位移。通过插值，可以确定相应于 0.4F_{max}(64.8 kN) 的楼盖体系最大相对位移值为 0.26 mm，由此可得该试验楼盖顺板方向受力的等效抗剪刚度为：k_e = 249.2 kN/mm。

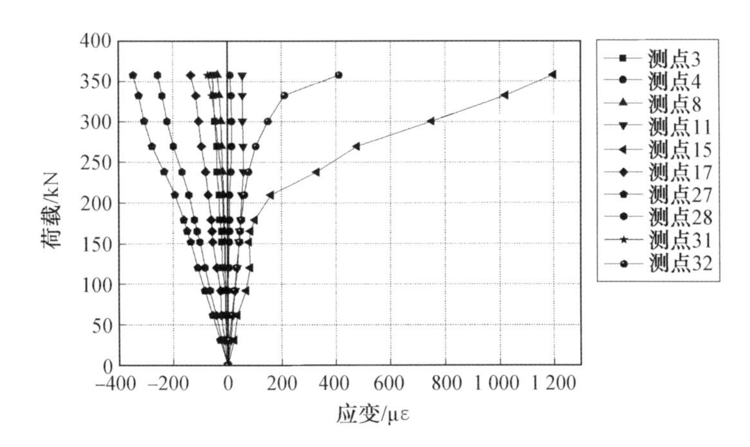

图 5.112　楼盖端部与角部处混凝土板荷载 — 应变曲线

5.5　试验楼盖平面内受力变形性能的比较

基于前面新型装配式组合楼盖在顺拼装板缝方向与垂直拼装板缝方向在平面内受力变形性能的试验研究，对各试验楼盖平面内受力变形性能做对比分析。

(1) 各试验楼盖加载楼层平面内的整体变形性能比较。

表 5.5 概括了各试验楼盖加载楼层在相应于 7 度大震作用的设计水平荷载作用下平面内的变形情况。表中平面内最大相对变形指楼盖的加载远端轴线的跨中位移与两侧位移平均值的差值，而平面内整体水平位移则指楼盖形心位置的水平位移(取加载近端与远端的位移平均值)。

表 5.5　设计水平荷载作用下加载楼层变形情况比较

加载楼盖	平面内最大相对变形 /mm	平面内整体水平位移 /mm	等效抗剪刚度 /(kN · mm^{-1})	楼层水平荷载 /kN
LG－1(第二层)	0.73	1.19	122.3	165
LG－2(第一层)	2.12	1.62	49.1	165.5
LG－3(第二层)	0.33	1.96	131.9	165.5
LG－4(第一层)	0.32	1.07	249.2	165.8

从表中各试验楼盖的平面内等效抗剪刚度分析可以看出：新型装配式组合楼盖在垂直拼装板缝方向，其平面内的抗剪刚度都大于顺拼装板缝方向情形下的平面内抗剪刚度；同时，垂直拼装板缝方向的楼盖平面内最大相对变形均小于顺拼装板缝受力情形，表明楼盖的平面内相对变形以剪切变形为主，抗剪刚度大的楼盖平面内相对变形小。

比较LG－1与LG－3、L－2与LG－4的抗剪刚度值，由于这两组楼盖的基本构造形式都是相同的，可以发现LG－2的等效抗剪刚度比较异常。从现场试验情况分析，LG－2的关键装配连接紧固不到位应该是一个主要原因，在后面对楼盖体系平面内刚度性能分析中，还会对其产生的原因做进一步的分析。

(2) 各试验楼盖加载楼层下部相邻框架的整体变形性能与柱脚剪力分布比较。

基于前面各试验楼盖的试验分析结果，表5.6、表5.7分别归纳了各楼盖在相应于设计大震作用下，各加载楼层下部相邻框架的抗侧刚度、加载远端框架柱的平均侧移以及沿加载方向各试验楼盖外侧框架柱承担的总水平剪力情况。

表5.6　设计水平荷载作用下加载楼层下部相邻框架抗侧刚度与平均侧移比较

加载楼盖	两外侧框架抗侧刚度平均值 /(kN·mm^{-1})	中轴框架抗侧刚度 /(kN·mm^{-1})	加载远端框架柱平均侧移 /mm
LG－1(第二层)	196.7	95.9	1.13
LG－2(第一层)	337.8	63.4	1.19
LG－3(第二层)	111.6	89.1	1.61
LG－4(第一层)	312.8	193.9	0.64

表5.7　设计大震作用下各加载楼盖下部相邻框架柱端剪力分布

加载楼盖	A/1轴	A/2轴	A/3轴	总水平剪力 Q	A、E轴柱总剪力 / 总水平剪力 Q
LG－1	12.1	17.9	17.7	164.5	0.94
LG－2	15.4	14.7	14.5	165.5	0.90
加载楼盖	E/1轴	E/2轴	E/3轴	总水平剪力 Q	1、5轴柱总剪力 / 总水平剪力 Q
LG－3	11.3	18.5	18.1	165.5	0.94
LG－4	10.7	16	15.9	165.8	0.84

比较表5.6、表5.7中数据可以发现：加载楼层下部相邻框架的抗侧刚度越大，加载远端框架柱的平均侧移越小，但楼盖体系主要抗侧框架柱(沿加载方向各试验楼盖外侧框架柱)承担的水平剪力并不是越大，这说明加载楼层下部相邻框架柱承担的剪力不单受框架柱抗侧刚度一个因素影响，应该是框架柱抗侧刚度与楼盖平面内刚度两者的相互影响。

比较LG－1与LG－3的平面内整体位移、楼盖平面内等效抗剪刚度及下部相邻框架的抗侧刚度可以发现，等效抗剪刚度大的楼盖(应该说其平面剪切变形要小)，其对应的平面内整体位移也大，说明楼盖平面内整体位移，其影响因素不同于楼盖平面内最大相对变形，它不是单纯由楼盖平面内刚度一个因素控制，而是受楼盖平面内抗剪刚度与下部相邻抗侧结构的抗侧刚度两者的相互影响。

5.6　本章小结

针对第 4 章试验方案中规划设计的大跨装配式组合楼盖，本章分别从顺拼装板缝方向与垂直拼装板缝方向，对试验楼盖平面内变形与刚度性能进行了试验研究，详细分析了各试验楼盖在水平荷载作用下，楼盖平面内变形与裂缝的发展情况以及楼盖支撑框架的平均侧移情况。得到如下结论：

(1) 在各级水平荷载作用下，试件 LG－1、LG－2 的整体变形特征相似，楼盖混凝土面板裂缝的产生与发展状况反映出楼盖整体受力状况基本符合整体受弯的特征，楼盖的整体性表现较好；而试件 LG－3、LG－4 的楼盖整体变形都呈现出各自受弯的状态，楼盖的整体性一般。

(2) 试件 LG－1～LG－4 的开裂荷载分别为 210、180、180、165 kN，均超过 7 度大震的设计水平地震作用 162 kN，这表明，在相应于 7 度大震作用的楼层水平荷载作用下，装配式组合楼盖体系不论是在顺拼装板缝还是在垂直拼装板缝方向受力时，楼盖面板都尚未出现裂缝，楼盖体系基本处于弹性受力状态。

(3) 基于 ASTM E455-2011 规定的楼盖平面等效抗剪刚度确定方法，分别确定出试件 LG－1～LG－4 的等效抗剪刚度为 122.3、49.1、131.9、249.2 kN/mm，表明装配式组合楼盖在顺拼装板缝方向受力时的楼盖平面内刚度要小于相应垂直于拼装板缝受力时的楼盖平面内刚度。

(4) 相应于 7 度大震的设计水平大震作用下，试件 LG－1～LG－4 楼盖平面内的最大相对变形分别为 0.73、2.12、0.33、0.32 mm，而楼层平面的整体水平位移为 1.19、1.62、1.96、1.07 mm，结合各试验楼盖平面内抗剪刚度、加载楼盖下部相邻框架的抗侧刚度分析可知，楼盖平面内最大相对变形主要受楼盖自身平面内抗剪刚度影响，而楼盖平面内整体变形侧不仅受楼盖平面抗剪刚度影响，还受楼盖下部相邻框架的抗侧刚度影响。

第6章　大跨装配式组合楼盖体系的有限元分析与平面内刚度性能分析

第5章通过对新型装配式楼盖体系比例模型的试验研究，探讨分析了该新型楼盖的平面内整体变形及刚度性能，本章基于Midas的有限元分析，对楼盖的平面内变形与刚度性能做进一步的分析研究，详细探讨该新型楼盖体系平面内上述性能的相关影响因素。

6.1　模型建立

6.1.1　模拟对象说明与基本假定

新型装配式楼盖体系由四个基本装配单元与支撑体系组成，楼盖装配单元形式为空腹式桁架梁与压型钢板混凝土组合楼盖的组合体，楼盖支撑体系为密柱式框架；关键的装配连接包括板－板连接、板－柱连接两种类型，而板－柱连接又包括了图2.14所示的板－H型钢柱连接(B1、B2型)及图2.16所示的板－箱型角柱连接(B3型)，板－板连接包括了图2.12所示的A1、A2两种形式。整个楼盖体系构造较为复杂，考虑到本书的研究目的为研究楼盖体系平面内的变形与刚度性能，在对楼盖体系进行有限元分析模拟过程中，做出如下一些简化与基本假定：

(1) 压型钢板－混凝土组合面板简化：分析中将组合楼盖面板基于刚度等效简化为单一的混凝土面板，混凝土面板总厚度为$\alpha_E t_s + t_c$，t_c为压型钢板上部混凝土厚度平均值，t_s为压型钢板厚度，α_E为钢材弹性模量与混凝土弹性模量比值。

(2) 忽略混凝土面内配筋对楼盖平面内刚度性能的影响，整体建模不考虑混凝土板内配筋。

(3) 钢梁与混凝土面板组合作用假定：等效的混凝土面板与下部钢桁架梁为完全抗剪连接，不考虑混凝土面板与钢桁架梁之间的滑移。

(4) 楼盖体系关键连接的简化：在整体有限元模型中详细考虑连接构造是不太实际的，在建模分析中，将每类型的关键连接都等效为一个弹性连接，通过控制连接弹簧各轴向连接刚度以模拟连接的抗拉、抗剪性能。

(5) 关键装配连接刚度假定：本书主要研究目的为考察新型装配式组合楼盖的平面内变形及刚度性能，在确定楼盖关键连接的等效弹簧刚度时，假定弹簧均为线弹性，不考虑连接的非线性发展，同时，在结构分析过程中取弹簧拉压刚度相等。

6.1.2　基本单元的选取与模型建立

整体建模当中，支撑框架梁柱采用实体单元，混凝土面板采用板单元，桁架梁杆件采用梁单元，而关键装配连接则采用弹性连接单元(elastic link)。各装配单元为连续整体式模型，装配单元之间通过弹性连接单元组装成楼盖整体，模型组成如图 6.1 所示。

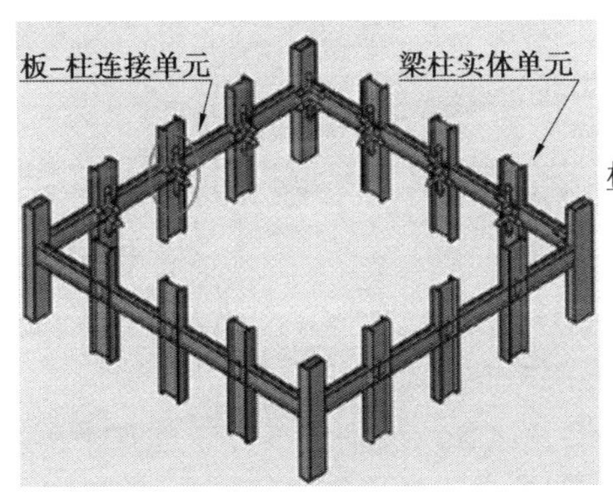

(a) 支撑框架实体单元

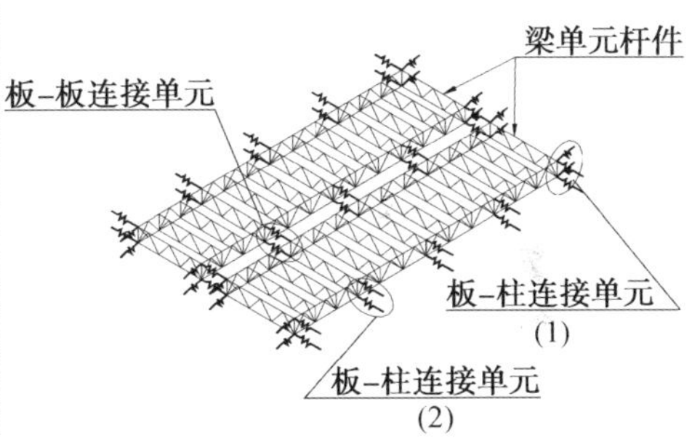

(b) 桁架梁杆件的梁单元及连接单元

图 6.1　楼盖体系 Midas 建模基本单元选取

基于上述假定及单元、连接的确定，对于试验的缩尺楼盖模型及足尺的工程楼盖，可分别建立对应的 Midas 有限元分析模型进行模拟分析。

6.2　试验楼盖有限元分析模型验证

本节基于图 6.2 所示的 Midas 有限元模型分析，对新型装配式组合楼盖的平面内变形与刚度性能进行有限元分析模拟，并与第 5 章的试验结果进行比较分析，对本书提出的楼盖有限元分析模型有效性进行分析验证。

为了能直接与试验结果进行比较分析，本节针对试验楼盖的 Midas 分析模型同样采用 1∶3 的缩尺截面建模，各组成部件的截面采用表 4.2 中规定尺寸。

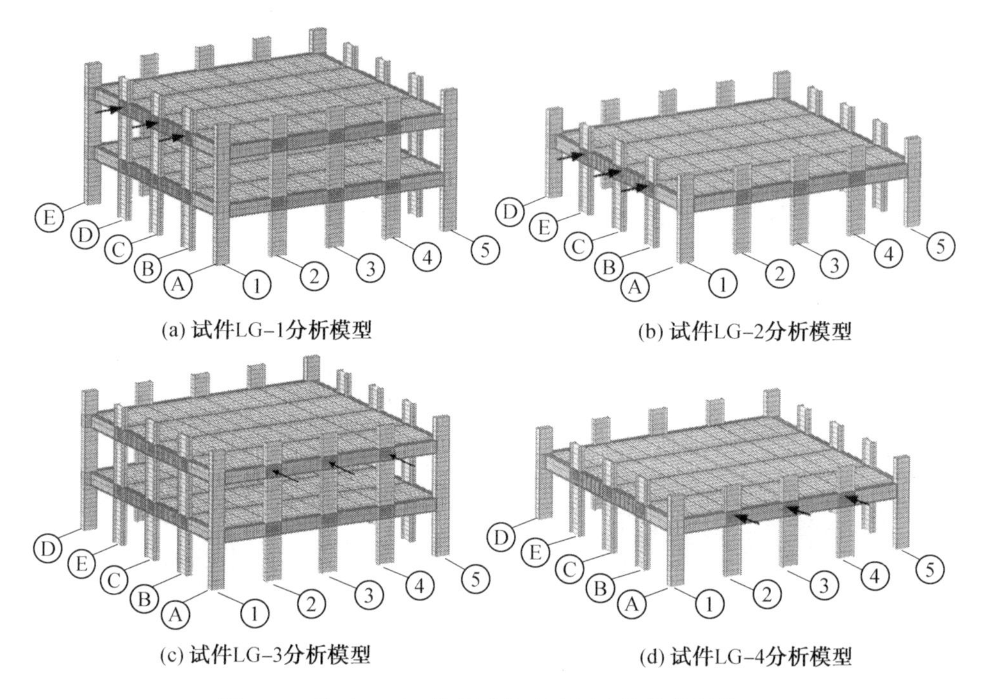

(a) 试件LG-1分析模型　(b) 试件LG-2分析模型

(c) 试件LG-3分析模型　(d) 试件LG-4分析模型

图 6.2　基于 Midas 的新型装配式组合楼盖分析模型

第 3 章通过试验研究与有限元分析，得出了新型装配式组合楼盖关键连接节点的相关刚度，表 6.1 详细列出了各关键连接节点的弹性连接刚度，基于相似原理，表中同样给出了缩尺模型对应的连接刚度。

表 6.1　新型装配式组合楼盖关键连接节点弹性连接刚度　kN/mm

节点类型	板—板连接		板—柱连接(B1 型)		板—柱连接(B2 型)		板—柱连接(B3 型)	
刚度类型	抗剪刚度	抗拉刚度	抗剪刚度	抗拉刚度	抗剪刚度	抗拉刚度	抗剪刚度	抗拉刚度
足尺模型	1 125.2	4 675.3	275	1 492.23	37.5	1 492.23	335.6	844.8
缩尺模型	125.02	519.5	30.6	165.8	4.17	165.8	37.28	93.87

第 5 章缩尺模型的试验分析已指出，试验的缩尺模型由于受装配空间的限制，板—板连接在未达到设计规定所需承载力之前即已产生滑移，试验楼盖板—板连接的刚度没有达到设计要求，因而在对试验楼盖进行有限元的分析模拟时，装配连接节点刚度不能完全采用表 6.1 中按相似比关系确定的连接刚度。在试验研究过程中，专门量测了板—板连接的相对滑移量，在缩尺模型的有限分析中，可以采用试验测定的相对滑移来推定缩尺模型的板—板连接抗剪刚度。

对于两层框架的试验楼盖，在 LG－1 的试验结果中可以查看到顺板缝方向加载时板—板连接节点的相对滑移。图 5.19 及图 5.20 分别为试件 LG－1 二层楼盖的 1/D 轴、3/D 轴的板—板连接节点两侧边梁的荷载—滑移曲线，据此可以评估板—板的抗剪连接刚度：楼盖水平荷载增加至 165 kN 时(3 个加载点荷载的和，平均每个加载点荷载为$\frac{165}{3}=(55\ \mathrm{kN})$)，测点 3、4 相对位移为 0.19 mm，测点 13、14 相对位移为 0.12 mm，板缝相对位移取其平均值 $\frac{0.19+0.12}{2}=0.155(\mathrm{mm})$。在水平荷载作用下，抗侧力主要由 A/E 轴上的柱承担，这里假设其他柱不承担水平荷载，则 B、D 轴板缝上的剪力为 55 kN。板缝上共有 $6+\frac{4}{3}=\frac{22}{3}=7.33$ 个节点(包括上下弦)，则二层楼盖平均每个板—板连接节点的抗剪刚度为$\frac{55\ \mathrm{kN}}{(7.33\times0.155)\mathrm{mm}}=48.4\ \mathrm{kN/mm}$，仅为理论值的 0.387。因而在两层框架试验楼盖的有限模拟中，板—板连接节点的抗剪刚度可取 48.4 kN/mm，相应的抗拉刚度取 $519.5\ \mathrm{kN/mm}\times0.387=201.1\ \mathrm{kN/mm}$。

可按同样的方式对一层试验楼盖板—板连接的实际刚度做如下评估：分析试件 LG—2 的试验结果，图 5.53 及图 5.54 分别为 LG—2 的 1/B 轴、3/D 轴的板—板连接节点两侧边梁的荷载—滑移曲线，测点 14、15 相对位移为 0.49 mm，测点 7、8 相对位移为 0.85 mm，板缝相对位移取其平均值 $\frac{0.49+0.85}{2}=0.67\ \mathrm{mm}$。依据前面的分析，则 B、D 轴板缝上的剪力为 55 kN。板缝上共有 $6+\frac{4}{3}=\frac{22}{3}=7.33$ 个节点(包括上下弦)，则平均每个板—板连接节点的抗剪刚度为 $\frac{55\ \mathrm{kN}}{(7.33\times0.67)\mathrm{mm}}=11.2\ \mathrm{kN/mm}$，仅为理论值的 0.09。板—板连接节点的抗拉刚度取 $6\ 340\ \mathrm{kN/mm}\times\frac{1}{85}=74.6\ \mathrm{kN/mm}$。在一层框架试验楼盖的有限模拟中，板—板连接节点的抗剪刚度可取 11.2 kN/mm，相应的抗拉刚度取 $519.5\ \mathrm{kN/mm}\times0.09=46.8\ \mathrm{kN/mm}$。

6.2.1　LG—1 顺板缝方向加载楼盖性能的比较

5.1 节详细介绍了试验楼盖 LG—1 的试验分析结果，针对该试验楼盖的顺板缝受荷的情形，采用模型 LG—1 进行分析研究。图 6.3 所示为水平荷载 165 kN 时楼盖体系的整体变形及楼盖面板变形情况(变形单位为 mm，下同)。图 6.4 所示为该荷载水平下楼盖体系及面板的应力云图(应力单位为 $\mathrm{N/mm^2}$，下同)。

分析图 6.3(b) 楼盖面板的变形情况可以看出，在试验楼盖的实际连接刚度设置水平下，试件 LG—1 在 165 kN 水平荷载作用下(相应于设计规定的水平荷载取值为 162 kN)，楼盖的拼装板缝出现滑移(5 轴位置板边错位)，这与试验现象

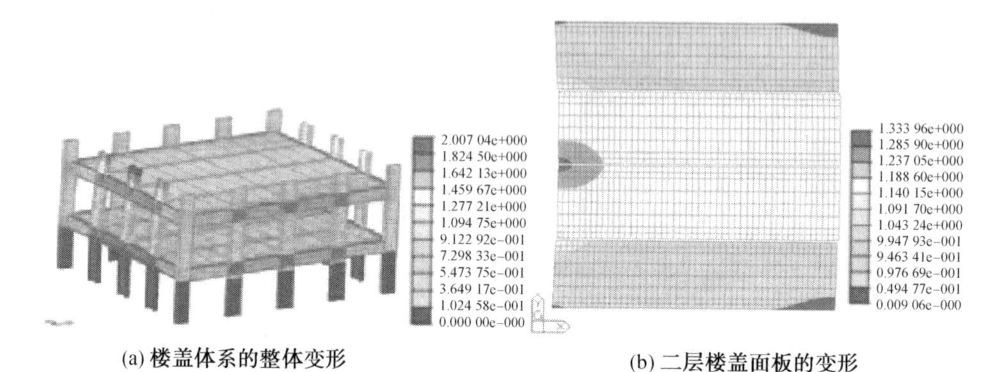

(a) 楼盖体系的整体变形　　(b) 二层楼盖面板的变形

图 6.3　水平荷载 165 kN 时 LG－1 分析模型的变形情况

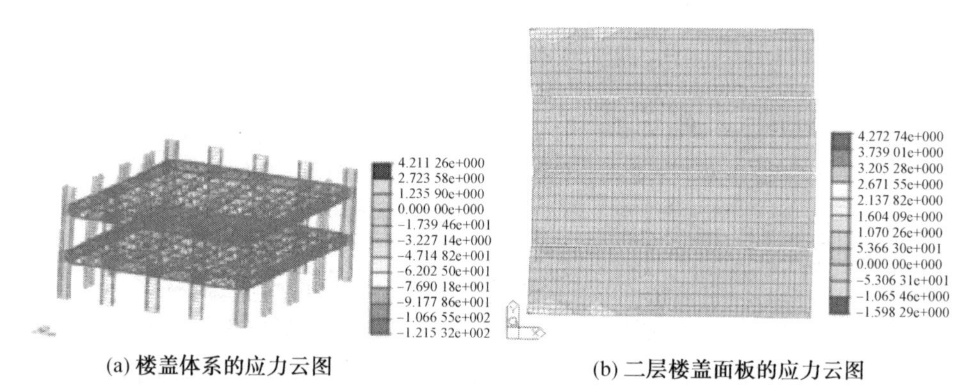

(a) 楼盖体系的应力云图　　(b) 二层楼盖面板的应力云图

图 6.4　水平荷载 165 kN 时 LG－1 分析模型的应力发展情况

是一致的，最大滑移出现在 B、D 轴位置，最大滑移量为 0.174 mm。图6.4(b) 楼盖面板的应力云图显示，在靠近加载端的楼盖两侧及远离加载端的楼盖底部，混凝土面存在受拉区，因而楼盖面板的裂缝最先由这些部位产生，这与试验现象也是一致的。

在 165 kN 水平荷载作用下，楼盖加载近端(1 轴)、远端(5 轴) 位移的有限元分析结果与试验结果比较情况见表 6.2，从表中楼盖整体位移比较情况可以看出，有限元分析结果与试验情形吻合程度较好。表 6.3 所示为 165 kN 水平荷载作用下，二层楼盖下部相邻框架柱的柱顶侧移的有限元分析结果。表中列出了加载远端框架柱的平均侧移为 0.957 mm，而第 5 章试验结果表明，LG－1 二层楼盖下部框架柱加载远端的平均侧移为 1.13 mm，两者偏差仅 15%，同样说明有限元分析与试验结果比较吻合。

表 6.2　165 kN 水平荷载作用下 LG－1 1、5 轴位移有限元分析与试验结果比较　mm

位置	A 轴		B 轴		C 轴		D 轴		E 轴		整体位移
	1 轴	5 轴	1 轴	5 轴	1 轴	5 轴	1 轴	5 轴	1 轴	5 轴	
分析结果 /mm	0.82	0.80	1.21	1.08	1.32	1.30	1.21	1.08	0.82	0.80	1.04
试验结果 /mm	0.69	0.68	1.48	1.40	1.82	1.55	1.42	1.41	0.77	0.69	1.19
分析 / 试验	1.19	1.18	0.82	0.77	0.73	0.84	0.85	0.77	1.06	1.16	0.87

表 6.3　165 kN 水平荷载作用下 LG－1 二层框架柱顶侧移　mm

位置	A 轴	B 轴	C 轴	D 轴	E 轴	平均侧移
1 轴(加载端)	0.701	1.330	1.459	1.330	0.701	1.104
2 轴	0.680	—	—	—	0.680	—
3 轴	0.674	—	—	—	0.674	—
4 轴	0.675	—	—	—	0.675	—
5 轴(加载远端)	0.694	1.084	1.227	1.084	0.694	0.957

6.2.2　LG－2 顺板缝方向加载楼盖性能的比较

试验楼盖 LG－2 的试验分析结果已在 5.2 节进行了详细介绍，本节对该楼盖平面内变形性能做进一步的有限元分析。图 6.5 所示为水平荷载165 kN 时该楼盖体系的整体变形及楼盖面板变形情况。图 6.6 所示为该荷载水平下楼盖体系及面板的应力云图。

分析模型 LG－2 的整体变形情况可以发现：其整体变形与模型 LG－1 的基本一致，但由于楼盖的关键装配连接节点的刚度较 LG－1 的小，其平面内整体变形量要比 LG－1 的大，在 165 kN 水平荷载作用下，楼盖的拼装板缝出现非常明显的滑移，B、D 轴最大滑移量为 0.357 mm，比试验测定的楼盖装配单元平均滑移值 0.67 mm 偏小。在该水平荷载作用下，楼盖加载近端(5 轴)、远端(1 轴) 位移的有限元分析结果与试验结果比较情况见表 6.4，表 6.5 则概括了该水平荷载作用下，加载楼层下部框架柱的柱顶侧移情形。

表 6.4 中 LG－2 加载楼层平面内整体位移的有限元分析与试验结果比较显示，两者存在较大的偏差，而表 6.5 的加载楼层下部框架柱平均侧移显示，加载远端的框架柱平均侧移为 0.614 mm，这与第 5 章中试件 LG－2 框架柱加载远端平均侧移的试验测试结果 1.19 mm 偏差也较大。分析上述偏差产生的原因，主要包括以下两方面的因素：一方面，LG－2 的中部 H 型钢柱的弱轴方向加载肋设置在了腹板部位(图 6.7)，而在翼缘板平面内没有设置加劲肋(柱脚刚性连接情形下，弱轴方向在柱翼缘平面内通常设置加劲肋)，沿弱轴受力时，试验楼盖的柱端约束与有限元分析中的柱端刚性连接性能存在较大差异；另一方面，LG－2 的试验结果显示，其加载楼盖的板－板装配连接产生比较大的相对滑移(图5.55、图

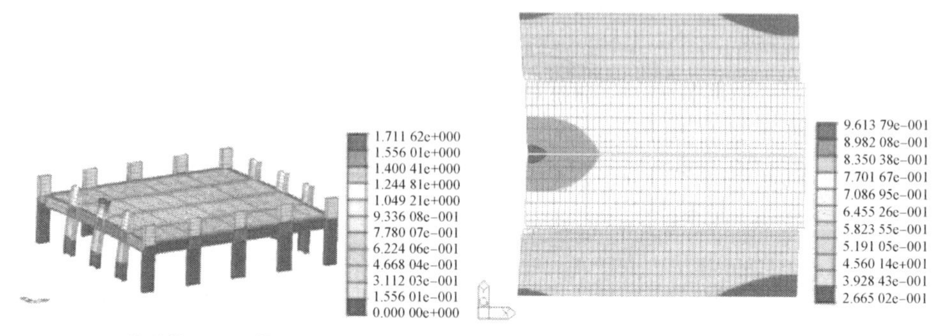

(a) 楼盖体系的整体变形 (b) 楼盖面板的变形

图 6.5 水平荷载 165 kN 时 LG－2 分析模型的变形情况

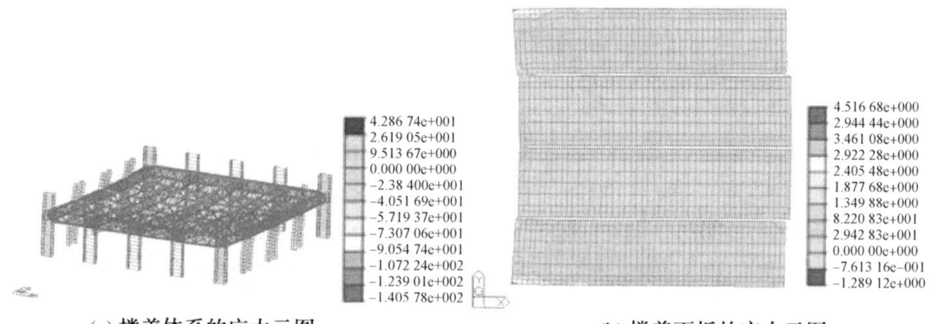

(a) 楼盖体系的应力云图 (b) 楼盖面板的应力云图

图 6.6 水平荷载 165 kN 时 LG－2 分析模型的应力发展情况

5.56)，楼盖实际的板－板连接抗剪刚度要比分析采用的刚度更低。表 5.5 中反映 LG－2 的平面内等效抗剪刚度偏小，该楼盖体系弱轴方向的柱脚约束偏弱也是一个主要原因。

表 6.4 165 kN 水平荷载作用下 LG－2 1、5 轴位移有限元分析与试验结果比较

位置	A 轴		B 轴		C 轴		D 轴		E 轴		整体
	1 轴	5 轴	1 轴	5 轴	1 轴	5 轴	1 轴	5 轴	1 轴	5 轴	位移
分析结果/mm	0.29	0.28	0.92	0.81	1.38	0.86	0.92	0.81	0.29	0.28	0.69
试验结果/mm	0.52	0.85	1.79	2.32	2.58	2.61	1.95	2.23	0.48	0.91	1.62
分析/试验	0.56	0.33	0.51	0.35	0.53	0.33	0.47	0.36	0.6	0.31	0.43

表 6.5 165 kN 水平荷载作用下 LG－2 框架柱顶侧移 mm

位置	A 轴	B 轴	C 轴	D 轴	E 轴	平均侧移
1 轴(加载远端)	0.156	0.566	0.774	0.566	0.156	0.444
2 轴	0.154	—	—	—	0.154	—
3 轴	0.156	—	—	—	0.156	—
4 轴	0.157	—	—	—	0.157	—
5 轴(加载端)	0.173	0.822	1.081	0.822	0.173	0.614

图 6.7　LG－2 中 H 型钢柱柱脚加劲肋布置情形

6.2.3　LG－3 垂直板缝方向加载楼盖性能的比较

5.3 节详细介绍了试验楼盖 LG－3 的试验分析结果，本节对该楼盖平面内变形性能做进一步的有限元分析，有限元模型如图 6.2(c) 与试验楼盖 LG－3 对应，分析模型采用 1∶3 缩尺模型，荷载作用于二层楼盖平面内，与楼盖拼装板缝方向垂直。图 6.8 所示为水平荷载 165 kN 时楼盖体系的整体变形及楼盖面板变形情况。图 6.9 所示为该荷载水平下楼盖体系及面板的应力云图。

分析图 6.9(b) 所示的楼盖面板应力云图可以发现，楼盖的四个装配单元各自都呈受弯状态，板单元底部(靠近加载端) 混凝土受压，而在板单元的顶端则出现混凝土受拉，这与试验楼盖裂缝产生的顺序(混凝土受拉区首先出现裂缝) 是一致的。这种应力分布模型也反映了新型装配式组合楼盖在垂直板缝方向整体性能不理想的特征。同时应力云图显示，在 165 kN 的水平荷载作用下，楼盖面板的混凝土应力不大，这也表明在该水平荷载作用下楼盖面板尚不会出现开裂。

表 6.6 所示为在 165 kN 水平荷载作用下，楼盖 LG－3 加载近端(A 轴)、远端(E 轴) 位移的有限元分析结果与试验结果的比较情况，从表中楼盖整体位移比较情况可以看出，有限元分析结果与试验情形吻合程度较好。表 6.7 概括了 165 kN 水平荷载作用下，LG－3 二层楼盖下部相邻框架柱的柱顶侧移的有限元分析结果。表中列出了加载远端框架柱的平均侧移为 1.42 mm，而第 5 章试验结果表明，LG－3 二层楼盖下部框架柱加载远端的平均侧移为 1.61 mm，两者偏差仅 11.8%，说明有限元分析模型较好地模拟了楼盖的基本结构特征。

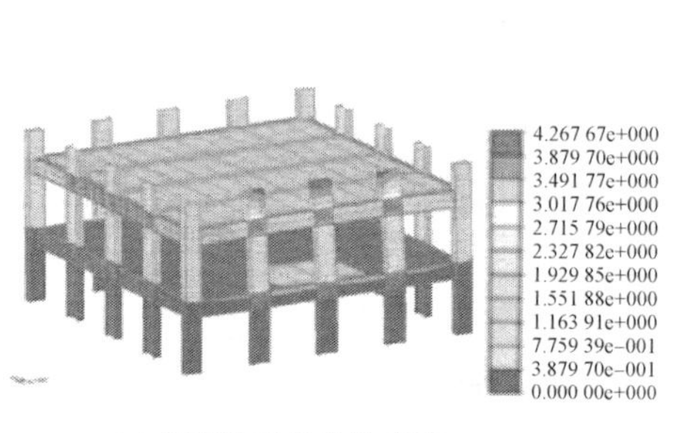

(a) 楼盖体系的整体变形

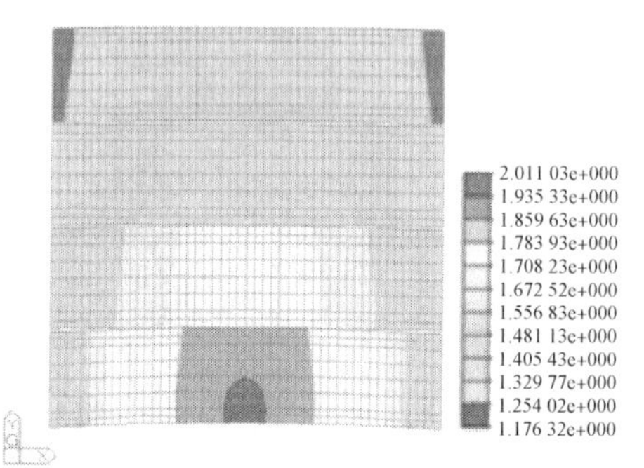

(b) 二层楼盖面板的变形

图 6.8　水平荷载 165 kN 时 LG－3 分析模型的变形情况

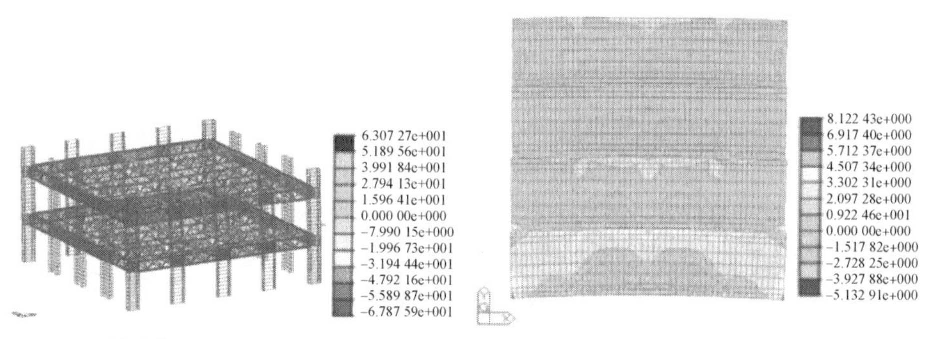

(a) 楼盖体系的应力云图　　(b) 二层楼盖面板的应力云图

图 6.9　水平荷载 165 kN 时 LG－3 分析模型的应力发展情况

表 6.6　165 kN 水平荷载作用下 LG－3 A、E 轴位移有限元分析与试验结果比较

位置	1 轴		2 轴		3 轴		4 轴		5 轴		整体
	A 轴	E 轴	A 轴	E 轴	A 轴	E 轴	A 轴	E 轴	A 轴	E 轴	位移
分析结果 / mm	1.35	1.18	1.87	1.39	2.01	1.47	1.87	1.39	1.35	1.18	1.51
试验结果 / mm	1.68	1.40	2.46	1.86	2.92	1.95	2.46	1.79	1.71	1.40	1.96
分析 / 试验	0.8	0.84	0.76	0.75	0.68	0.75	0.76	0.7	0.79	0.84	0.77

表 6.7　165 kN 水平荷载作用下 LG－3 二层框架柱顶侧移　　mm

位置	1 轴	2 轴	3 轴	4 轴	5 轴	平均侧移
E 轴(加载远端)	1.009	2.547	2.663	2.547	1.009	1.42
D 轴	0.990	—	—	—	0.990	—
C 轴	0.965	—	—	—	0.965	—
B 轴	0.962	—	—	—	0.962	—
A 轴(加载端)	0.944	1.671	1.854	1.671	0.944	1.96

6.2.4　LG－4 垂直板缝方向加载楼盖性能的比较

试验楼盖 LG－4 的试验分析结果在 5.4 节进行了详细介绍，本节基于分析模型 LG－4(图 6.2(d))，对该楼盖平面内变形性能做进一步的有限元分析。图 6.10 所示为水平荷载 165 kN 时该楼盖体系 LG－4 的整体变形及楼盖面板变形情况。图 6.11 所示为该荷载水平下楼盖体系及面板的应力云图。

对比图 6.10(b) 与 6.8(b) 所示的一层楼盖面板与二层楼盖面板的整体变形情况可以发现：两者的整体变形形式基本一致，但一层楼盖的最大变形量要大于二层楼盖，说明一层楼盖的平面内刚度要比二层楼盖的小，这也表明同样构造的楼盖，由于所处楼层位置的不同，其平面内刚度性能是不相同的。

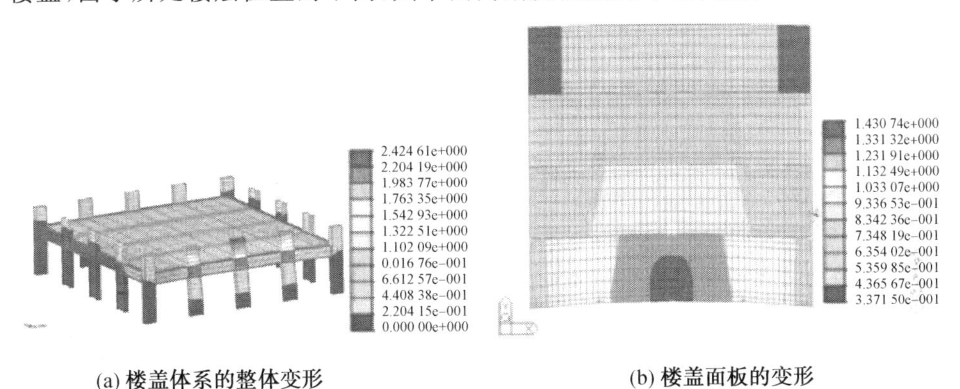

(a) 楼盖体系的整体变形　　(b) 楼盖面板的变形

图 6.10　水平荷载 165 kN 时 LG－4 分析模型的变形情况

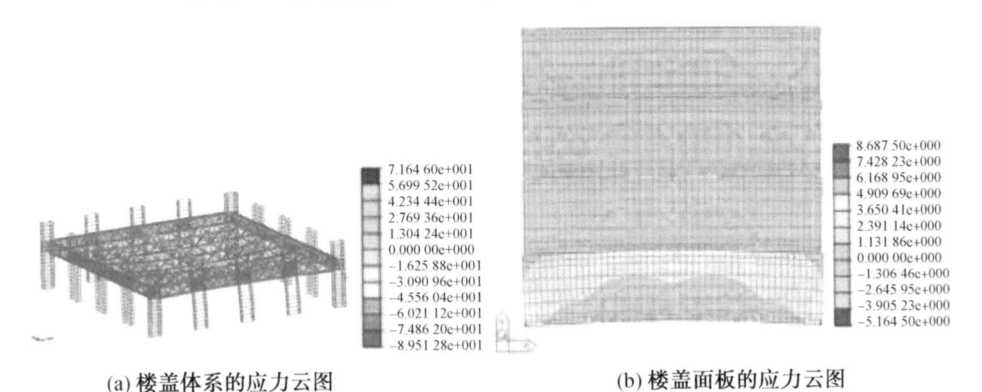

(a) 楼盖体系的应力云图　　(b) 楼盖面板的应力云图

图 6.11　水平荷载 165 kN 时 LG－4 分析模型的应力发展情况

图 6.11(b) 所示的楼盖面板变形云图显示：楼盖 LG－4 的整体性能一般，基本与图 6.9(b) 所示的二层楼盖 LG－3 的变形模式一致，各装配单元各自受弯，但整体上要比二层楼盖的情形稍好，在加载远端楼盖面板的应力基本均匀。

表 6.8 所示为在 165 kN 水平荷载作用下，LG－4 加载近端(A 轴)、远端(E

轴）位移的有限元分析结果与试验结果的比较情况，从表中楼盖整体位移比较情况可以看出，有限元分析结果与试验情形吻合程度较好。表6.9列出了165 kN水平荷载作用下，LG－4加载楼层下部相邻框架柱的柱顶侧移的有限元分析结果。表中显示加载远端框架柱的平均侧移为0.507 mm，而第5章试验结果表明，LG－4一层楼盖下部框架柱加载远端的平均侧移为0.64 mm，两者偏差20.3%，这同样表明有限元分析分析结果与试验结果基本吻合。

表6.8 165 kN水平荷载作用下LG－4 A、E轴位移有限元分析与试验结果比较

位置	1轴		2轴		3轴		4轴		5轴		整体位移
	A轴	E轴	A轴	E轴	A轴	E轴	A轴	E轴	A轴	E轴	
分析结果/mm	0.65	0.34	1.25	0.51	1.43	0.58	1.25	0.51	0.65	0.34	0.75
试验结果/mm	0.83	0.52	1.85	0.82	1.92	0.86	1.81	0.8	0.76	0.55	1.07
分析/试验	0.78	0.65	0.68	0.62	0.74	0.67	0.69	0.63	0.86	0.62	0.7

表6.9 165 kN水平荷载作用下LG－4框架柱顶侧移 mm

位置	1轴	2轴	3轴	4轴	5轴	平均侧移
E轴(加载远端)	0.195	0.655	0.837	0.655	0.195	0.507
D轴	0.198	—	—	—	0.198	—
C轴	0.201	—	—	—	0.201	—
B轴	0.234	—	—	—	0.234	—
A轴(加载端)	0.265	1.251	1.435	1.251	0.265	0.893

6.3 大跨装配式组合楼盖体系平面内受力变形性能的有限元分析

6.2节的分析表明，基于6.1节基本假定的Midas分析模型，反映了新型装配式组合楼盖的主要力学特征，能够准确地模拟新型装配式组合楼盖体系的平面内受力变形性能。试验楼盖由于受缩尺影响，楼盖装配空间非常有限，部分楼盖关键连接的装配并未到达设计的规定要求。为能对满足设计规定的工程楼盖平面内变形与刚度性能有比较清晰的了解，本节在第3章楼盖关键连接节点试验研究的基础上，采用上述的Midas分析模型对新型装配式组合楼盖体系进行分析研究，探讨其平面内变形及刚度性能。

针对本节工程楼盖的足尺分析模型，楼盖各组成部分的截面尺寸及材性性能都依据表2.1中的规定进行，建模遵循6.1节所述的简化与基本假定，楼盖关键连接节点的相关刚度按表6.1规定取值。为全面探讨新型装配式组合楼盖平面内变形与刚度性能，设计与试验楼盖对应的三组共12个足尺楼盖分析模型，三组模型分别考虑如下楼盖构造形式:第一组为装配式楼盖,楼盖组成及构造完全符合第 2 章关于楼盖组成与构造的规定;第二组楼盖在第一组楼盖的基础上,将各装配单元的压型钢板组合楼盖面板在整个楼盖体系连续布置,形成装配式整体式楼盖形式;第三组模型与第一组模型相同,但对整体楼盖体系采用刚性楼盖假定进行结构分析。依据美国规范 ASCE 41-13 的规定,压型钢板组合楼盖的跨高比不超过 5 时,该组合楼盖是可以视为刚性楼盖的,第二组试件跨高比没有超过 5,改组试件可以被视为刚性楼盖。将第一组楼盖的平面内变形性能与第二、第三组进行比较分析,探讨实际工程楼盖的平面内变形与刚度性能。

与第 5 章的试验楼盖设计相一致,本节每组足尺工程楼盖的分析也设计对应的四个分析模型,其分别为:二层楼盖顺板缝加载、单层楼盖顺板缝加载、二层楼盖垂直板缝加载、单层楼盖垂直板缝加载。各模型轴网布置采用与试验楼盖相同的布置方式。各分析模型名称及加载方式见表 6.10。

对各组模型楼盖体系平面内变形与刚度性能进行分析评价与比较时,楼盖的水平荷载统一取为相应于 7 度大震的设计水平荷载(F = 1 460 kN),楼盖的等效抗剪刚度确定参考荷载取值标准为 0.4F。考虑加载方式为三点对称加载,在确定楼盖体系等效抗剪刚度时,三点加载每加载点荷载取值为 195 kN,对楼盖整体刚度性能进行评价时,三点加载每点加载荷载取值为 490 kN。

表 6.10　足尺楼盖体系分析模型设置情况

模型分组	模型名称	模型说明及受荷状况
第一组	ZCLG－1	二层装配楼盖,顺板缝方向加载
	ZCLG－2	一层装配楼盖,顺板缝方向加载
	ZCLG－3	二层装配楼盖,垂直板缝方向加载
	ZCLG－4	一层装配楼盖,垂直板缝方向加载
第二组	ZCLG－1a	二层装配整体式楼盖,顺板缝方向加载
	ZCLG－2a	一层装配整体式楼盖,顺板缝方向加载
	ZCLG－3a	二层装配整体式楼盖,垂直板缝方向加载
	ZCLG－4a	一层装配整体式楼盖,垂直板缝方向加载
第三组	ZCLG－1b	二层刚性楼盖,顺板缝方向加载
	ZCLG－2b	一层刚性楼盖,顺板缝方向加载
	ZCLG－3b	二层刚性楼盖,垂直板缝方向加载
	ZCLG－4b	一层刚性楼盖,垂直板缝方向加载

6.3.1　二层楼盖模型顺拼装板缝方向加载时楼盖的性能

参考试验楼盖 LG－1 的加载方式,在二层楼盖分析模型的 1 轴加载,图 6.12 所示为 ZCLG－1 在水平荷载 3×195 kN 作用下的楼盖体系整体变形与楼盖面板变形情况。提取加载近端1轴、远端5轴的楼盖变形情形，见表6.11。可以依据式(5.2)规定的楼盖体系等效抗剪刚度的确定方法，确定楼盖ZCLG－1的等效抗剪刚度：

表6.11中ZCLG－1的平面内最大变形(加载远端)为1.492－1.009＝0.483 mm；由式(5.2)楼盖等效剪切刚度的定义，楼盖ZCLG－1的等效抗剪刚度为

$$k_{\text{ZCLG}-1}=\frac{585}{0.483}=1\ 211.2\ (\text{kN/mm})$$

顺板缝方向受荷时，二层楼盖体系的等效抗剪刚度为1 211.2 kN/mm，要大于由试验测定的楼盖等效抗剪刚度122.3×9＝1 100.7 kN/mm，这表明将装配式连接紧固到位后，楼盖体系的等效抗剪刚度增大了1.1倍。

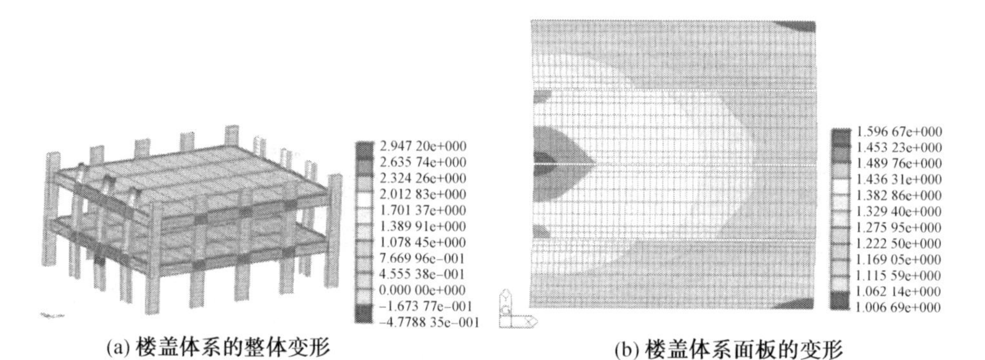

(a) 楼盖体系的整体变形　　(b) 楼盖体系面板的变形

图6.12　585 kN水平荷载作用下ZCLG－1的变形情况

表6.11　585 kN水平荷载顺板缝作用下ZCLG－1分析模型1、5轴位移情况　mm

位置	A轴	B轴	C轴	D轴	E轴
1轴	1.124	1.524	1.597	1.524	1.124
5轴	1.009	1.193	1.492	1.193	1.009

为得到对ZCLG－1平面内刚度性能的基本了解，对水平荷载1 470 kN作用下ZCLG－1、ZCLG－1a、ZCLG－1b三个楼盖的平面内变形性能进行分析比较。图6.13～6.15所示分别为ZCLG－1、ZCLG－1a、ZCLG－1b的楼盖体系变形情况。针对加载楼层平面内楼盖面板的整体变形情况，表6.12对比了ZCLG－1、ZCLG－1a在加载近端(1轴)与加载远端(5轴)楼盖面板各关键点(楼盖桁架梁对应的轴线交汇点)的平面内变形情形。

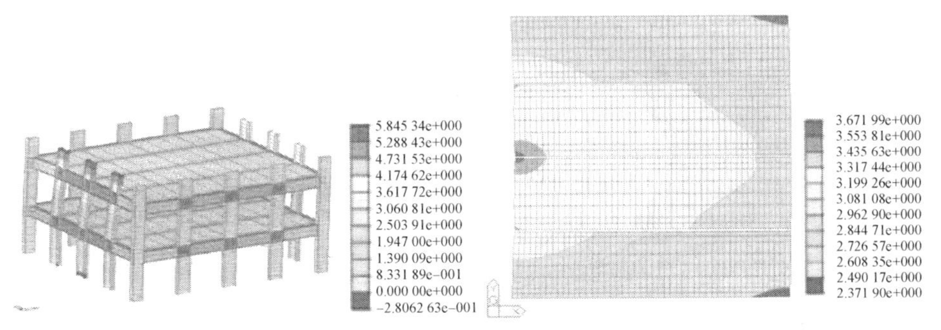

(a) 楼盖体系的整体变形　　(b) 楼盖体系面板的变形

图 6.13　1 470 kN 水平荷载作用下 ZCLG－1 的变形情况

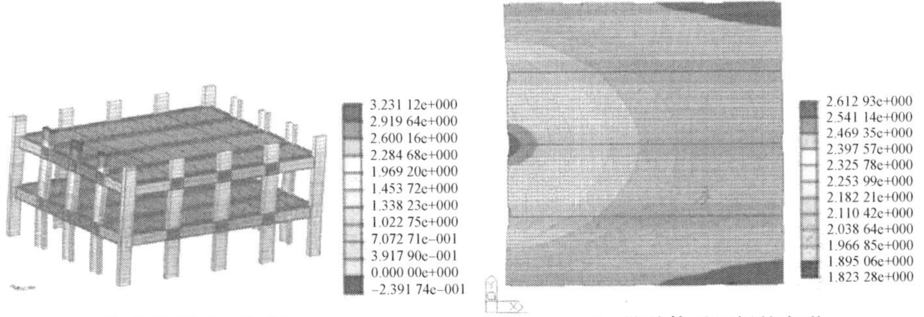

(a) 楼盖体系的整体变形　　(b) 楼盖体系面板的变形

图 6.14　1 470 kN 水平荷载作用下 ZCLG－1a 的变形情况

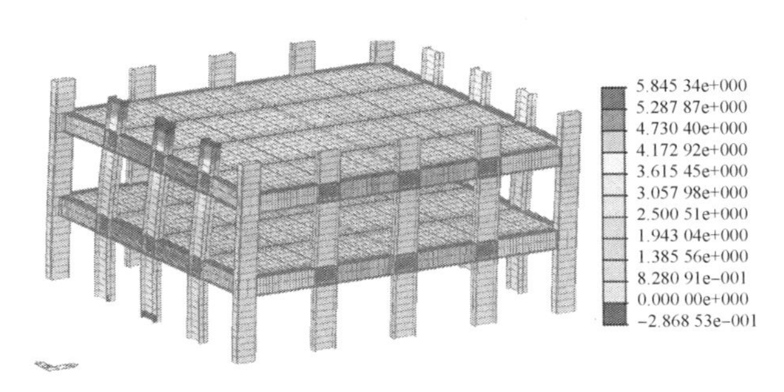

图 6.15　1 470 kN 水平荷载作用下 ZCLG－1b 的变形情况

表 6.12　1 470 kN 水平荷载顺板缝作用下 ZCLG－1、ZCLG－1a 二层楼盖变形比较　mm

位置	A 轴		B 轴		C 轴		D 轴		E 轴		整体位移
	1 轴	5 轴	1 轴	5 轴	1 轴	5 轴	1 轴	5 轴	1 轴	5 轴	
ZCLG－1	2.61	2.46	3.58	2.93	3.75	3.06	3.58	2.93	2.61	2.46	2.99
ZCLG－1a	1.98	1.87	2.48	1.99	2.61	2.12	2.48	1.99	1.98	1.87	2.14

分析表6.12中ZCLG－1、ZCLG－1a加载楼层平面内的楼盖整体变形，对楼盖各关键点位移取平均值可得出两个楼盖的平面内整体水平位移(楼盖形心位置处位移)分别为2.99 mm、2.14 mm，而从ZCLG－1b的整体变形情况分析可知，ZCLG－1b第二层楼盖的整体变形为2.06 mm，由此可见：ZCLG－1a、ZCLG－1b的楼盖整体位移相差较小，说明将新型装配式楼盖的混凝土面板改为整体现浇后，楼盖体系的整体性能与理想刚性楼盖非常接近了，这与ASCE41-13的规定是一致的；但考虑楼盖自身平面内刚度以后，ZCLG－1相比ZCLG－1b，楼盖整体变形增大了$\frac{2.99-2.06}{2.99}=31\%$。

表6.13针对ZCLG－1、ZCLG－1a、ZCLG－1b加载楼层下部相邻框架的侧向变形进行了比较分析，从表中的框架柱侧移情况比较可以看出：

表6.13　1 470 kN水平荷载顺板缝作用下ZCLG－1、ZCLG－1a、ZCLG－1b二层框架柱顶位移比较

mm

位置		A轴	B轴	C轴	D轴	E轴	平均侧移
1轴(加载近端)	ZCLG－1	2.12	4.05	4.24	4.05	2.12	3.32
	ZCLG－1a	1.99	2.52	2.65	2.52	1.99	2.33
	ZCLG－1b	2.06	2.06	2.06	2.06	2.06	2.06
2轴	ZCLG－1	2.11	—	—	—	2.11	
	ZCLG－1a	1.97	—	—	—	1.97	
	ZCLG－1b	2.06	—	—	—	2.06	
3轴	ZCLG－1	2.08	—	—	—	2.08	
	ZCLG－1a	1.94	—	—	—	1.94	
	ZCLG－1b	2.06	—	—	—	2.06	
4轴	ZCLG－1	2.09	—	—	—	2.09	
	ZCLG－1a	1.92	—	—	—	1.92	
	ZCLG－1b	2.06	—	—	—	2.06	
5轴(加载远端)	ZCLG－1	2.09	3.29	3.60	3.29	2.09	2.87
	ZCLG－1a	1.91	1.97	2.02	1.97	1.91	1.96
	ZCLG－1b	2.06	2.06	2.06	2.06	2.06	2.06

(1)ZCLG－1a、ZCLG－1b的加载楼层下部相邻框架的加载远端(5轴)框架柱的平均侧移分别为1.96 mm、2.06 mm，两者基本接近，结合前面加载楼层平面内的楼盖变形情况可知，将新型装配式楼盖的混凝土面板改为整体现浇后，楼盖体系的整体性能与理想刚性楼盖非常接近。

(2)装配式组合楼盖ZCLG－1二层框架加载远端框架柱平均侧移为2.87 mm，与理想刚性楼盖体系ZCLG－1b比较，框架柱平均侧移增大了$\frac{2.87-2.06}{2.87}=28.2\%$，结合前面加载楼层平面内的楼盖变形情况可知，新型装配式楼盖与理想刚性楼盖比较，楼盖体系的变形偏差比较大。

为探讨楼盖体系对楼层水平作用力的分配－传递性能，表 6.14 分析比较了 ZCLG－1、ZCLG－1a、ZCLG－1b 加载楼层下部相邻框架的柱端剪力情形。从表中数据分析可以看出，在总水平剪力的分配上，三者的规律完全一致，A、E 两轴传递水平剪力的分配量：三个楼盖依次为 95.4%、95.4%、96.0%。以 ZCLG－1b 的柱端剪力为比较基础，表 6.14 给出了 ZCLG－1、ZCLG－1a 各框架柱的柱端剪力偏差。分析表中的柱端剪力偏差结果可知：与理想刚性楼盖情形相比，ZCLG－1、ZCLG－1a 在 A、E 两轴线上各框架柱（平行加载方向两外侧轴线上框架柱）的剪力偏差均较 1、5 轴线中部框架组（垂直加载方向的加载近端与远端轴线上框架柱）的剪力偏差小。偏差数值反映出，楼盖面板现浇的装配整体式体系 ZCLG－1a 导荷性能与理想刚性楼盖体系非常相近，A、E 轴线上最大偏差只有 2.8%，而 1、5 轴线上的最大偏差也没有超过 15%；新型装配式组合楼盖体系 ZCLG－1 的导荷性能与理想刚性楼盖体系的偏差则比较大，A、E 轴线上最大偏差为 6%，而 1、5 轴线上的最大偏差达到了 65.6%。

表 6.14　1 470 kN 水平荷载顺板缝作用下 ZCLG－1、ZCLG－1a、ZCLG－1b 二层框架柱柱端剪力比较

位置与偏差		A 轴	B 轴	C 轴	D 轴	E 轴	A 轴 /E 轴偏差
1 轴（加载近端）	ZCLG－1	108.00 kN	17.20 kN	16.40 kN	17.20 kN	108.00 kN	6%
	ZCLG－1a	104.30 kN	12.80 kN	10.90 kN	12.80 kN	104.30 kN	2.8%
	ZCLG－1b	101.40 kN	11.40 kN	9.30 kN	11.40 kN	101.40 kN	—
2 轴	ZCLG－1	160.90 kN	—	—	—	160.90 kN	－1.7%
	ZCLG－1a	164.10 kN	—	—	—	164.10 kN	0.3%
	ZCLG－1b	163.60 kN	—	—	—	163.60 kN	—
3 轴	ZCLG－1	159.50 kN	—	—	—	159.50 kN	－3.6%
	ZCLG－1a	163.40 kN	—	—	—	163.40 kN	－1.2%
	ZCLG－1b	165.30 kN	—	—	—	165.30 kN	—
4 轴	ZCLG－1	163.70 kN	—	—	—	163.70 kN	－3.2%
	ZCLG－1a	165.00 kN	—	—	—	165.00 kN	－2.4%
	ZCLG－1b	169.00 kN	—	—	—	169.00 kN	—
5 轴（加载远端）	ZCLG－1	116.20 kN	5.70 kN	6.40 kN	5.70 kN	116.20 kN	2.5%
	ZCLG－1a	111.70 kN	9.70 kN	12.40 kN	9.70 kN	111.70 kN	－1.4%
	ZCLG－1b	113.30 kN	8.40 kN	10.60 kN	8.40 kN	113.30 kN	—
1 轴偏差	ZCLG－1	—	33.7%	33.5%	33.7%	—	—
	ZCLG－1a	—	10.9%	14.6%	10.9%	—	—
5 轴偏差	ZCLG－1	—	－47.4%	－65.6%	－47.4%	—	—
	ZCLG－1a	—	13.4%	14.5%	13.4%	—	—

6.3.2 一层楼盖模型顺板缝方向加载楼盖的性能

参考试验楼盖LG－2的加载方式，在一层楼盖分析模型的5轴加载，图6.16所示为ZCLG－2在水平荷载3×195 kN作用下的楼盖体系整体变形与楼盖面板变形情况。提取加载近端5轴、远端1轴的楼盖变形情形，见表6.15。同样依据式(5.2)规定的楼盖体系等效抗剪刚度的确定方法，确定楼盖ZCLG－2的等效抗剪刚度：

表6.15中ZCLG－2的平面内最大变形(加载远端)为0.900－0.442＝0.458 mm；由式(5.2)楼盖等效剪切刚度的定义，楼盖ZCLG－2的等效抗剪刚度为

$$k_{ZCLG-2}=\frac{585}{0.458}=1\ 277.3\ (\mathrm{kN/mm})$$

顺板缝方向受荷时，一层楼盖体系的等效抗剪刚度为1 277.3 kN/mm，这与二层楼盖的等效抗剪刚度基本相当($k_{ZCLG-1}=1\ 211.2$ kN/mm)。由模型试验测定的楼盖等效抗剪刚度分析，其等效抗剪刚度为49.1×9＝441.9 (kN/mm)，这表明将装配式连接紧固到位，同时考虑楼盖柱脚的完全刚性连接后，楼盖体系的等效抗剪刚度增大了将近3倍。

表6.15 585 kN水平荷载顺板缝作用下ZCLG－2分析模型1、5轴位移情况 mm

位置	A轴	B轴	C轴	D轴	E轴
1轴	0.442	0.833	0.900	0.833	0.442
5轴	0.314	0.495	0.642	0.495	0.314

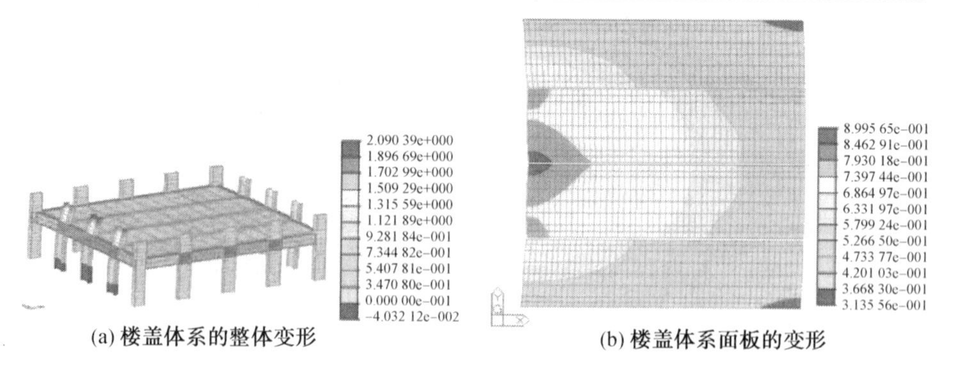

(a) 楼盖体系的整体变形　(b) 楼盖体系面板的变形

图6.16 585 kN水平荷载作用下ZCLG－2的变形情况

为能得到对ZCLG－2平面内刚度性能的基本了解，对水平荷载1 470 kN作用下ZCLG－2、ZCLG－2a、ZCLG－2b三个楼盖的平面内变形性能进行分析比较。图6.17～6.19所示分别为ZCLG－2、ZCLG－2a、ZCLG－2b的楼盖体系变形情况。针对加载楼层平面内楼盖面板的整体变形情况，表6.16对比了ZCLG－

2、ZCLG－2a 在加载近端(5 轴) 与加载远端(1 轴) 楼盖面板各关键点(楼盖桁架梁对应的轴线交汇点) 的平面内变形情形。

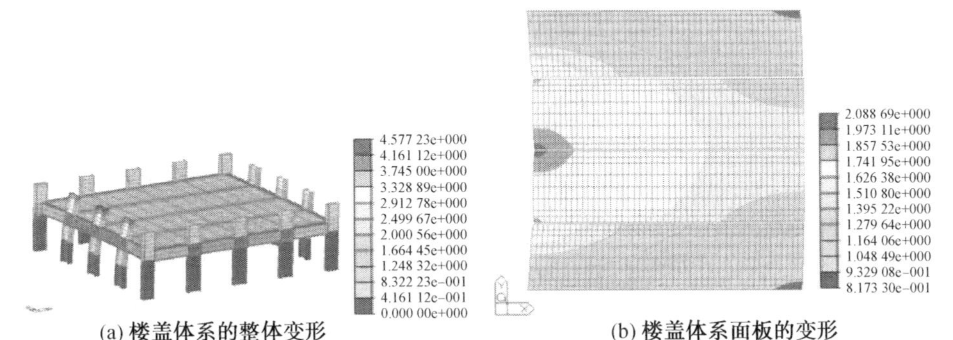

(a) 楼盖体系的整体变形　　(b) 楼盖体系面板的变形

图 6.17　1 470 kN 水平荷载作用下 ZCLG－2 的变形情况

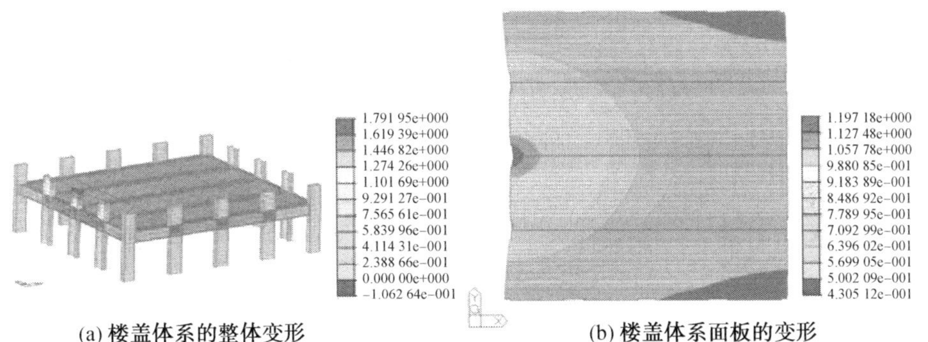

(a) 楼盖体系的整体变形　　(b) 楼盖体系面板的变形

图 6.18　1 470 kN 水平荷载作用下 ZCLG－2a 的变形情况

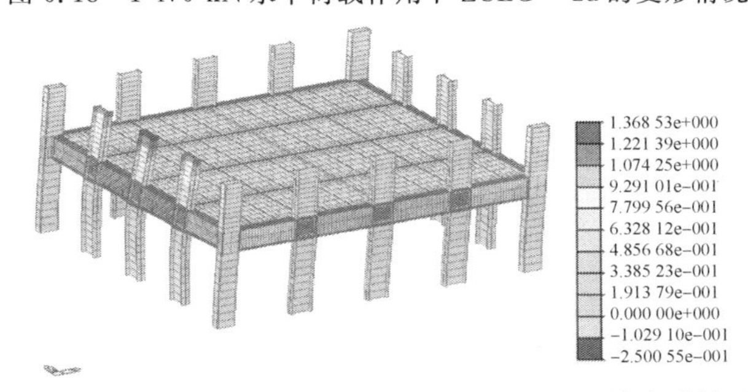

图 6.19　1 470 kN 水平荷载作用下 ZCLG－2b 的变形情况

表 6.16　1 470 kN 水平荷载顺板缝作用下 ZCLG－2、ZCLG－2a 一层楼盖变形比较　mm

位置	A 轴		B 轴		C 轴		D 轴		E 轴		整体位移
	1 轴	5 轴	1 轴	5 轴	1 轴	5 轴	1 轴	5 轴	1 轴	5 轴	
ZCLG－2	0.82	0.98	1.28	1.93	1.40	2.09	1.28	1.93	0.82	0.98	1.35
ZCLG－2a	0.44	0.54	0.55	1.06	0.59	1.18	0.55	1.06	0.44	0.54	0.70

分析表6.16中ZCLG－2、ZCLG－2a加载楼层平面内的楼盖整体变形，对楼盖各关键点位移取平均值可得出两个楼盖的平面内整体水平位移（楼盖形心位置处位移）分别为1.35 mm、0.70 mm，而从ZCLG－2b的整体变形情况分析可知，ZCLG－2b第二层楼盖的整体变形为0.62 mm。由上述楼盖的整体变形情况分析可见：对于一层楼盖顺拼装板缝加载情形，ZCLG－2a、ZCLG－2b的楼盖整体位移相差不大，但考虑楼盖自身平面内刚度以后，ZCLG－2相比ZCLG－2b，楼盖整体变形增大了$\frac{1.35-0.62}{1.35}=54\%$。

表6.17针对ZCLG－2、ZCLG－2a、ZCLG－2b加载楼层下部相邻框架的侧向变形进行了比较分析，从表中的框架柱侧移情况比较可以看出：

表6.17　1 470 kN水平荷载顺板缝作用下ZCLG－2、ZCLG－2a、ZCLG－2b一层框架柱顶位移比较

mm

位置		A轴	B轴	C轴	D轴	E轴	平均侧移
1轴（加载近端）	ZCLG－2	0.50	1.48	1.72	1.48	0.50	1.34
	ZCLG－2a	0.45	0.56	0.60	0.56	0.45	0.52
	ZCLG－2b	0.62	0.62	0.62	0.62	0.62	0.62
2轴	ZCLG－2	0.50	—	—	—	0.50	
	ZCLG－2a	0.47	—	—	—	0.47	
	ZCLG－2b	0.62	—	—	—	0.62	
3轴	ZCLG－2	0.50	—	—	—	0.50	
	ZCLG－2a	0.52	—	—	—	0.52	
	ZCLG－2b	0.62	—	—	—	0.62	
4轴	ZCLG－2	0.51	—	—	—	0.51	
	ZCLG－2a	0.54	—	—	—	0.54	
	ZCLG－2b	0.62	—	—	—	0.62	
5轴（加载近端）	ZCLG－2	0.52	2.38	2.57	2.38	0.52	1.67
	ZCLG－2a	0.51	1.09	1.22	1.09	0.51	0.88
	ZCLG－2b	0.62	0.62	0.62	0.62	0.62	0.62

（1）ZCLG－2a、ZCLG－2b的加载楼层下部相邻框架的加载远端（1轴）框架柱的平均侧移分别为0.52 mm、0.62 mm，两者基本接近，结合前面加载楼层平面内的楼盖变形情况可知，将新型装配式楼盖的混凝土面板改为整体现浇后，楼盖体系的整体性能与理想刚性楼盖比较接近。

（2）装配式组合楼盖ZCLG－2一层框架加载远端框架柱平均侧移为1.34 mm，与理想刚性楼盖体系ZCLG－1b比较，框架柱平均侧移增大了$\frac{1.34-0.48}{1.34}=64.2\%$，结合前面加载楼层平面内的楼盖整体变形情况可知，新型装配式楼盖与理想刚性楼盖比较，楼盖体系的变形偏差比较大。同时比较装配式组合楼盖(ZCLG－1)与理想刚性楼盖(ZCLG－1b)顺拼装板缝情形可知，一层框架柱平均侧移增大值(31.7%)要比二层框架柱的侧移增大情形更明显。

针对楼盖体系对楼层水平作用力的分配－传递性能，表 6.18 分析比较了 ZCLG－2、ZCLG－2a、ZCLG－2b 加载楼层下部相邻框架的柱端剪力情形。从表中数据分析可以看出，在总水平剪力的分配上，三者的规律完全一致，A、E 两轴框架柱(平行加载方向两外侧轴线上框架柱)传递了绝大部分的楼层水平作用力：三个楼盖依次为 90.7%、93.1%、94.3%，说明在该方向水平剪力的传递与转移性能上，ZCLG－2、ZCLG－2a、ZCLG－2b 是基本接近的。以 ZCLG－2b 的柱端剪力为比较基础，表 6.18 给出了 ZCLG－2、ZCLG－2a 各框架柱的柱端剪力偏差。分析表中的柱端剪力偏差结果可知：与理想刚性楼盖情形相比，ZCLG－2、ZCLG－2a 在 A、E 两轴线上各框架柱(平行加载方向两外侧轴线上框架柱)的剪力偏差比较小，最大偏差只有 8.9%；而在垂直加载方向的加载近端与远端轴线(1、5 轴线)上，ZCLG－2、ZCLG－2a 的框架柱端剪力偏差均比较大，ZCLG－2a 的最大剪力偏差为 25.6%，而 ZCLG－2 的最大剪力偏差达到了 44.9%。

表 6.18　1 470 kN 水平荷载顺板缝作用下 ZCLG－2、ZCLG－2a、ZCLG－2b 一层框架柱柱端剪力比较

位置与偏差		A 轴	B 轴	C 轴	D 轴	E 轴	A 轴/E 轴偏差
1 轴(加载远端)	ZCLG－2	141.90 kN	15.40 kN	18.80 kN	15.40 kN	141.90 kN	－4.1%
	ZCLG－2a	135.70 kN	12.50 kN	15.00 kN	12.50 kN	135.70 kN	－8.9%
	ZCLG－2b	147.80 kN	11.50 kN	13.50 kN	11.500 kN	147.80 kN	—
2 轴	ZCLG－2	130.80 kN	—	—	—	130.80 kN	－6.4%
	ZCLG－2a	132.60 kN	—	—	—	132.60 kN	－4.9%
	ZCLG－2b	139.20 kN	—	—	—	139.20 kN	—
3 轴	ZCLG－2	130.50 kN	—	—	—	130.50 kN	－4.3%
	ZCLG－2a	138.40 kN	—	—	—	138.40 kN	－1.7%
	ZCLG－2b	136.10 kN	—	—	—	136.10 kN	—
4 轴	ZCLG－2	132.10 kN	—	—	—	132.10 kN	－3.1%
	ZCLG－2a	142.70 kN	—	—	—	142.70 kN	4.6%
	ZCLG－2b	136.20 kN	—	—	—	136.20 kN	—
5 轴(加载近端)	ZCLG－2	138.80 kN	29.00 kN	29.10 kN	29.00 kN	138.80 kN	－1.4%
	ZCLG－2a	139.90 kN	22.50 kN	21.50 kN	22.50 kN	139.90 kN	0.6%
	ZCLG－2b	139.00 kN	18.00 kN	16.00 kN	18.00 kN	139.00 kN	—
1 轴偏差	ZCLG－2	—	25.3%	28.2%	25.3%	—	—
	ZCLG－2a	—	8%	10%	8%	—	
5 轴偏差	ZCLG－2	—	37.9%	44.9%	37.9%	—	—
	ZCLG－2a	—	20%	25.6%	20%	—	—

6.3.3 二层楼盖模型垂直板缝方向加载楼盖的性能

参考试验楼盖LG－1的加载方式，在二层楼盖分析模型的A轴加载，图6.20所示为ZCLG－3在水平荷载3×195 kN作用下的楼盖体系整体变形与楼盖面板变形情况。提取加载近端5轴、远端1轴的楼盖变形情形，见表6.19。由式(5.2)所规定的楼盖体系等效抗剪刚度确定方法，可以确定楼盖ZCLG－3的等效抗剪刚度：

表6.19中ZCLG－3的平面内最大变形(加载远端)为1.267－1.027＝0.24 mm；由式(5.2)楼盖等效剪切刚度的定义，楼盖ZCLG－3的等效抗剪刚度为

$$k_{\mathrm{ZCLG-3}}=\frac{585}{0.24}=2\ 437.5\ (\mathrm{kN/mm})$$

垂直板缝方向受荷时，二层楼盖体系的等效抗剪刚度为2 437.5 kN/mm，要大于由试验测定的楼盖等效抗剪刚度131.9×9＝1 187.1 (kN/mm)，考虑试验楼盖装配螺栓的紧固状况，可以发现：将装配式连接紧固到位后，楼盖体系的等效抗剪刚度增大了2.05倍。

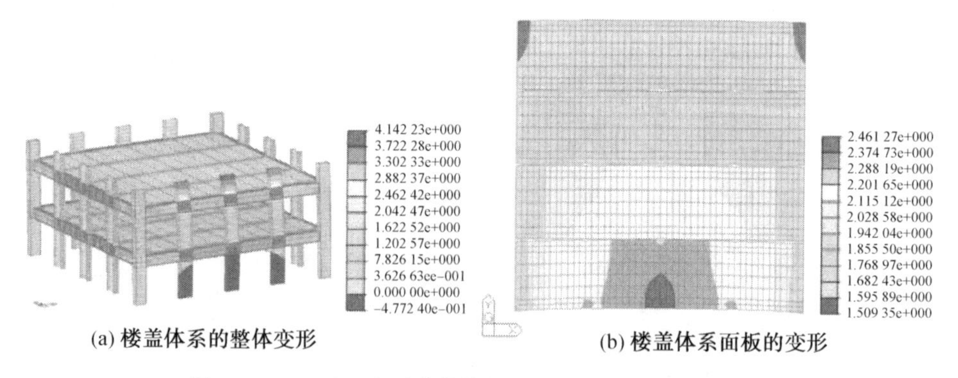

(a) 楼盖体系的整体变形　　(b) 楼盖体系面板的变形

图6.20　585 kN水平荷载作用下ZCLG－3的变形情况

表6.19　585 kN水平荷载顺板缝作用下ZCLG－3分析模型A、E轴位移情况　mm

位置	1轴	2轴	3轴	4轴	5轴
A轴	1.104	1.305	1.360	1.305	1.104
E轴	1.027	1.183	1.267	1.183	1.027

为得到对ZCLG－3平面内刚度性能的基本了解，对水平荷载1 470 kN作用下ZCLG－3、ZCLG－3a、ZCLG－3b三个楼盖的平面内变形性能进行分析比较。图6.21～6.23所示分别为ZCLG－3、ZCLG－3a、ZCLG－3b的楼盖体系变形情况。针对加载楼层平面内楼盖面板的整体变形情况，表6.20对比了ZCLG－3、ZCLG－3a在加载近端(A轴)与加载远端(E轴)楼盖面板各关键点

（楼盖桁架梁对应的轴线交汇点）的平面内变形情形。

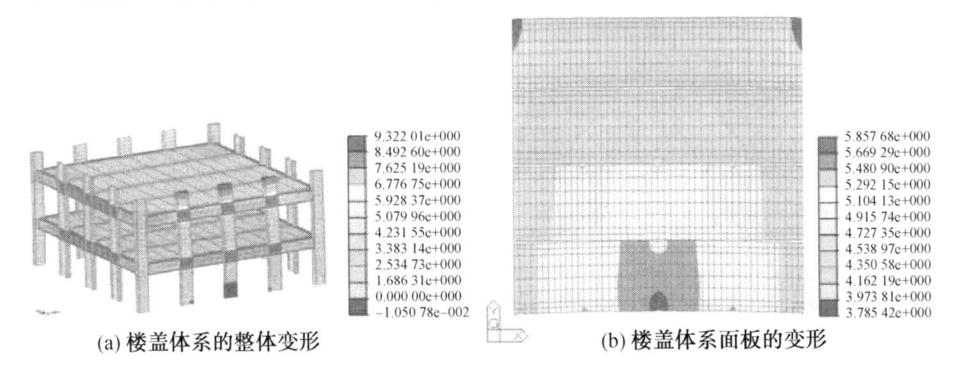

(a) 楼盖体系的整体变形　　(b) 楼盖体系面板的变形

图 6.21　1 470 kN 水平荷载作用下 ZCLG－3 的变形情况

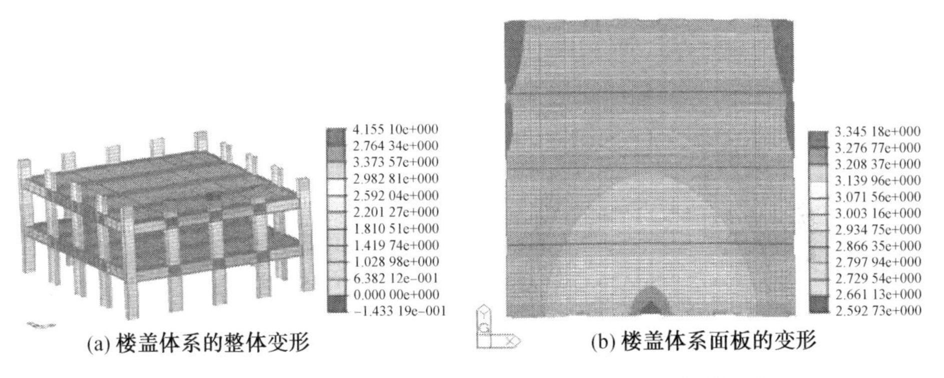

(a) 楼盖体系的整体变形　　(b) 楼盖体系面板的变形

图 6.22　1 470 kN 水平荷载作用下 ZCLG－3a 的变形情况

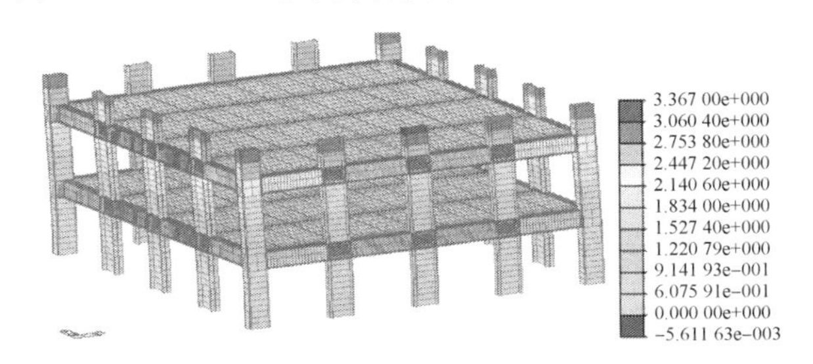

图 6.23　1 470 kN 水平荷载作用下 ZCLG－3b 的变形情况

表 6.20　1 470 kN 水平荷载顺板缝作用下 ZCLG－3、ZCLG－3a 二层楼盖变形比较 mm

位置	1 轴		2 轴		3 轴		4 轴		5 轴		整体位移
	A 轴	E 轴	A 轴	E 轴	A 轴	E 轴	A 轴	E 轴	A 轴	E 轴	
ZCLG－3	4.26	3.80	5.58	4.35	5.87	4.49	5.58	4.35	4.26	3.80	4.63
ZCLG－3a	2.72	2.61	3.21	2.76	3.33	2.80	3.21	2.76	2.72	2.61	2.87

分析表 6.20 中 ZCLG－3、ZCLG－3a 加载楼层平面内的楼盖整体变形，对楼盖各关键点位移取平均值可得出两个楼盖的平面内整体水平位移（楼盖形心位

置处位移）分别为 4.63 mm、2.87 mm，而从 ZCLG－3b 的整体变形情况分析可知，ZCLG－3b 第二层楼盖的整体变形为 2.68 mm，由此可见：ZCLG－3a、ZCLG－3b 的楼盖整体位移比较接近，说明在垂直拼装板缝方向，将新型装配式楼盖的混凝土面板改为整体现浇后，楼盖体系的整体性能与理想刚性楼盖也非常接近了；但考虑楼盖自身平面内刚度以后，ZCLG－3 相比 ZCLG－3b，楼盖整体变形增大了$\frac{4.63-2.68}{2.68}=72.8\%$。

表 6.21 针对 ZCLG－3、ZCLG－3a、ZCLG－3b 加载楼层下部相邻框架的侧向变形进行了比较分析，从表中的框架柱侧移情况比较可以看出：

(1)ZCLG－3a、ZCLG－3b 的加载楼层下部相邻框架的加载远端(E 轴）框架柱的侧移分别为 2.72 mm、2.68 mm，两者非常接近，结合加载楼层平面内的楼盖变形情况可知，在垂直板缝拼装方向，将新型装配式楼盖的混凝土面板改为整体现浇后，楼盖体系的整体性能与理想刚性楼盖是非常接近的。

(2) 装配式组合楼盖 ZCLG－3 二层框架加载远端框架柱平均侧移为 4.02 mm，与理想刚性楼盖体系 ZCLG－3b 比较，框架柱平均侧移增大了$\frac{4.02-2.68}{4.02}=33.3\%$，可见在垂直拼装板缝受荷方向，新型装配式楼盖与理想刚性楼盖的变形偏差比较大。

表 6.21　1 470 kN 水平荷载顺板缝作用下 ZCLG－3、ZCLG－3a、ZCLG－3b 二层框架柱顶位移比较

mm

位置		A 轴	B 轴	C 轴	D 轴	E 轴	平均侧移
E 轴（加载远端）	ZCLG－3	2.93	4.65	4.94	4.65	2.93	4.02
	ZCLG－3a	2.64	2.76	2.81	2.76	2.64	2.72
	ZCLG－3b	2.68	2.68	2.68	2.68	2.68	2.68
D 轴	ZCLG－3	2.91	—	—	—	2.91	—
	ZCLG－3a	2.67	—	—	—	2.67	—
	ZCLG－3b	2.68	—	—	—	2.68	—
C 轴	ZCLG－3	2.87	—	—	—	2.87	—
	ZCLG－3a	2.71	—	—	—	2.71	—
	ZCLG－3b	2.68	—	—	—	2.68	—
B 轴	ZCLG－3	2.96	—	—	—	2.96	—
	ZCLG－3a	2.76	—	—	—	2.76	—
	ZCLG－3b	2.68	—	—	—	2.68	—
A 轴（加载近端）	ZCLG－3	3.05	6.16	6.44	6.16	3.05	4.97
	ZCLG－3a	2.75	3.20	3.31	3.20	2.75	3.04
	ZCLG－3b	2.68	2.68	2.68	2.68	2.68	2.68

针对楼盖体系对楼层水平作用力的分配－传递性能，表 6.22 分析比较了 ZCLG－3、ZCLG－3a、ZCLG－3b 加载楼层下部相邻框架的柱端剪力情形。从表中数据分析可以看出，在总水平剪力的分配上，三者的规律完全一致，1、5 两轴框架柱(平行加载方向两外侧轴线上框架柱) 传递了绝大部分的楼层水平作用力：三个楼盖依次为 94.1%、94.7%、94.8%，说明在该方向水平剪力的传递与转移性能上，ZCLG－3、ZCLG－3a、ZCLG－3b 是基本一致的。以 ZCLG－3b 的柱端剪力为比较基础，表 6.22 给出了 ZCLG－3、ZCLG－3a 各框架柱的柱端剪力偏差。分析表中的柱端剪力偏差结果可知：与理想刚性楼盖情形相比，ZCLG－3、ZCLG－3a 在 1、5 两轴线上各框架柱(平行加载方向两外侧轴线上框架柱) 的剪力偏差比较小，最大偏差未超出 20%；而分析垂直加载方向的加载近端与远端轴线(A、E 轴线) 上框架柱的剪力偏差可知，ZCLG－3a 的剪力偏差还是比较小，最大也没超过 20%，但 ZCLG－3 的剪力偏差则非常大，最大到了 213.7%。

表 6.22　1 470 kN 水平荷载顺板缝作用下 ZCLG－3、ZCLG－3a、ZCLG－3b 二层框架柱柱端剪力比较　　kN

位置与偏差		1 轴	2 轴	3 轴	4 轴	5 轴	1 轴 /5 轴偏差
E 轴(加载远端)	ZCLG－3	101.5 kN	16.4 kN	27.6 kN	16.4 kN	101.5 kN	6.5%
	ZCLG－3a	91.8 kN	23.0 kN	37.5 kN	23.0 kN	91.8 kN	－3.3%
	ZCLG－3b	94.9 kN	24.1 kN	35.4 kN	24.1 kN	94.9 kN	—
D 轴	ZCLG－3	166.4 kN	—	—	—	166.4 kN	－3.6%
	ZCLG－3a	174.1 kN	—	—	—	174.1 kN	0.9%
	ZCLG－3b	172.5 kN	—	—	—	172.5 kN	—
C 轴	ZCLG－3	162.4 kN	—	—	—	162.4 kN	－8.1%
	ZCLG－3a	175.8 kN	—	—	—	175.8 kN	0.1%
	ZCLG－3b	175.6 kN	—	—	—	175.6 kN	—
B 轴	ZCLG－3	166.4 kN	—	—	—	166.4 kN	－3.7%
	ZCLG－3a	174.1 kN	—	—	—	174.1 kN	0.9%
	ZCLG－3b	172.5 kN	—	—	—	172.5 kN	—
A 轴(加载近端)	ZCLG－3	102.1 kN	8.8 kN	2.9 kN	8.8 kN	102.1 kN	17.3%
	ZCLG－3a	85.1 kN	1.8 kN	－7.9 kN	1.8 kN	85.1 kN	0.8%
	ZCLG－3b	86.4 kN	1.5 kN	－9.1 kN	1.5 kN	86.4 kN	—
A 轴偏差	ZCLG－3	—	82.9%	413%	84.7%	—	—
	ZCLG－3a	—	16.7%	－15.2%	16.7%	—	—
E 轴偏差	ZCLG－3	—	－46.9%	－28.3%	－46.9%	—	—
	ZCLG－3a	—	－4.8%	5.6%	－4.8%	—	—

6.3.4　一层楼盖模型垂直板缝方向加载楼盖的性能

测定 ZCLG－4 的等效剪切刚度时，参考试验楼盖 LG－4 的加载方式，选择在分析模型的A轴加载,图6.24所示为ZCLG－4在水平荷载3×195 kN作用下的楼盖体系整体变形与楼盖面板变形情况。提取加载近端A轴、远端E轴的楼盖变形情形,见表6.23。依据式(5.2)楼盖体系等效抗剪刚度的确定方法,可以确定楼盖ZCLG－4的等效抗剪刚度:

表6.23中ZCLG－4的平面内最大变形(加载远端E轴)为0.787－0.555＝0.232(mm);由式(5.1)楼盖等效剪切刚度的定义,楼盖ZCLG－3的等效抗剪刚度为

$$k_{\text{ZCLG}-4}=\frac{585}{0.232}=2\ 516.2\ (\text{kN/mm})$$

可知垂直板缝方向受荷时,一层楼盖体系的等效抗剪刚度为2 516.2 kN/mm,这要大于由试验测定的楼盖等效抗剪刚度249.2×9＝2 242.8(kN/mm),这说明考虑试验楼盖装配螺栓的紧固状况,将装配式连接紧固到位后,楼盖体系的等效抗剪刚度增大了$\frac{2\ 516.2}{2\ 242.8}=1.12$(倍)。

对比二层楼盖垂直板缝加载时楼盖的等效剪切刚度($k_{\text{ZCLG}-3}$＝2 437.5 kN/mm)不难发现,在垂直板缝方向,一层楼盖体系的等效抗剪刚度与二层楼盖体系的等效抗剪刚度是基本相当的,这与顺板缝方向受力时楼盖等效抗剪刚度的分布规律一致。

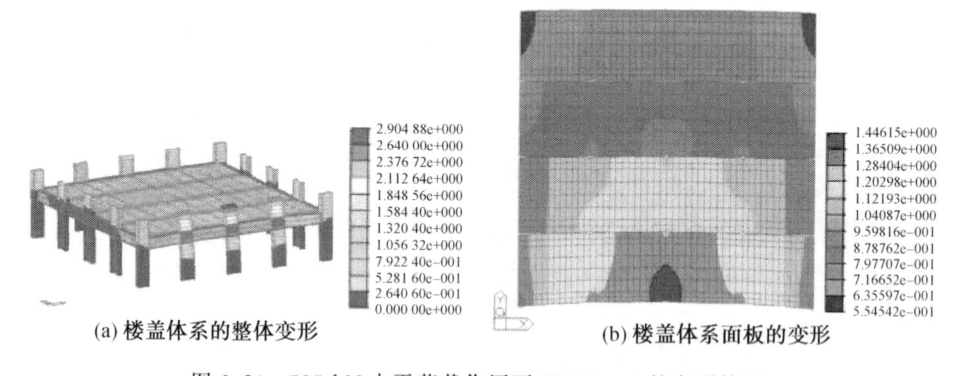

图6.24 585 kN水平荷载作用下ZCLG－4的变形情况

表6.23 585 kN水平荷载垂直板缝作用下ZCLG－4分析模型A、E轴位移情况 mm

位置	1轴	2轴	3轴	4轴	5轴
A轴	0.817	1.325	1.446	1.325	0.817
E轴	0.555	0.713	0.761	0.713	0.555

针对ZCLG－4的平面内刚度性能分析,同样对水平荷载1 470 kN作用下ZCLG－4、ZCLG－4a、ZCLG－4b三个楼盖的平面内变形性能进行分析比较。图6.25～6.27分别显示了ZCLG－4、ZCLG－4a、ZCLG－4b的楼盖体系变形情

况。针对加载楼层平面内楼盖面板的整体变形情况，表 6.24 对比了 ZCLG－3、ZCLG－3a 在加载近端（A 轴）与加载远端（E 轴）楼盖面板各关键点的平面内变形情形。

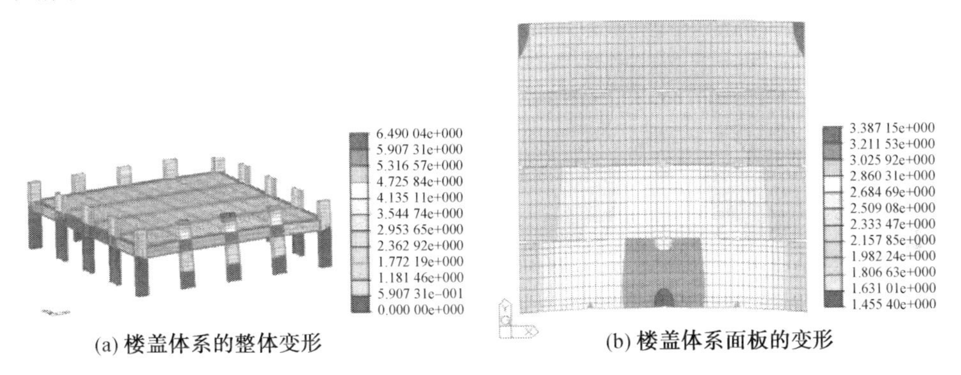

(a) 楼盖体系的整体变形　　(b) 楼盖体系面板的变形

图 6.25　1 470 kN 水平荷载作用下 ZCLG－4 的变形情况

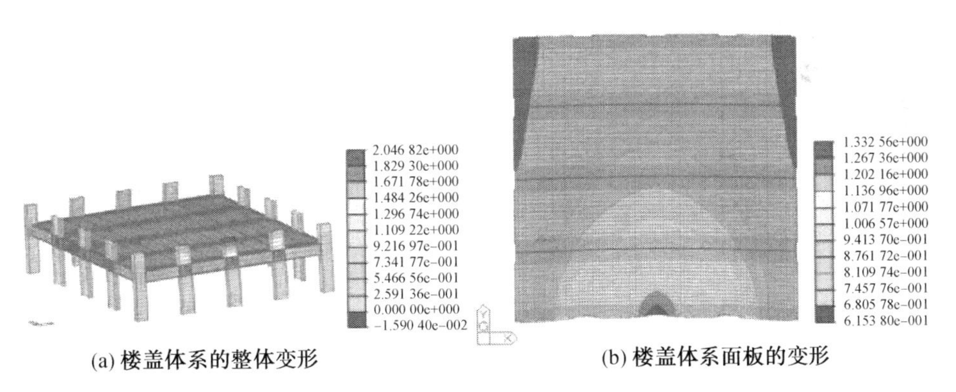

(a) 楼盖体系的整体变形　　(b) 楼盖体系面板的变形

图 6.26　1 470 kN 水平荷载作用下 ZCLG－4a 的变形情况

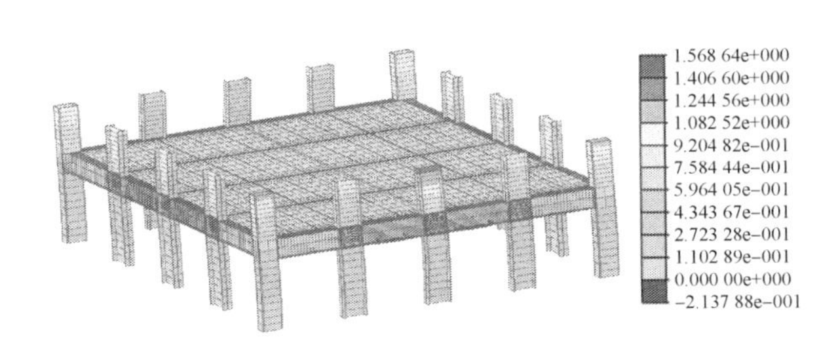

图 6.27　1 470 kN 水平荷载作用下 ZCLG－4b 的变形情况

表 6.24　1 470 kN 水平荷载顺板缝作用下 ZCLG－4、ZCLG－4a 一层楼盖变形比较 mm

位置	1轴		2轴		3轴		4轴		5轴		整体
	A轴	E轴	A轴	E轴	A轴	E轴	A轴	E轴	A轴	E轴	位移
ZCLG－4	1.89	1.46	3.12	1.93	3.39	2.05	3.12	1.93	1.89	1.46	2.22
ZCLG－4a	0.72	0.62	1.20	0.75	1.31	0.79	1.20	0.75	0.72	0.62	0.87

分析表6.24中ZCLG－4、ZCLG－4a加载楼层平面内的楼盖整体变形，对楼盖各关键点位移取平均值可得出两个楼盖的平面内整体水平位移（楼盖形心位置处位移）分别为2.22 mm、0.87 mm，而从ZCLG－4b的整体变形情况分析可知，ZCLG－4b第二层楼盖的整体变形为0.80 mm，由此可见：ZCLG－4a、ZCLG－4b的楼盖整体位移比较接近，这与前面二层楼盖垂直拼装板缝方向的情形一致：将新型装配式楼盖的混凝土面板改为整体现浇后，楼盖体系的整体性能与理想刚性楼盖也非常接近；但考虑楼盖自身平面内刚度以后，ZCLG－4相比ZCLG－4b，楼盖整体变形增大了$\frac{2.22-0.8}{2.22}=63.9\%$。

表6.25针对ZCLG－4、ZCLG－4a、ZCLG－4b加载楼层下部相邻框架的侧向变形进行了比较分析，从表中的框架柱侧移情况比较可以看出：

表 6.25　1 470 kN 水平荷载顺板缝作用下 ZCLG－4、ZCLG－4a、ZCLG－4b 一层框架柱顶位移比较 mm

位置		1轴	2轴	3轴	4轴	5轴	平均侧移
E轴（加载远端）	ZCLG－3	0.70	2.15	2.41	2.15	0.70	1.62
	ZCLG－3a	0.62	0.75	0.80	0.75	0.62	0.71
	ZCLG－3b	0.80	0.80	0.80	0.80	0.80	0.80
D轴	ZCLG－3	0.63	—	—	—	0.63	
	ZCLG－3a	0.66	—	—	—	0.66	
	ZCLG－3b	0.80	—	—	—	0.80	
C轴	ZCLG－3	0.60	—	—	—	0.60	
	ZCLG－3a	0.69	—	—	—	0.69	
	ZCLG－3b	0.80	—	—	—	0.80	
B轴	ZCLG－3	0.67	—	—	—	0.67	
	ZCLG－3a	0.73	—	—	—	0.73	
	ZCLG－3b	0.80	—	—	—	0.80	
A轴（加载近端）	ZCLG－3	0.81	3.63	3.88	3.6	0.81	2.55
	ZCLG－3a	0.71	1.18	1.29	1.18	0.71	1.01
	ZCLG－3b	0.80	0.80	0.80	0.80	0.80	0.80

(1)ZCLG－4a、ZCLG－4b加载楼层下部相邻框架的加载远端（E轴）框架柱的侧移分别为0.71 mm和0.8 mm，两者非常接近，结合加载楼层平面内的楼盖变形情况可知，对于一层装配式组合楼盖垂直板缝拼装方向，将楼盖的混凝土面

板改为整体现浇后，楼盖体系的整体性能与理想刚性楼盖是非常接近的。

(2) 装配式组合楼盖 ZCLG－4 二层框架加载远端框架柱平均侧移为 1.62 mm，与理想刚性楼盖体系 ZCLG－4b 比较，框架柱平均侧移增大了 $\frac{1.62-0.80}{1.62}$=50.6%，可见在垂直拼装板缝受荷方向，新型装配式楼盖与理想刚性楼盖的变形偏差比较大。

ZCLG－4、ZCLG－4a、ZCLG－4b 三个楼盖体系支撑框架柱的柱脚剪力分布情形详细比较见表 6.26。分析表中数据可知，在总水平剪力的分配上，三个楼盖的规律完全一致，1、5 两轴框架柱(平行加载方向两外侧轴线上框架柱)传递了绝大部分的楼层水平作用力：三个楼盖依次为 87%、91.3%、92.4%，ZCLG－4。比较二层楼盖垂直板缝加载情形，ZCLG－4 在 1、5 两轴框架柱在水平荷载的转移能力上较 ZCLG－3 降低了不少，反映其楼盖平面内刚度性能也比 ZCLG－3 要低。

以 ZCLG－4b 的柱端剪力为比较基础，表 6.26 同时给出了 ZCLG－4、ZCLG－4a 各框架柱的柱端剪力偏差。分析表中的柱端剪力偏差结果可知：与理想刚性楼盖情形相比，ZCLG－4、ZCLG－4a 在 1、5 两轴线上各框架柱(平行加载方向两外侧轴线上框架柱)的剪力偏差均未超出 20%，不过 ZCLG－4a 的最大偏差只有 6.1%，而 ZCLG－4 的最大偏差为 19.2%；而分析垂直加载方向的加载近端与远端轴线(A、E 轴线)上框架柱的剪力偏差可知，ZCLG－4、ZCLG－4a 的剪力偏差均比较大，ZCLG－4 的最大偏差达到了 102.8%，而 ZCLG－4 的最大偏差达到了 118.8%。

表 6.26　1 470 kN 水平荷载顺板缝作用下 ZCLG－4、ZCLG－4a、ZCLG－4b 一层框架柱柱端剪力比较

位置与偏差		1 轴	2 轴	3 轴	4 轴	5 轴	1 轴 /5 轴偏差
E 轴(加载远端)	ZCLG－4	96.10 kN	36.30 kN	45.40 kN	36.30 kN	96.10 kN	7.2%
	ZCLG－4a	84.10 kN	30.30 kN	41.30 kN	30.30 kN	84.10 kN	－6.1%
	ZCLG－4b	89.20 kN	28.30 kN	38.50 kN	28.30 kN	89.20 kN	—
D 轴	ZCLG－4	144.00 kN	—	—	—	144.00 kN	－19.2%
	ZCLG－4a	162.80 kN	—	—	—	162.80 kN	－5.4%
	ZCLG－4b	171.70 kN	—	—	—	171.70 kN	—
C 轴	ZCLG－4	143.50 kN	—	—	—	143.50 kN	－19.2%
	ZCLG－4a	169.60 kN	—	—	—	169.60 kN	－0.8%
	ZCLG－4b	171.10 kN	—	—	—	171.10 kN	—
B 轴	ZCLG－4	156.80 kN	—	—	—	156.80 kN	－8.9%
	ZCLG－4a	175.10 kN	—	—	—	175.10 kN	2.4%
	ZCLG－4b	170.90 kN	—	—	—	170.90 kN	—

续表6.26

位置与偏差		1轴	2轴	3轴	4轴	5轴	1轴/5轴偏差
A轴	ZCLG－4	105.30 kN	26.90 kN	21.50 kN	26.90 kN	105.30 kN	19.1%
(加载	ZCLG－4a	86.50 kN	11.90 kN	3.20 kN	11.90 kN	86.50 kN	1.5%
近端)	ZCLG－4b	85.20 kN	7.20 kN	－0.60 kN	7.20 kN	85.20 kN	—
A轴	ZCLG－4	—	73.2%	102.8%	73.2%	—	—
偏差	ZCLG－4a	—	39.5%	118.7%	39.5%	—	—
E轴	ZCLG－4	—	22%	15.2%	22%	—	—
偏差	ZCLG－4a	—	6.6%	6.8%	6.6%	—	—

综合本节有限元分析结果，新型装配式组合楼盖在顺拼装板缝方向及垂直拼装板缝方向的平面等效刚度分别如下：

顺拼装板缝方向：二层楼盖体系 $k_{ZCLG-1}=1\ 211.2\ kN/mm$

一层楼盖体系 $k_{ZCLG-2}=1\ 277.3\ kN/mm$

垂直拼装板缝方向：二层楼盖体系 $k_{ZCLG-3}=2\ 437.5\ kN/mm$

一层楼盖体系 $k_{ZCLG-4}=2\ 516.2\ kN/mm$

从上述楼盖平面内的等效抗剪刚度分析不难发现，顺拼装板缝方向的楼盖自身平面内刚度要小于垂直拼装板缝方向情形，同时，楼层位置对楼盖自身平面内刚度的影响非常小。

本节有限元分析结果同时显示，将新型装配式组合楼盖的混凝土面板改为连续浇筑的面板后(装配整体式组合楼盖)，楼盖体系在顺拼装板缝方向与垂直拼装板缝方向，其平面内受力变形性能与刚性假定情形下的受力变形性能(楼盖面内整体变形、加载楼层下部相邻框架的平均侧移以及对楼层水平作用的传分配－递性能)都非常接近，故是可以将面板整体连续浇筑后形成的装配式整体式楼盖视为刚性楼盖的，而当楼盖面板为分块连续的装配式组合楼盖时，其平面内刚度性能将在下节讨论。

6.4 大跨装配式组合楼盖平面内刚度性能

6.4.1 楼盖刚度性能评估的各国规范规定

1. 楼盖平面内刚度与楼盖刚度性能的关系

楼盖的刚度性能与楼盖平面内刚度是两个不同概念，但两者又存在一定相关性。楼盖平面内刚度一般都包括抗弯刚度与抗剪刚度，两者一般定义的表达式为

$$B_f = \frac{EI_f}{1 + \frac{11.5EI_f}{GA_f L^2}} \tag{6.1}$$

$$K_f = \frac{GBt}{\gamma L\left[1 + \frac{1}{3}\left(\frac{L}{B}\right)^2\right]} \tag{6.2}$$

式中，L、B 分别为楼盖的长度、宽度；A_f 为楼盖的断面面积；L/B 为楼盖的长宽比；I_f 为楼盖的断面惯性矩；E、G 分别为楼盖材料的弹性模量和剪切模量；γ 为楼盖矩形断面考虑剪切变形的修正系数。对于装配式楼盖体系，一般还会定义水平等效剪切刚度：

$$k = V\frac{L}{\Delta} \tag{6.3}$$

式中，L 为开间长度；$\Delta = y_{i+1} - y_i$；V 为第 i 开间楼盖所承受的水平剪力(图 6.28)。

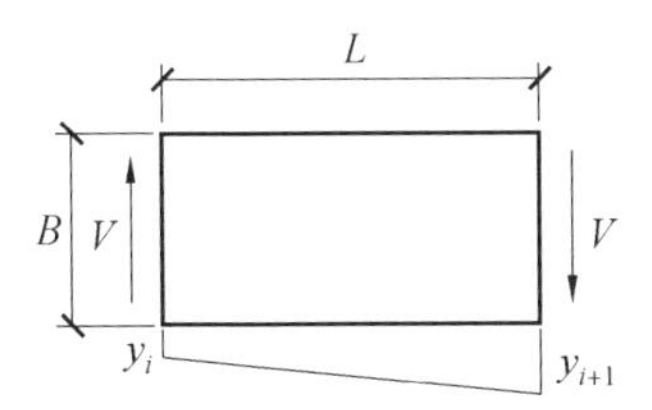

图 6.28　楼盖水平等效剪切刚度的定义方式

王全风(2005) 等基于力学概念的探讨论证指出，对于楼盖平面内的刚度，采用剪切刚度进行表达要比抗弯刚度更合理，通常所说楼盖平面内刚度即指楼盖的剪切刚度或水平等效剪切刚度。

楼盖的刚度性能是指楼盖对楼层水平作用的分配 — 传递、协调抗侧力构件的变形过程中表现出来的基本性能，一般它可区分为刚性、柔性与半刚性三种类型。已有文献指出，楼盖的刚度性能不仅与楼盖本身的平面内刚度有关，同时还与抗侧力构件的刚度及分布有关，也就是说，楼盖的刚性是一个相对概念，对它的分析评估既要考察楼盖的刚度，也要考察与之对应的抗侧结构的刚度。在结构整体分析过程中首先要对楼盖刚度性能进行分析评估，只有在明确了楼盖的刚度性能之后才能采取与之相适应的结构建模及分析方法。

2. 楼盖刚度性能分析评估的国内外研究概况

如何评定一个给定的楼盖体系到底属于刚性、柔性还是半刚性，目前还没有一个统一标准。综合国内外相关规范规定与分析研究工作，针对楼盖体系刚度性能的分析评估，基本可以概况为如下两种评估体系：

(1) 第 Ⅰ 类型评估体系。

第 Ⅰ 类型评估体系主要基于楼盖自身平面内相对变形与下部相邻抗侧结构

平均侧向变形的比较，对楼盖体系平面内刚度性能予以分析评估。美国和伊朗采用该评估体系：

① 美国规范。美国的 UBC(1997)、FEMA273、ASCE7-10、ASCE41-13 都对楼盖的刚度性能分类进行了明确规定，其分类的评定方式是采用楼盖跨中的平面内最大位移与下部相邻抗侧结构平均侧移的比值（图 6.29）：当 MDD/ADVE <0.5 时，楼盖评定为刚性楼盖(rigid diaphragm)；当MDD/ ADVE > 2 时，楼盖评定为柔性楼盖(flexible diaphragm)；而当 0.5 ≤ MDD/ADVE ≤ 2 时，楼盖评定为弹性楼盖(stiff diaphragm)。

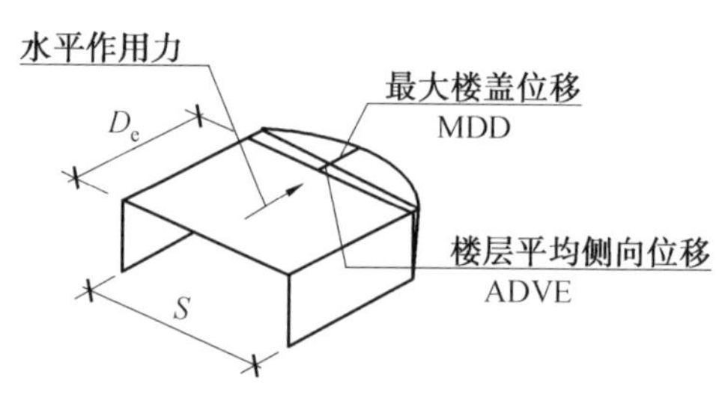

图 6.29　楼盖刚度性能评估方式

除上述位移比值判定以外，ASCE7-10 同时规定，对于压型钢板的轻型楼盖体系与木楼盖体系，当结构抗侧体系为支撑钢框架、混凝土(砖砌体) 剪力墙或钢－混凝土组合剪力墙时，楼盖判定为柔性楼盖；而对于混凝土楼盖或压型钢板组合楼盖，当楼盖的跨度 / 宽度不大于 3 且楼盖平面规则时，楼盖可以判定为刚性楼盖；最新的 ASCE41-13 对压型钢板组合楼盖进一步规定，当楼盖的跨度 / 宽度不大于 5 且楼盖平面规则时，楼盖符合刚性楼盖假定。

(2) 伊朗规范。伊朗的结构抗震设计规范(IRAN SESMIC CODE-THIRD EDITION-2800) 对楼盖刚度性能的判定参数与美国规定的一样，采用图 6.29 所示的楼盖平面内最大位移与楼层平均侧移的比值，但其指标的取值与美国不一致，伊朗规范规定：

当 MDD/ADVE < 0.5 时，楼盖可以视为刚性，当 MDD/ADVE ≥ 0.5 时，楼盖则一律视为柔性，结构分析应该考虑楼盖的面内变形。

(2) 第 Ⅱ 类型评估体系。

第 Ⅱ 类型评估体系主要基于考虑楼盖自身平面内刚度与采用楼盖刚性假定这两种情形下楼盖受力变形性能偏差的比较，对楼盖体系的刚度性能予以分析评估。该评估体系主要基于现浇混凝土楼盖体系的相关试验与分析成果归纳总结而提出，它通常又包含如下三种分析评估方法：

① 基于变形偏差比较的方法。目前欧洲规范(EC8，2004) 关于楼盖刚度性能分析评估就采用的是基于变形偏差比较的方法。该评估方法认为：当考虑楼

盖真实刚度的楼盖平面内变形与将楼盖视为刚性体的平面内变形的增大量不超过 10% 时，楼盖体系可以视为刚性楼盖，否则楼盖体系则应视为弹性楼盖，结构分析过程中就应该考虑楼盖结构的平面内变形性能。

② 基于导荷性能偏差比较的方法。该方法通过对比楼盖体系在考虑自身平面内刚度与采用楼盖刚性假定两种情形下，楼盖体系对楼层水平作用力的分配－传递性能上的差异，对楼盖体系的刚度性能进行分析评估。赵西安(1982)提出，当考虑楼盖真实刚度与采用刚性楼盖假定分别计算，楼层地震剪力的偏差不超过 8% 时，楼盖体系可以视为刚性楼盖，否则应视为弹性楼盖，在结构分析过程中应考虑楼盖自身平面内的变形。詹滨(2007) 则认为两者的偏差不超过 10% 时楼盖可视为刚性楼盖。

③ 变形偏差与导荷性能偏差综合比较方法。Ju(1999) 提出的针对框架－剪力墙结构楼盖体系的平面内刚度性能分析评估方法就是综合考虑了楼盖体系在两种情形下(考虑楼盖自身平面内刚度与采用楼盖刚性假定) 的变形偏差与导荷性能偏差。该方法给出了一个刚度性能评估指标 R 以及柱端内力偏差参数(Error)：

$$R=(\Delta_{\text{flexible}}-\Delta_{\text{rigid}})/\Delta_{\text{flexible}} \tag{6.4}$$

$$\text{Error}/\%=100\cdot\sum_{i=1}^{n}\sum_{j=1}^{4}\left|M_{\text{r},ij}-M_{\text{f},ij}\right|/\sum_{i=1}^{n}\sum_{j=1}^{4}\left|M_{\text{f},ij}\right| \tag{6.5}$$

式中，Δ_{flexible}为考虑楼盖自身变形的楼盖体系平均位移；Δ_{rigid}为采用刚性假定时的楼盖体系平均位移；n 为楼层框架柱数量；$M_{\text{r},ij}$ 为刚性楼盖假定情形下，第 i 个柱的两端两个主轴方向的弯矩；$M_{\text{f},ij}$ 为考虑楼盖实际面内刚度情形下，第 i 个柱的两端两个主轴方向的弯矩。通过对 R 及 Error 的回归分析，得到了刚度性能评估指标 R 与柱端内力偏差参数(Error) 的回归分析表达式：$\text{Error}/\%=81.53R+3.8$。通过对位移偏差与导荷性能(楼盖对水平荷载的分配－传递性能) 偏差的综合考虑，楼盖体系平面内刚度性能评估标准为：当 $R\leqslant 0.2$ 时，导荷性能偏差参数不超过 20%，楼盖可视为刚性楼盖；否则，楼盖体系应视为弹性楼盖。

Moeini (2008) 进行了与 Ju (1999) 相类似的分析研究，针对矩形平面布置楼盖内部开洞的框架－剪力墙结构，也给出了楼盖刚度性能类似的分析评估方法，只是回归分析得出的评估指标 R 与柱端内力偏差参数的回归表达式概括为

$$\text{Error}/\%=\begin{cases}37.72R+7.39 & 0<R\leqslant 0.85\\ 317.59R-230.71 & 0.85<R<1\end{cases} \tag{6.6}$$

相应的楼盖刚度性能评估标准为：当 $R\leqslant 0.3$ 时，导荷性能偏差参数不超过 20%，楼盖可视为刚性楼盖；否则，楼盖体系应视为弹性楼盖并在结构分析中考虑其自身平面内的变形。

第三种分析评估方法主要针对框架－剪力墙结果的混凝土楼盖，综合考虑

了变形偏差与导荷性能偏差，但在考虑楼盖导荷性能偏差方面，选取的考察对象为框架柱的上下两端两主轴方向的弯矩，这比赵西安提出的楼层剪力方法计算要相对复杂。

6.4.2 大跨装配式组合楼盖平面内刚度性能

所谓楼盖体系的平面内刚度性能，是指楼盖在针对楼层水平作用的分配－传递、协调抗侧力构件变形过程中表现出的一种基本性能。绪论当中指出，针对具体的实际工程楼盖，如何界定其刚度性能，目前国内外尚没有统一的规定。通常楼盖的平面内刚度性能的分析评估体系大体可以分为两种：基于楼盖自身平面内相对变形与下部相邻抗侧框架平均侧移比值的第Ⅰ类型评估体系，以及基于两种不同情形（考虑楼盖自身平面刚度与采用刚性楼盖假定）下楼盖的受力变形偏差的第Ⅱ类型评估体系。针对本书新型装配式组合楼盖的平面内刚性能性能，下面基于这两类体系分别进行分析。

第Ⅰ类型评估体系以美国既有建筑抗震修复规范（ASCE41-13）为代表，该规范引入了楼盖平面内刚度性能的评估指标 λ_{ASCE}＝楼盖平面内最大相对位移／楼盖下部相邻抗侧框架平均侧移。其中楼盖平面内的最大相对位移、楼盖下部相邻抗侧框架平均侧移值是该评估指标的两个关键参数。在6.3节有限元分析结果的基础上，表6.27给出了本书新型装配式组合楼盖基于美国规范的平面内刚度性能评估指标值。

表6.27 新型装配式组合楼盖基于美国规范的平面内刚度性能评估指标值

位置		楼盖平面内最大位移	下部相邻抗侧框架平均侧移	评估指标 λ_{ASCE}
顺拼装板缝受力	ZCLG－1	0.6	2.87	0.209
	ZCLG－2	0.58	1.34	0.433
垂直拼装板缝受力	ZCLG－3	0.69	4.02	0.171
	ZCLG－4	0.59	2.05	0.288

表6.27所示的楼盖刚度性能评估指标 λ_{ASCE} 显示，新型装配式楼盖不管是顺板缝方向受力还是垂直板缝方向受力，其一、二层楼盖系统的评估指标均小于0.5，依据ASCE41-13的评判标准，本书新型装配式组合楼盖可以评判为刚性楼盖。

第Ⅱ类型评估体系当中，欧洲规范（EC8，2004）给出了以变形偏差为评估指标（λ_S）的评估方法，该评估方法以楼盖体系基于刚性假定情形下的楼盖平面内整体变形，以及考虑楼盖面内真实刚度情形的平面内整体变形作为评估参数。在6.3节有限元分析结果的基础上，表6.28给出了本书新型装配式组合楼盖基于欧洲规范的平面内刚度性能评估指标值。

表 6.28　新型装配式组合楼盖基于欧洲规范的平面内刚度性能评估指标值

位置		考虑楼盖真实刚度的楼盖平均位移 a	基于刚性楼盖假定的楼盖位移 b	楼盖位移偏差 $\lambda_S(a-b)/a$
顺拼装板缝受力	ZCLG－1	2.99	2.06	31%
	ZCLG－2	1.35	0.62	54%
垂直拼装板缝受力	ZCLG－3	4.63	2.68	72.8%
	ZCLG－4	2.22	0.8	63.9%

表 6.28 所示的楼盖刚度性能评估指标 λ_S 显示，新型装配式楼盖不管是顺板缝方向受力还是垂直板缝方向受力，其一、二层楼盖系统的评估指标均大于 10%，依据欧洲规范(EC8，2004) 的评判标准，本书新型装配式组合楼盖应评判为弹性楼盖。

由上述分析看出，针对本书新型装配式组合楼盖体系平面内刚度性能，美国规范与欧洲规范给出了完全不同的评估结果。从楼盖刚度性能的基本含义理解，实际楼盖体系能够接近理想刚性楼盖的程度，应该是对楼盖刚度性能评估的最直接方式，实际楼盖在协调抗侧构架变形与楼层水平作用力的分配－传递性能上与理想刚性楼盖越接近，其刚度性能应该越好，当两种间的差值很小时(如欧洲规范规定的位移偏差 10%)，即可认为楼盖是刚性楼盖，否则应视为弹性楼盖。

表 6.29　新型装配式组合楼盖各加载楼层下部相邻框架柱的剪力偏差比较

位置		平行加载方向最外侧轴线上框架柱最大剪力偏差	垂直加载方向加载近端与远端轴线上框架柱端剪力偏差
顺拼装板缝受力	ZCLG－1	6%	65.6%
	ZCLG－2	6.4%	44.9%
垂直拼装板缝受力	ZCLG－3	8.1%	413%
	ZCLG－4	19.2%	102.8%

表 6.29 基于 6.3 节新型装配式组合楼盖的有限元分析结果，给出了在顺拼装板缝方向与垂直拼装板缝方向各楼盖加载楼层下部相邻框架柱的剪力偏差。从表中数值不难发现，虽说楼盖体系在平行加载方向两外侧轴线上框架柱最大剪力偏差比较小，但在垂直加载方向加载近端与远端轴线上框架柱端剪力偏差都非常大，都已超出赵西安(1982) 建议的 8% 的范围。结合表 6.28 所示的楼盖平面内整体变形偏差的结果，可以评判，本书新型装配式组合楼盖，不管是在顺拼装板缝方向受力，还是在垂直拼装板缝方向受力，均属于弹性楼盖，在整体结构的分析中，应当考虑楼盖自身平面内变形的影响。

本书新型装配式组合楼盖属于周边有密柱框架支撑的楼盖体系，考察美国规范对楼盖刚度性能评估参数的规定可以发现，美国规范主要是针对两对边支撑的楼盖体系进行参数定义的，也即是说，针对本书这类型有密柱框架支撑的楼盖体系，直接采用美国规范进行分析评估是不太适合的。而本书所采用的，基于考虑楼盖平面内真实刚度与采用楼盖刚性假定两种情形下，楼盖的变形偏差与楼层剪力偏差两项独立指标限定来评估楼盖平面内刚度性能的分析方法，反映了楼盖平面内刚度性能的本质特点，是具有普遍适用性的一种分析评估方法：当楼盖体系在上述两种情形下，楼盖变形偏差不超过10%，且导荷性能偏差不超过8%时，楼盖属于刚性楼盖，否则，楼盖应该属于弹性楼盖。

6.5 楼盖平面内变形与刚度性能关键影响因素

新型装配式组合楼盖平面内变形与刚度性能受到多个因素的影响，从前面的分析研究可知：关键装配连接的刚度、楼盖所处楼层位置、楼盖受荷方向与楼盖拼装板缝方向的相对位置关系等都是影响楼盖平面内变形与刚度性能的重要影响因素。

楼盖关键装配连接节点刚度对楼盖平面内变形与刚度性能的影响，从6.2节、6.3节分别针对试验楼盖与实际工程楼盖的分析表明，试验楼盖由于连接刚度没有达到设计规定要求，由试验推定的楼盖整体刚度性能要比实际工程楼盖的刚度性能差（等效抗剪刚度 k_e 偏小，而楼盖刚度性能的评判指标 λ_S 偏大）。由于楼盖体系的关键连接节点类型多样，各类型连接节点刚度对楼盖平面内刚度性能的影响程度具体如何还不太清楚。本节基于前面的有限元分析模型，进一步探讨连接刚度、楼层位置及楼盖厚度对楼盖平面内变形与刚度性能的影响程度，对楼盖刚度性能评估的影响，在以下参数分析中，重点考察的是楼盖的变形偏差指标 λ_S。

6.5.1 关键连接节点刚度的影响

连接刚度的影响分析以二层楼盖体系为基础，在第3章装配连接节点刚度的基础上，通过对各关键连接刚度放大1.5倍及缩小至 $\frac{1}{2}$，考察楼盖体系平面内变形情况的变化及框架柱平均侧移的变化。在 Midas 的有限元分析模型中，关键连接采用了弹性连接单元模拟，采用局部坐标系中的三个轴向弹簧模拟连接的抗拉、抗剪刚度。为简化分析过程，在对连接刚度的调整过程中，对同一类型连接单元的抗拉、抗剪连接刚度采用了同步缩放调整。

连接刚度影响分析考察了如下四种类型的连接：板－角柱连接、板－板连接、双拼梁－H柱连接和主梁－H柱连接。在6.3节已有的二层楼盖性能分析结果基础上，再设计8组16个试件（设置情况见表6.30），按照上面指出的连接刚度调整方式，每类型连接调整刚度两次，由此来分析考察各类型连接刚度对楼盖平面内变形与刚度性能的具体影响程度。

表 6.30　关键连接刚度影响分析试件分组情况说明

分组名称	试件编号	调整参数说明	分组名称	试件编号	调整参数说明
第一组：板－角柱连接	ZCLG－1	初始板－角柱刚度	第五组：板－角柱连接	ZCLG－3	初始板－角柱刚度
	BJZ－S－02	1.5 倍初始刚度		BJZ－C－02	1.5 倍初始刚度
	BJZ－S－03	0.5 倍初始刚度		BJZ－C－03	0.5 倍初始刚度
第二组：板－板连接	ZCLG－1	初始板－板刚度	第六组：板－板连接	ZCLG－3	初始板－板刚度
	BB－S－02	1.5 倍初始刚度		BB－C－02	1.5 倍初始刚度
	BB－C－03	0.5 初始刚度		BB－C－03	0.5 初始刚度
第三组：双拼梁－H 柱连接	ZCLG－1	初始双拼梁－H 柱刚度	第七组：双拼梁－H 柱连接	ZCLG－3	初始双拼梁－H 柱刚度
	SLHZ－S－02	1.5 倍初始刚度		SLHZ－C－02	1.5 倍初始刚度
	SLHZ－S－03	0.5 初始刚度		SLHZ－C－03	0.5 初始刚度
第四组：主梁－H 柱连接	ZCLG－1	初始主梁－H 柱刚度	第八组：主梁－H 柱连接	ZCLG－3	初始主梁－H 柱刚度
	ZLHZ－S－02	1.5 倍初始刚度		ZLHZ－C－02	1.5 倍初始刚度
	ZLHZ－S－03	0.5 初始刚度		ZLHZ－C－03	0.5 初始刚度

在表中，第一 ～ 四组楼盖加载模型为顺板缝加载，第五 ～ 八组楼盖加载模式为垂直板缝方向加载，ZCLG－1、ZCLG－3 分别对应为 6.3 节分析的二层楼盖顺板缝加载与垂直板缝加载的试件。表中的各组连接的初始刚度皆为第 3 章针对楼盖连接现有构造形式分析的连接刚度（详见表 6.1），参数调整时，1.5 倍（0.5 倍）初始刚度只针对该组试件分析节点类型的连接刚度调整，其他类型连接刚度保持初始刚度不变。表 6.31 列出了各关键连接刚度调整后楼盖整体变形与刚度性能的主要参数的对比情况，图 6.30、图 6.31 分别显示出了在顺拼装板缝加载及垂直拼装板缝加载情形下，各连接刚度调整对楼盖平面内整体刚度性能的影响。

表 6.31　关键连接刚度调整后对楼盖整体变形性能影响关键指标比较

试件编号	平面内整体变形	下部相邻框架柱平均侧移	刚度性能位移偏差指标 λ_S	试件编号	平面内整体变形	下部相邻框架柱平均侧移	刚度性能位移偏差指标 λ_S
ZCLG—1	2.997	2.739	0.313	ZCLG—3	4.632	3.902	0.421
BJZ—S—02	2.957	2.731	0.303	BJZ—C—02	4.430	3.849	0.395
BJZ—S—03	3.106	2.775	0.337	BJZ—C—03	5.136	4.092	0.478
ZCLG—1	2.997	2.739	0.313	ZCLG—3	4.632	3.902	0.421
BB—S—02	2.980	2.734	0.309	BB—C—02	4.617	3.910	0.429
BB—C—03	3.043	2.766	0.323	BB—C—03	4.669	3.943	0.426
ZCLG—1	2.997	2.739	0.313	ZCLG—3	4.632	3.902	0.421
SLHZ—S—02	2.989	2.758	0.311	SLHZ—C—02	4.499	3.863	0.404
SLHZ—S—03	3.007	2.763	0.315	SLHZ—C—03	4.811	3.996	0.443
ZCLG—1	2.997	2.739	0.313	ZCLG—3	4.632	3.902	0.421
ZLHZ—S—02	2.902	2.724	0.290	ZLHZ—C—02	4.598	3.881	0.417
ZLHZ—S—03	3.192	2.845	0.355	ZLHZ—C—03	4.689	3.981	0.428

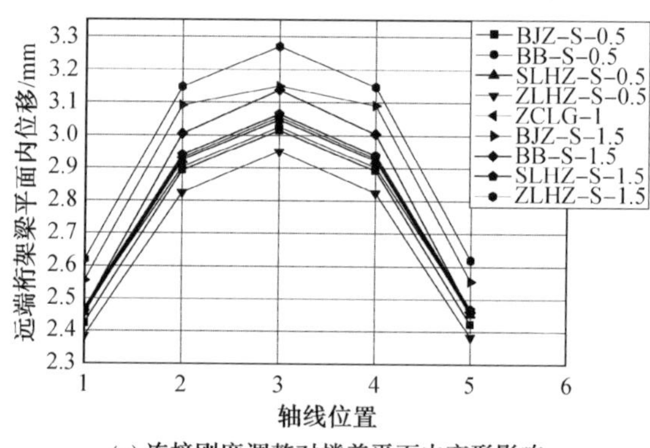

(a) 连接刚度调整对楼盖平面内变形影响

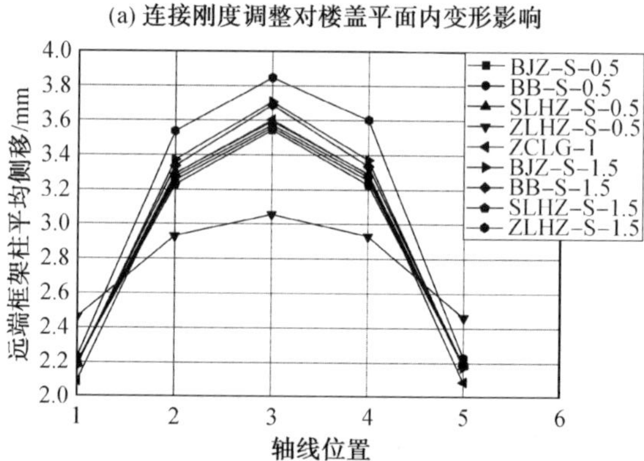

(b) 连接刚度调整对框架柱平均侧移影响

图 6.30　顺板缝受荷时各类型装配连接刚度对楼盖平面内变形与刚度性能的影响分析

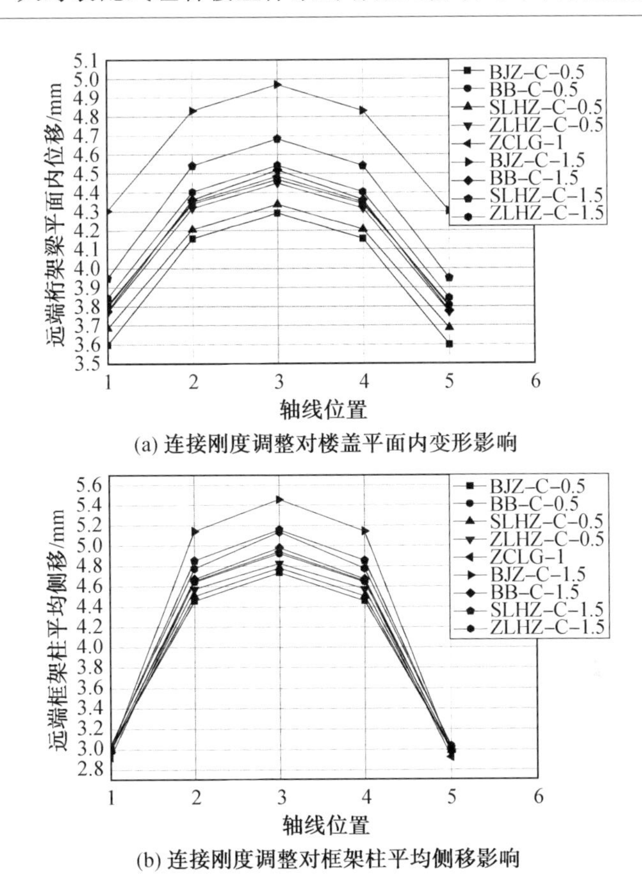

(a) 连接刚度调整对楼盖平面内变形影响

(b) 连接刚度调整对框架柱平均侧移影响

图 6.31　垂直板缝受荷时各类型装配连接刚度对楼盖平面内变形与刚度性能的影响分析

图 6.30、6.31 中分别给出了在顺板缝方向以及垂直板缝方向，各连接刚度调整及相应楼盖平面内位移的分布情况，为进一步分析各连接刚度调整对楼盖平面内整体变形与刚度性能的影响程度，本书以楼盖平面内的整体位移 d、楼盖支撑框架柱的平均侧移 Δ、楼盖刚度性能评估指标 λ 为目标对象，分析各连接刚度调整对上述三个目标对象影响的敏感程度。

在图 6.32 所示的各参数敏感程度分析中，横坐标为各关键连接的刚度变化，S 代表初始连接刚度（表 7.1 所示连接刚度），S^* 代表各连接调整后的刚度。从图中的敏感程度分析，可以直观地看到，在新型装配式组合楼盖各类型关键连接当中，板－角柱装配连接与主梁－H 型钢柱的装配连接对楼盖平面内刚度性能的影响最为显著，不论是在顺拼装板缝方向，还是在垂直拼装板缝方向，板－角柱装配连接的刚度对楼盖整体刚度性能影响都是最显著的，而主梁－H 型钢柱连接在垂直板缝方向对楼盖整体刚度性能影响显著，在顺板缝方向，其影响程度也不是很大。

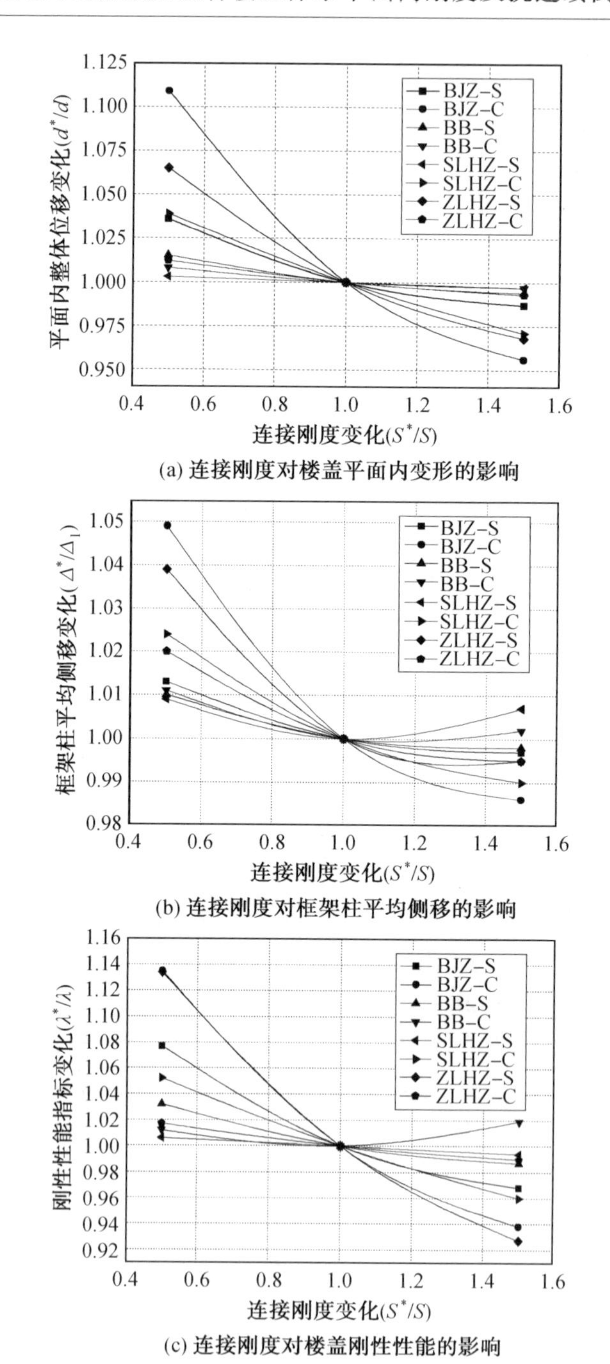

(a) 连接刚度对楼盖平面内变形的影响

(b) 连接刚度对框架柱平均侧移的影响

(c) 连接刚度对楼盖刚性性能的影响

图 6.32　楼盖关键连接刚度对楼盖平面内变形与刚度性能影响的敏感性分析

6.5.2　楼盖受荷方式与所处楼层位置的影响

除了关键装配连接刚度对楼盖平面内变形与刚度性能存在重要影响外，试验研究与有限元分析同时显示，楼盖的受荷方式与所处楼层位置对楼盖平面内刚度性能也存在较大的影响。楼盖的受荷方式是指楼盖平面内力的方向与楼盖拼装板缝方向的相对位置关系。试验研究与有限元分析均显示，针对本书装配式组合楼盖体系，不管是一层楼盖体系，还是二层楼盖体系，在垂直板缝方向，楼盖自身平面内等效剪切刚度都要大于顺拼装板缝方向情形，但对于楼盖体系的平面内刚度性能，垂直板缝受荷时，楼盖刚度性能都要比顺拼装板缝方向受荷情形差。同时，分析还表明楼盖所处楼层位移不同，同样构造的楼盖体系，其刚度性能评估指标差别也比较大。为了进一步探讨这种楼盖受荷方式与楼层位置的影响，针对本书楼盖体系，分别设计了五层及十层的楼盖单筒结构，每一楼层均施加相应与设计大震的水平荷载，基于欧洲规范(EC8,2004)楼盖刚度性能评估方法，分别确定各楼层的刚度性能评估指标，见表 6.32。

表 6.32　设计大震作用下楼盖受力方式与楼层位置影响的比较分析　mm

楼层位置		顺拼装板缝方向			垂直拼装板缝方向		
总层数	楼层号	基于弹性楼盖的楼盖变形	基于刚性楼盖的楼盖变形	刚度性能位移偏差指标 λ_S	基于弹性楼盖的楼盖变形	基于刚性楼盖的楼盖变形	刚度性能位移偏差指标 λ_S
五层	1	4.217	3.142	0.255	5.657	4.442	0.215
	2	10.723	8.174	0.238	15.723	11.821	0.248
	3	16.677	12.634	0.242	24.488	18.457	0.246
	4	21.089	15.912	0.245	31.192	23.348	0.251
	5	24.163	17.984	0.256	35.749	26.395	0.262
十层	1	8.721	6.693	0.233	11.567	9.476	0.181
	2	23.509	18.608	0.209	34.329	27.017	0.211
	3	39.856	30.991	0.222	58.462	45.462	0.222
	4	55.236	42.581	0.229	81.937	62.712	0.235
	5	69.209	52.993	0.234	103.045	78.081	0.242
	6	81.266	62.079	0.236	121.076	91.326	0.246
	7	91.49	69.769	0.237	136.055	102.348	0.248
	8	99.739	76.028	0.238	148.151	111.114	0.25
	9	106.043	80.865	0.237	157.184	117.664	0.251
	10	110.836	84.427	0.238	163.604	112.219	0.314

表 6.32 的比较分析结构显示：在垂直拼装板缝方向，楼盖的刚度性能评估指标 λ_S 是从结构的底层往上逐层增大的；而在顺拼装板缝方向，除了底层楼盖刚

度性能评估指标较大以外，其他各层楼盖的刚度性能评估指标同样也是从下往上逐层增大的，且底层的评估指标也不会超过最顶层的评估指标值。由此可见，在整体结构当中，对刚度性能要求最高的应该是顶层楼盖，相同构造形式的楼盖体系，若能保证顶层楼盖为刚性楼盖，则整体结构分析当中，楼盖体系均可视为刚性楼盖体系。比较分析表 6.28 与表 6.32 中楼层位置对楼盖刚度性能评估指标的影响可以看出，对多高层结构工程，取整体结构顶部两层来分析评估楼盖体系的平面内刚度性能是比较适当的。

表 6.32 同时也显示，楼盖的受荷方式对楼盖的刚度性能存在一定的影响，整体上，楼盖体系在垂直拼装板缝方向的刚度性能评估指标都比顺拼装板缝的要大，但表中数据也反映出两个方向的评估指标差值并不是很大，也就是说，这种受荷方式的差别对楼盖刚度性能的影响不是十分显著。

6.5.3 楼盖混凝土面板厚度的影响

前面分析了楼层位置、楼盖受荷方向与板缝方向相对位置以及楼盖关键连接刚度对楼盖平面内整体变形与刚度性能的影响，在新型装配式组合楼盖体系当中，混凝土面板厚度直接影响各装配单元自身的平面内刚度，因而对楼盖整体的装配体系一定也存在较大的影响，本节分析混凝土面板厚度对楼盖体系平面内整体刚度性能的影响，为楼盖体系的改进完善提供依据。

楼盖面板厚度的影响分析仍然以 6.3 节的分析模型 ZCLG－1、ZCLG－3 为基础，在此基础上调整楼盖厚度，分析面板厚度的影响。ZCLG－1、ZCLG－3 的混凝土面板等效厚度为 73 mm，现分别调整其等效厚度为 100 mm、120 mm，分析在新板厚情形下楼盖体系的平面内变形与刚度性能。

首先分析 0.4 倍设计水平地震作用下(585 kN) 楼盖的平面内变形情况。表 6.33、表 6.34 所示为该荷载作用下调整板厚的各楼盖在加载远端的平面内位移分布情形。

表 6.33　585 kN 水平荷载顺板缝作用下板厚调整时楼盖平面内位移比较　mm

轴线位置	1 轴	2 轴	3 轴	4 轴	5 轴
板厚 73 mm 楼盖：SB01(ZCLG－1)	1.009	1.193	1.679	1.193	1.009
板厚 100 mm 楼盖：SB02	1.038	1.204	1.246	1.204	1.038
板厚 120 mm 楼盖：SB03	1.058	1.215	1.255	1.215	1.058

表 6.34　585 kN 水平荷载垂直板缝作用下板厚调整时楼盖平面内位移比较　mm

轴线位置	A 轴	B 轴	C 轴	D 轴	E 轴
板厚 73 mm 楼盖：CB01(ZCLG－3)	1.514	1.727	1.770	1.727	1.514
板厚 100 mm 楼盖：CB02	1.537	1.721	1.755	1.721	1.537
板厚 120 mm 楼盖：CB03	1.552	1.721	1.751	1.721	1.552

依据式(5.1)关于楼盖等效抗剪刚度的定义，可以分别求得调整板厚以后各楼盖的等效抗剪刚度：

$$k_{SB01}=\frac{585}{1.679-1.009}=873(\text{kN/mm})$$

$$k_{SB02}=\frac{585}{1.246-1.038}=2\ 812(\text{kN/mm})$$

$$k_{SB03}=\frac{585}{1.255-1.058}=2\ 969(\text{kN/mm})$$

$$k_{CB01}=\frac{585}{1.770-1.514}=2\ 285(\text{kN/mm})$$

$$k_{CB02}=\frac{585}{1.755-1.537}=2\ 683.5(\text{kN/mm})$$

$$k_{CB03}=\frac{585}{1.751-1.552}=2\ 939.7(\text{kN/mm})$$

分析上述调整板厚后的各楼盖等效抗剪刚度不难发现，调整板厚以后，楼盖在顺板缝方向与垂直板缝方向的等效抗剪刚度逐步接近了，当楼盖厚度达到 120 mm 时，楼盖两个反向的等效抗剪刚度已经基本一致。

增加荷载值至设计大震作用(1 470 kN)，进一步考虑楼盖的整体变形性能。图 6.33、图 6.34 分别显示了各楼盖在 1 470 kN 水平荷载作用下的楼盖加载远端桁架梁平面内位移分布与框架柱侧移分布情形。

基于上述楼盖的变形情况，可分析得出相应于设计大震作用下各楼盖平面内整体位移分别为：顺拼装板缝方向，楼盖 SB01 为 2.997 mm，楼盖 SB02 为 2.85 mm，楼盖 SB03 为 2.81 mm；而垂直拼装板缝方向，楼盖 CB01 为 4.63 mm，楼盖 CB02 为 4.57 mm，楼盖 CB03 为 4.55 mm。前面分析指出，新型装配式楼盖体系在刚性楼盖假定情形下，二层楼盖顺拼装板缝方向的楼盖平面

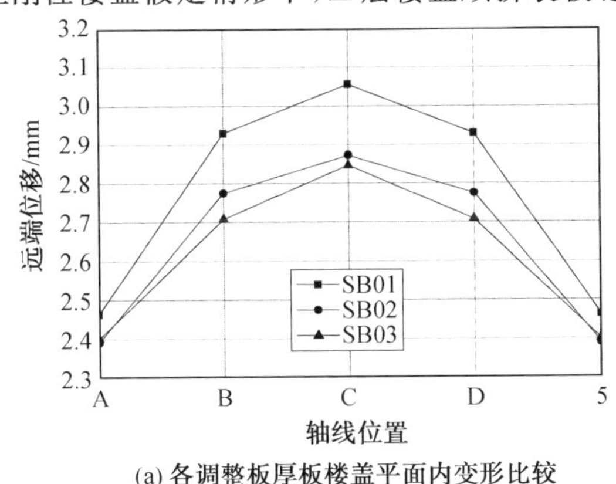

(a) 各调整板厚板楼盖平面内变形比较

图 6.33　1 470 kN 水平荷载作用下顺板缝受荷时调整厚度楼盖变形性能比较

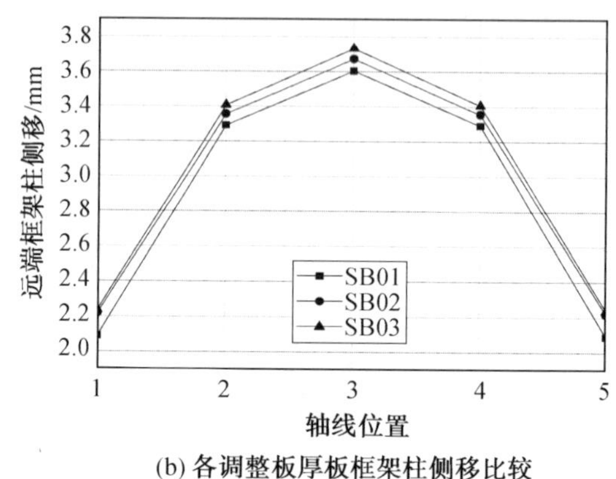

(b) 各调整板厚板框架柱侧移比较

续图 6.33

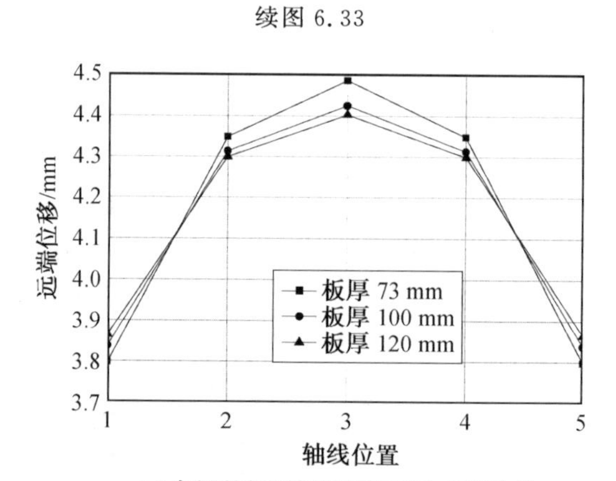

(a) 各调整板厚板楼盖平面内变形比较

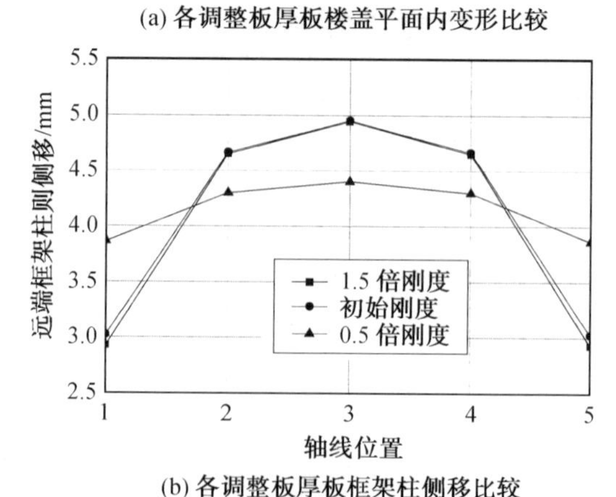

(b) 各调整板厚板框架柱侧移比较

图 6.34　1 470 kN 水平荷载作用下垂直板缝受荷时调整厚度楼盖变形性能比较

整体变形为 2.06 mm，而垂直拼装板缝方向二层楼盖面内的整体位移为 2.68 mm，由此可以求得调整板厚的各楼盖的位移偏差估指标 λ_S：

$$\lambda_{S}^{SB01}=\frac{2.997-2.06}{2.997}=0.313$$

$$\lambda_{S}^{SB02}=\frac{2.85-2.06}{2.85}=0.277$$

$$\lambda_{S}^{SB03}=\frac{2.81-2.06}{0.81}=0.267$$

$$\lambda_{S}^{CB01}=\frac{4.63-2.68}{4.63}=0.421$$

$$\lambda_{S}^{CB02}=\frac{4.57-2.68}{4.57}=0.414$$

$$\lambda_{S}^{CB03}=\frac{4.55-2.68}{4.55}=0.411$$

对比分析上述各楼盖刚度性能位移偏差评估指标发现，随着楼盖面板厚度的增加，楼盖的刚度性能评价指标减小，楼盖体系的刚度性能有所改善，但这种改善的效果并不是太明显。

6.6　本章小结

本章基于 Midas 有限元分析，对新型装配式楼盖体系平面内变形与刚度性能进行了分析研究，首先通过对楼盖体系的适当简化，建立装配式楼盖体系的 Midas 分析模型；然后通过对试验楼盖的有限元分析，验证了 Midas 分析模型的准确性；基于 Midas 分析模型，对实际足尺的装配式组合楼盖、装配整体式组合楼盖以及采用刚性楼盖假定的楼盖在水平荷载作用下的平面内变形与刚度性能进行了比较分析，通过对楼盖等效抗剪刚度、平面内变形与加载楼层下部相邻框架柱侧移、楼盖刚度性能评估指标、楼盖平面内水平荷载的传递转移能力几方面的对比分析，详细探讨了新型装配式组合楼盖在顺拼装板缝方向、垂直拼装板缝方向的平面内变形与刚度性能；最后通过调整装配式组合楼盖关键连接节点刚度、改变整体结构楼层数以及调整楼盖体系混凝土面板厚度，探讨了连接刚度、楼层位置与面板厚度对楼盖平面内刚度性能的影响，得出如下结论：

（1）本章针对装配式组合楼盖建立的 Midas 分析模型，较为准确地反映了装配式组合楼盖的基本结构特征，能够用于本书新型装配式组合楼盖平面内受力变形性能的分析模拟。

（2）新型装配式组合楼盖的平面内等效剪切刚度受楼盖的拼装板缝方向及楼盖体系混凝土面板厚度影响显著：在垂直拼装板缝方向时，楼盖的等效抗剪刚度要大于顺拼装板缝情形；而随着混凝土面板厚度的增加，装配式楼盖体系平面内等效抗剪刚度这种方向性的差异减小，当楼盖体系混凝土面板厚度达到120 mm时，本书装配式楼盖体系在顺拼装板缝方向与垂直拼装板缝方向，其等效抗剪刚度已基本相当了。

(3) 美国规范建议的楼盖平面内刚度性能评估方法并不适合本书周边有密柱框架支撑的楼盖体系的刚度性能评估；基于两种楼盖刚度情形(考虑楼盖自身刚度与理想刚性楼盖)下，楼盖的变形偏差、楼层剪力偏差两项指标限定方法对楼盖刚度性能进行评估，反映了楼盖刚度性能的本质，适合对本书新型装配式组合楼盖平面内刚度性能的评估。

(4) 新型装配式组合楼盖体系的关键连接刚度对楼盖平面内变形与刚度性能具有重要影响，其中，影响最为显著的是板－角柱装配连接与双拼梁－H柱的装配连接。

(5) 虽说楼盖拼装板缝方向对新型装配式组合楼盖平面内等效抗剪刚度影响显著，但这种方向性对该楼盖体系的平面内刚度性能的影响比较弱；而楼层位置对新型装配式组合楼盖平面内刚度性能的影响显著：总体上，楼盖的刚度性能评估指标 λ_S 从底层往上是逐层增加的(刚度性能变差)，顶层的刚度性能位移偏差评估指标 λ_S 最大。

(6) 增加楼盖体系混凝土面板的厚度可以增大楼盖的平面内等效抗剪刚度，但对楼盖体系的平面内刚度性能的改善作用不明显。

第7章 大跨装配式组合楼盖体系抗连续倒塌性能

7.1 概 述

结构的连续性倒塌是指非预期荷载或作用诱致局部破坏、不平衡力使其邻域单元内力变化而失效，并促使构件破坏连续性扩展下去，从而造成与初始破坏不成比例的部分或全部结构的倒塌，其主要特点是破坏的连续扩展性与不成比例性。德国学者 Starossek 提出，结构的连续性倒塌按成因与过程不同可细分为荷载重分布致倒塌（拉链型或截面型）、冲击作用致倒塌（薄饼型或多米诺型）、失稳致倒塌和多种效应综合致倒塌等四大类6小类；对于不同类型的倒塌，对应有不同的研究方法、分析参数和防止措施。迄今为止，研究成果主要集中于框架结构体系，而针对大跨度空间结构的倒塌问题则相对较少。究其原因，一方面是因为历次典型的造成重大社会影响和巨大伤亡的连续性倒塌事故多来自于框架结构，另一方面则是基于对大跨度空间结构具有较高超静定次数的普遍认识，认为单根杆件的失效不足以显著削弱整体结构的承载能力储备。

但近年来，大跨度空间结构的倒塌事件却常被报道。除了由于设计或施工缺陷导致正常使用或建造过程中整体或局部失稳的结构外，空间结构的倒塌大多可纳入连续性倒塌范畴或是由构件连续失效导致的最终失稳破坏。如发生在美国的哈特福德市体育馆网架倒塌事故和堪萨斯市肯普体育馆空间钢桁架屋顶结构倒塌事故，都是典型的局部失效（单根压杆屈曲和单根吊件因螺栓疲劳脱落）而致整体垮塌的案例。仅在2005—2006年，欧洲各国因遭遇暴雪袭击便发生了德国巴特赖兴哈尔溜冰场屋盖结构倒塌、波兰卡托维茨国际博览会会场屋盖结构倒塌、俄罗斯莫斯科鲍曼市场屋盖结构倒塌等事故，并造成了大量人员伤亡。大跨空间结构的抗连续倒塌设计，应当是结构设计的一个重要分析设计内容。针对本书提出的新型大跨装配式钢桁架梁组合楼盖，探讨其抗连续倒塌性能也是楼盖结构设计分析必须考虑的内容。考虑到楼盖体系关键装配连接对整体楼盖性能的影响，本章重点考察楼盖基于连接失效的体系抗连续倒塌性能，探讨目前抗连续倒塌的常用分析方法在新型大跨装配式楼盖体系的连续倒塌分析过程的适用性。

7.2 装配式桁架梁组合楼盖关键连接判别方法

7.2.1 结构关键连接的判别方法

装配式桁架梁组合楼盖的装配连接数目众多，对连接进行一一移除工作量较大，因此判断关键连接是进行 AP 法分析的重要内容和首要环节，可以极大地提高分析效率。从目前的结构构件重要性分析方法中选取适合装配式桁架梁组合楼盖关键连接判别的方法不失为一种可行的途径。

1.结构构件重要性分析方法

判断结构关键构件的过程即结构构件重要性分析。国内外众多学者对结构构件重要性分析方法开展了大量研究，主要有基于概率易损性、基于强度、基于刚度、基于能量和基于敏感性分析的判别方法。

(1) 基于概率易损性的判别方法。

结构的鲁棒性，可以定义为结构在偶然事件作用下产生局部损伤时，具有不发生整体失效或与局部损伤原因不成比例的失效的一种能力。从某种程度上讲，结构的鲁棒性优劣反映了结构抵抗连续倒塌能力的强弱。杨逢春从结构鲁棒性研究的角度探索关键构件的筛选方法，以杆件失效引起系统失效概率的增加(也称为概率易损性) 衡量结构鲁棒性的退化程度，以此评价杆件的重要性。结构中某个杆件失效引起结构失效概率增加越多，则它的失效对结构鲁棒性的损害程度越大，那么该杆件对系统的重要性就越强。以杆件失效前后系统的失效概率易损性 V_k 表示杆件的重要性系数 IF_k 如下：

$$\mathrm{IF}_k = V_k = \frac{P_{\mathrm{f}k,\mathrm{sys}}}{P_{\mathrm{f0},\mathrm{sys}}} \tag{7.1}$$

式中，$P_{\mathrm{f}k,\mathrm{sys}}$ 表示杆件 k 失效后的系统失效概率；$P_{\mathrm{f0},\mathrm{sys}}$ 表示完整系统的失效概率。对各个杆件的重要性系数进行归一化处理，可以得到正则化的杆件重要性系数(即杆件相对重要性系数)NIF_k：

$$\mathrm{NIF}_k = \frac{\mathrm{IF}_k}{\sum_{i=1}^{n} \mathrm{IF}_i} \tag{7.2}$$

该方法适用于各种结构，然而在计算结构系统失效概率时需要大量统计数据，且需要对荷载、材料性能等各种因素的分布进行合理假定，工作量较大。

(2) 基于强度的判别方法。

胡晓斌等从强度入手，以结构构件的平均应力比作为移除指标，从而判断结

构中的关键构件。假设结构的总构件数为 n，首先定义构件 j 的最大应力比 SR_j 为

$$SR_j = \frac{\sigma_{j,\max}}{f} \tag{7.3}$$

式中，$\sigma_{j,\max}$ 为构件 j 的正应力绝对值的最大值；f 为构件的强度。则移除构件 i 之后剩余构件的平均应力比 RI_i 表示为

$$RI_i = \frac{\sum_{j=1,j\neq i}^{n} SR_j}{n-1} \tag{7.4}$$

以平均应力比 RI_i 作为构件 i 的移除指标，可以近似地反映构件的重要程度，即构件 i 的移除指标 RI_i 越大，则移除构件 i 后剩余结构的平均应力比也越大，结构越不安全，换言之，构件 i 对于结构的安全性来说越重要。该方法采用平均应力比指标可以从宏观上衡量结构构件的应力水平，但未考虑构件上应力分布的影响，如构件局部应力集中可能带来的误差，因此主要适用于材料均匀的、构件截面形式较为规则的钢结构。

(3) 基于刚度的判别方法。

刚度是结构抵抗荷载作用下变形的能力。叶列平等从弹性结构体系下传力路径中荷载传递占比大的路径上的构件重要性大这一基本概念出发，提出了基于广义结构刚度的构件重要性评价指标计算方法。广义结构刚度 K_{stru} 可以定义为结构上的广义力 F_{stru} 与其作用下相应的广义位移 D_{stru} 之比：

$$K_{\text{stru}} = F_{\text{stru}}/D_{\text{stru}} \tag{7.5}$$

结构构件 k 在系统中的重要性评价指标 I_k 可以定义为构件损伤或失效而引起系统广义结构刚度损失的损失率，其表达式为

$$I_k = \frac{K_{\text{stru},0} - K_{\text{stru},fk}}{K_{\text{stru},0}} = 1 - \frac{K_{\text{stru},fk}}{K_{\text{stru},0}} \tag{7.6}$$

式中，$K_{\text{stru},0}$ 为未受损结构的广义结构刚度；$K_{\text{stru},fk}$ 为移除失效构件 k 后的结构广义刚度。

式(7.6)评价指标 I_k 的数值区间为[0,1]，$I_k=0$ 表示构件 k 的移除对广义结构刚度没有影响；而 $I_k=1$ 表示该构件重要性极大，若失效，结构将无法抵御给定荷载。

该方法得到的重要性评价结果未考虑构件移除对结构弹塑性性能和剩余结构破坏模式的影响。

(4) 基于能量的判别方法。

张雷明等从框架结构在给定荷载作用下的能量流动规律出发，通过比较结构系统总体应变能在某个杆件受损前后的变化方向和大小，判断杆件的重要

程度。

该方法主要基于以下假定：① 整体结构是一个保守系统，只有外荷载作用下产生的能量流入，没有能量的流出；② 节点只扮演能量传递的角色，即节点的能量流入与流出相等。那么，系统中所有流入的能量将以应变能的形式储存在杆件中，杆件上的应变能 U^e 表示为

$$U^e = W^e_{\text{ext}} + W^e_i + W^e_j \tag{7.7}$$

式中，W^e_{ext} 为杆件上非节点荷载所做的功；W^e_i 和 W^e_j 为杆件两段的杆端力所做的功。

对于杆件 e，其重要性指标定义为

$$\gamma^e = \frac{U^e}{U} \tag{7.8}$$

式中，U^e 为杆件 e 失效后结构总应变能；U 为完整结构在给定荷载作用下的总应变能。不难看出，γ^e 越大，拆除杆件 e 对结构系统总体应变能的影响越大，该杆件就越重要。

该方法仅限于静力荷载作用下的线性保守系统，不能考虑动力荷载和能量损失等影响，且不能反映所分析的构件失效后对周围构件的影响。

(5) 基于敏感性分析的判别方法。

基于敏感性分析的判别方法是从结构鲁棒性的影响因素之一——冗余度入手，建立结构构件响应敏感性与结构冗余度之间的关系，以数值的方式量化确定结构的冗余度。这一方法建立在结构的响应分析之上(可以针对结构的多种响应，如结构的位移、应变、应力、频率和屈服系数等)，将敏感性定义为结构的某个部分受到一定程度损伤时结构响应的变化程度。显然，具有较低敏感性的构件对结构的影响较小，对于整体结构来说该构件在所考虑响应下的冗余水平就较高，相应的该构件的重要性程度也较低。Pandey (1997) 从结构总冗余度与组成结构的单元的响应敏感性成反比出发，推导出了结构对于第 j 个损伤参数的广义冗余度 GR_j 和广义标准冗余度 GNR_j 的表达式：

$$\text{GR}_j = \frac{\sum_{i=1}^{ne}\left[\frac{V_i}{S_{ij}}\right]}{V} \tag{7.9}$$

$$\text{GNR}_j = \frac{\text{GR}_j}{\max(\text{GR}_1, \text{GR}_2, \cdots, \text{GR}_{ne})} \tag{7.10}$$

式中，S_{ij} 为单元 i 对于第 j 个损伤参数的敏感性指标；V_i 为单元 i 的体积；ne 为结构单元数目；V 为结构的总体积，$V = \sum_{i=1}^{ne} V_i$。

综合比较上述重要性分析方法，不难发现前四种方法也可以称为某种意义上的“敏感性分析”。基于概率易损性的判别方法，可以把杆件的重要性系数理

解为结构的倒塌概率对杆件失效的敏感性；基于强度的判别方法，可以把杆件的移除指标理解为结构平均应力比对杆件失效的敏感性；同理，基于刚度的判别方法和基于能量的判别方法，可以把重要性指标分别理解为结构的广义结构刚度和应变能对杆件失效的敏感性。由此可见，基于敏感性分析的方法具有很强的适应性和普遍性。

2. 基于结构响应的敏感性分析

为新型装配式桁架梁组合楼盖关键连接寻找合适的判别方法，还需要考虑的一个因素就是该方法的操作过程应尽量简单快捷，计算工作量越小越好，这样更能满足工程应用的要求，毕竟重要性分析是进行 AP 法计算前的准备工作，这部分工作不宜太过复杂，否则将使工作量大大提升。

蔡建国(2011) 等以敏感性分析作为构件重要性的计算方法，采用结构响应函数的割线斜率来衡量结构对构件损伤甚至失效的敏感性，不考虑结构和材料的非线性因素以及结构的动力效应。该方法基于结构的响应分析(可以是结构构件单元的响应，如单元应力、变形和承载力等，也可以是整体结构的响应，如结构自振频率和最大位移等)，把结构的初始破坏，如构件的移除、节点的移除或构件截面的削弱等物理参数定义为结构的损伤参数，结构中的单元 i 对应于第 j 个损伤参数的敏感性指标为 S_{ij}，当以杆件的移除作为损伤参数时，S_{ij} 表示为

$$S_{ij}=\frac{\gamma_{i0}-\gamma_{ij}}{\gamma_{i0}} \tag{7.11}$$

式中，γ_{i0} 为杆件未移除时的单元 i 的响应；γ_{ij} 为杆件 j 移除后单元 i 的响应。

当以整体结构的响应为研究对象时，结构对应于第 j 个损伤参数的敏感性指标为 S_j：

$$S_j=\frac{\gamma_0-\gamma_j}{\gamma_0} \tag{7.12}$$

式中，γ_0 为杆件未移除时结构的响应；γ_j 为杆件 j 移除后结构的响应。

3. 重要性系数

针对张再华(2017) 文献中的楼盖结构模型，基于结构响应的敏感性分析，可以导出构件 j 的重要性判别指标 α_j，当以结构构件单元的响应为研究对象时，取剩余结构构件单元的平均敏感性指标作为构件 j 的重要性系数 α_j：

$$\alpha_j=\frac{\sum_{i=1,i\neq j}^{n}|S_{ij}|}{n-1} \tag{7.13}$$

式中，n 为构件总数。

当以整体结构的响应作为研究对象时，构件 j 的重要性系数就是整体结构对其受损的敏感性指标：

$$\alpha_j = |S_j| \tag{7.14}$$

式中，S_j 按式(7.12)计算。

显然，重要性系数越大的构件，其失效对于结构的影响越大，该构件对结构越重要。

4. 敏感性分析的荷载组合

楼盖是结构竖向导荷的重要组成部分，楼盖的恒荷载、活荷载通过楼盖传递给梁，梁再传递到墙或柱构件，最后传递到基础和地基。对于楼盖结构的设计来说，竖向荷载常常起到控制作用，并且对于楼盖的抗连续倒塌分析，结构在意外事件中(如爆炸、撞击和人为破坏活动等)同时遭遇大风和地震作用的概率极低，因此，目前最新版的GSA2016和DOD2013规范在抗连续倒塌分析中都不考虑水平荷载的作用。我国规范《建筑结构抗倒塌设计规范》(CECS 392:2014)在抗连续倒塌计算时规定，可以考虑水平荷载作用，其目的主要是检验构件失效情况下结构的整体稳定，但对于楼盖来说，其设计一般不由整体稳定问题控制。需要说明的是，我国规范的这一规定，主要是参考DOD2010和《高层建筑混凝土结构技术规程》(JGJ 3—2010)规范的要求，而在最新版DOD2013规范中，已经删去了水平荷载作用。

因此，在对本书所研究的新型楼盖进行抗连续倒塌分析计算时，主要考虑楼盖受到竖向荷载作用的情况，采用的荷载组合为仅有恒荷载与活荷载参与的组合。而对于敏感性分析，由于它反映的是所给定荷载作用下的结构或结构构件对损伤的敏感性，因此敏感性分析也采用上述荷载组合，从而保证敏感性分析结果的针对性。

7.2.2 大跨装配式组合楼盖抗连续倒塌的关键连接分析

为了验证基于结构响应的敏感性分析对本书新型楼盖基于连接失效的抗连续倒塌分析的适用性和正确性，本节依据2.2节所述的典型单筒楼盖结构进行算例分析。

1. 基本假定

新型楼盖的连接构造较为复杂，对其抗连续倒塌性能的研究，主要考察其在承受竖向荷载时的受力和变形，因此本书在进行有限元模拟分析的过程中，采取如下简化与基本假定：

(1) 不考虑压型钢板混凝土楼盖和楼盖次梁的拉结作用，偏安全地将楼盖及次梁作为楼盖结构的抗连续倒塌安全储备。

(2) 关键连接的简化。采用具有拉、压和剪切刚度的弹簧连接单元来模拟每个关键连接。

(3) 弹簧连接单元的刚度假定。连接单元的轴向刚度和剪切刚度采用张再华(2017) 文献中的相关连接刚度(表 6.1)。在分析过程中,假定弹簧均为线弹性,不考虑连接的非线性,取弹簧的拉、压刚度相等。

2. 模型参数

以图 2.2 所示典型装配楼盖为例,单层单筒结构层高 3.6 m,钢框架和装配式桁架梁组合楼盖,忽略楼盖、次梁以及其他次要部件后的结构平面布置如图 7.1 所示,组合楼盖装配单元轴测图如图 7.2 所示,装配主板单元尺寸见表 2.1。

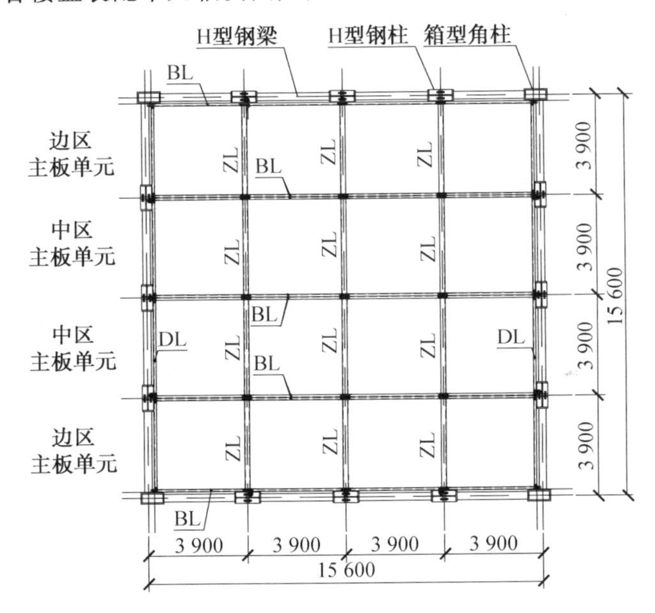

图 7.1　算例结构平面图

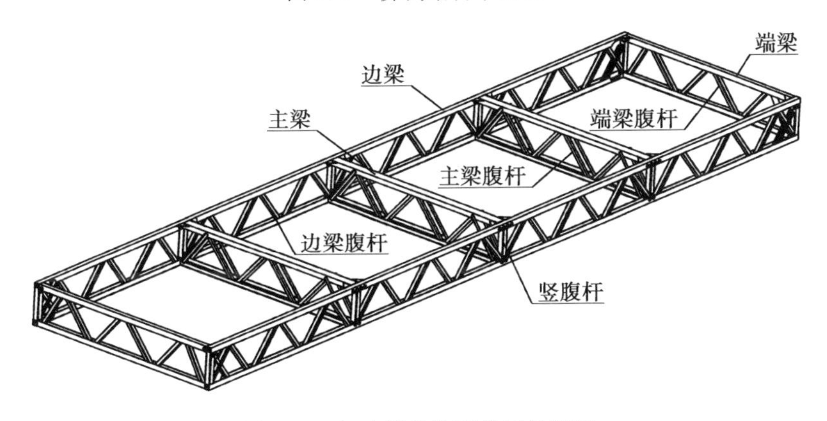

图 7.2　组合楼盖装配单元轴测图

应用 Midas 建立有限元模型,如图 7.3 所示。构件采用梁单元模拟,关键连接采用弹簧连接单元模拟(图 7.4),单块预制主板通过弹簧连接单元与相邻主板连接形成楼盖结构,弹簧连接单元的布置如图 7.5 所示。需要特别说明的是,对于板－柱(Ⅱ 型)连接,为简化分析,不考虑此处板－板连接的失效问题,采用绑定的方式将此处的两个节点相连(图 7.6)。弹簧连接单元的编号如图 7.3 所示,各连接单元的类型见表 7.1。

分析时,参考湖南省《装配式斜支撑节点钢框架结构技术规程》(DBJ 43/T 311—2015)的相关规定,钢桁架梁上、下弦构件为两端连续的压弯构件,弦杆在两节点间的区段视为一个构件,桁架梁腹杆与上下弦构件刚接,为压弯构件。此外,模型中框架梁和框架柱节点为刚接,框架柱柱脚为固定约束。

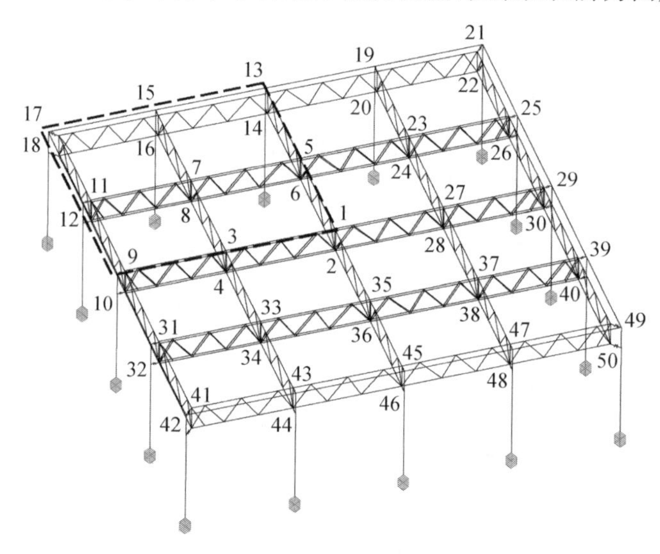

图 7.3　计算模型及连接编号

算例结构楼盖恒荷载标准值取 3.2 kN/m^2,楼盖活荷载标准值取 2.5 kN/m^2,敏感性分析时荷载组合参考我国规范 CECS 392:2014 的有关规定,采用荷载准永久组合,楼盖永久荷载分项系数取 1.0,楼盖活荷载准永久系数取 0.5。

表 7.1　连接单元类型

连接类型	连接单元编号
板－板连接	1～8、23、24、27、28、33～38
板－柱(Ⅰ 型)连接	13～16、19、20、43～48
板－柱(Ⅱ 型)连接	9～12、25、26、29～32、39、40
板－柱(Ⅲ 型)连接	17、18、21、22、41、42、49、50

7.2.3　装配式组合楼盖关键连接判别

1. 重要性分析

在对新型装配式组合楼盖进行连接的重要性分析时,采用基于结构响应的

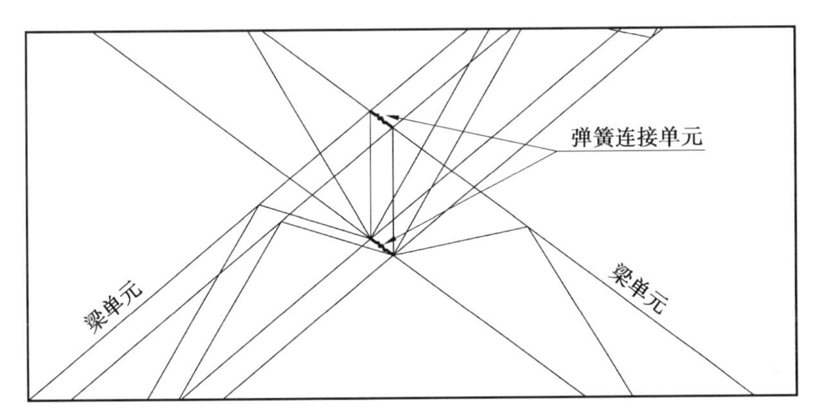

图7.4　弹簧连接单元局部放大图

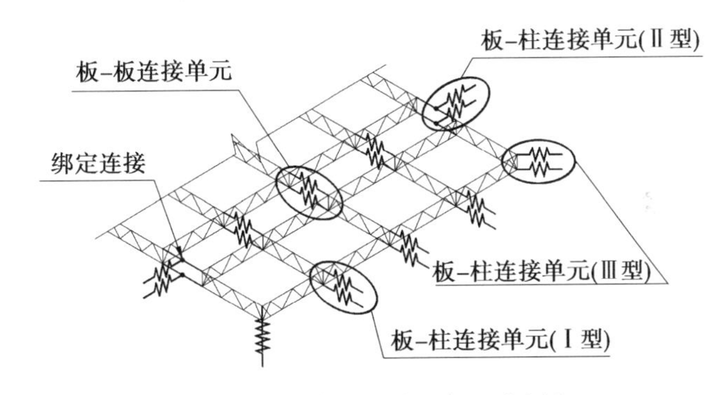

图7.5　弹簧连接单元布置示意图

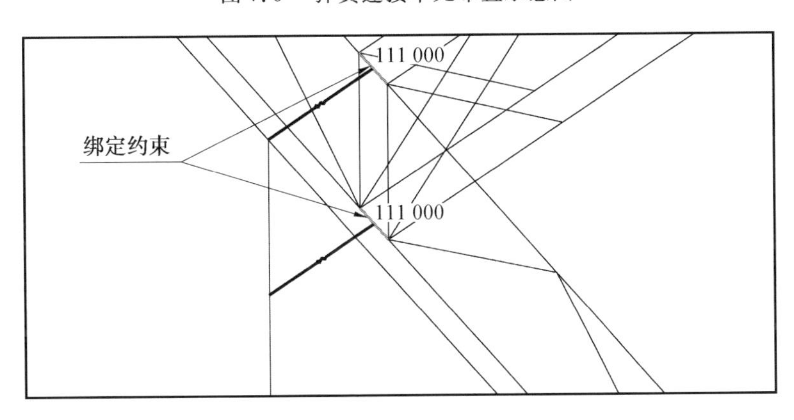

图7.6　绑定约束局部放大图

敏感性分析方法，首先要选择合适的结构响应参数，由7.2节的介绍，结构响应可以是结构构件的响应，也可以是整体结构的响应。当以前者为研究对象时，按式(7.11)和式(7.13)计算重要性系数；当以后者为研究对象时，则按式(7.12)和式(7.14)计算重要性系数。显然，以结构构件的响应为研究对象的方法，要统计所有构件单元的响应敏感性，其计算量相对来说要大一些。本书分别考虑以结构构件响应和整体结构响应为研究对象，对比验证基于结构响应的敏感性分析和重要性判别方法的准确性和实用性。结构构件响应以节点竖向位移和构件及连接单元合力大小为响应参数；整体结构响应以结构基本周期和结构最大竖向位移为响应参数。值得说明的是，构件单元合力大小指梁单元一端三个力的合力大小，即

$$F=\sqrt{(F_x)^2+(F_y)^2+(F_z)^2} \tag{7.15}$$

之所以选取这一参数，是因为考虑到连接单元仅具有三个方向的连接内力，也可以按照式(7.15)计算合力大小，且桁架梁构件受力以轴向力为主，弯矩可以忽略，故为了将构件和连接单元的响应统一起来进行计算，而选择了将合力大小作为响应参数。

此外，连接内力的相对大小也可以给重要性分析提供一些参考。从基本的力学概念出发，对于一个构件单元来说，在其内力分布沿单元长度方向具有较显著差异时，若损伤(如截面削弱)发生在内力较大的部位，则该损伤对构件承载力的影响也较大；同样，对于一个结构来说，受力较大的构件若发生失效，其对整体结构的影响也往往越显著。虽然这一概念分析只能定性地判断构件的相对重要性，但不失为一个有效的参考依据。算例结构各个弹簧连接单元的内力合力大小见表7.2，根据结构对称性，表中仅列出了1/4楼盖(图7.3虚线所示范围)连接的计算结果。为便于比较，将计算结果绘制成柱状图，如图7.7所示。

表7.2 连接单元内力计算结果

编号	F_x/kN	F_y/kN	F_z/kN	合力 F/kN	编号	F_x/kN	F_y/kN	F_z/kN	合力 F/kN
1	−203.67	0	0	203.67	10	−312.52	0	−54.03	317.16
2	138.20	0	0	138.20	11	159.34	−2.42	−38.51	163.95
3	−129.31	0	0	129.31	12	−212.49	2.58	−39.26	216.10
4	83.96	0	0	83.96	13	199.21	0	−39.06	203.00
5	−119.59	0	−8.93	119.92	14	−264.87	0	−52.99	270.12
6	54.06	0	−28.48	61.10	15	139.08	2.05	−30.40	142.38
7	−78.59	0.55	−6.07	78.83	16	−184.55	−2.66	−41.34	189.14
8	33.20	−0.48	−19.17	38.34	17	23.14	−8.12	−8.68	26.01
9	234.08	0	−53.04	240.01	18	−25.79	8.48	−12.01	29.69

从图7.7的结果可以看出，对于楼盖内部区的连接(1～8号连接)，以位于桁架梁相交处的上、下弦两个连接为一组(如1号和2号、3号和4号等，以下简称“楼盖内部区连接对”)，其中上弦的连接内力合力均大于对应下弦的(即 $F_1>F_2$、$F_3>F_4$、$F_5>F_6$、$F_7>F_8$)；而对于楼盖周边连接(9～18号连接)，同样以位于桁架梁相交处的上、下弦两个连接为一组(如9号和10号、11号和12号等，以

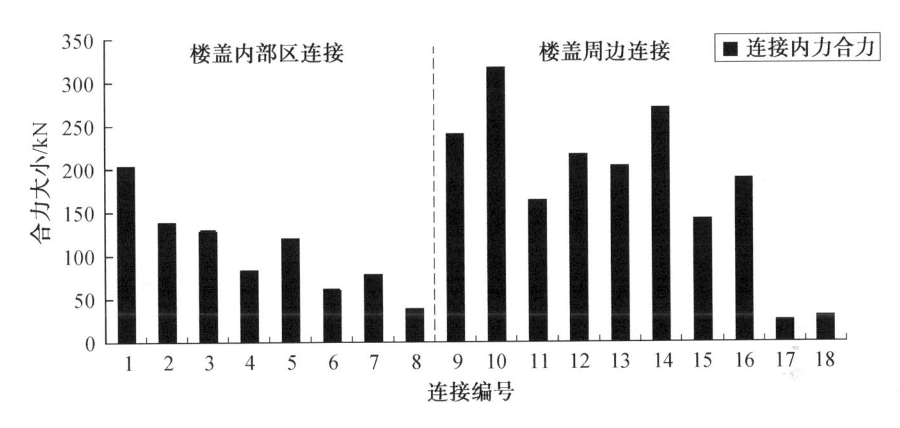

图 7.7　连接单元内力合力大小柱状图

下简称"楼盖周边连接对"),其合力结果则是相反的。结合前述的概念判断原理,可以做出较合理的推测:对于楼盖内部区连接对,位于上弦的连接重要性可能大于对应下弦的;对于楼盖周边连接对,重要性结果可能正好相反。

(1) 基于节点竖向位移的重要性系数 α^1 计算。

基于节点竖向位移的重要性系数 α^1,按式(7.11) 和式(7.13) 计算,结果见表 7.3,根据结构对称性,表中仅列出了 1/4 楼盖连接的计算结果。为便于比较,将计算结果绘制成柱状图,如图 7.8 所示,下文基于其他参数的重要性系数计算结果表现方式类同。

表 7.3　基于节点竖向位移的重要性系数 α^1 计算结果

编号	α^1	编号	α^1	编号	α^1
1	0.062 183	7	0.025 024	13	0.059 379
2	0.031 457	8	0.009 724	14	0.076 185
3	0.031 828	9	0.087 320	15	0.036 759
4	0.020 101	10	0.103 043	16	0.048 279
5	0.037 544	11	0.052 431	17	0.012 323
6	0.014 733	12	0.060 287	18	0.015 286

从图 7.8 的结果可以看出,对于楼盖内部区连接对,上弦的连接重要性系数均大于对应下弦的,即 $\alpha_1^1 > \alpha_2^1$、$\alpha_3^1 > \alpha_4^1$、$\alpha_5^1 > \alpha_6^1$、$\alpha_7^1 > \alpha_8^1$;而对于楼盖周边连接对,结果则是相反的,即 $\alpha_9^1 < \alpha_{10}^1$、$\alpha_{11}^1 < \alpha_{12}^1$、$\alpha_{13}^1 < \alpha_{14}^1$、$\alpha_{15}^1 < \alpha_{16}^1$、$\alpha_{17}^1 < \alpha_{18}^1$。这一趋势与概念判断的推测是相符的。对于楼盖内部区连接,重要性系数较大的依次为 1、5、3、2、7 和 4 号连接;对于楼盖周边连接,重要性系数较大的依次为 10、9、14、12、13 和 11 号连接。

(2) 基于构件及连接单元内力合力大小的重要性系数 α^2 计算。

基于构件及连接单元内力合力大小的重要性系数 α^2,按式(7.11) 和式

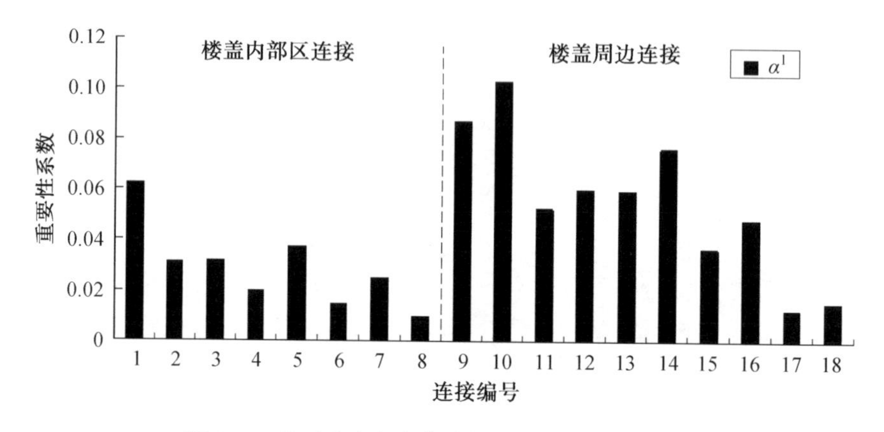

图 7.8　基于节点竖向位移的重要性系数 α^1 柱状图

(7.13)计算,结果见表 7.4 和图 7.9。

表 7.4　基于构件及连接单元内力合力大小的重要性系数 α^2 计算结果

编号	α^2	编号	α^2	编号	α^2
1	0.403 708	7	0.155 051	13	0.172 882
2	0.266 659	8	0.068 520	14	0.209 570
3	0.314 291	9	0.290 885	15	0.110 351
4	0.204 918	10	0.343 265	16	0.139 960
5	0.221 341	11	0.174 160	17	0.074 700
6	0.103 976	12	0.203 451	18	0.091 196

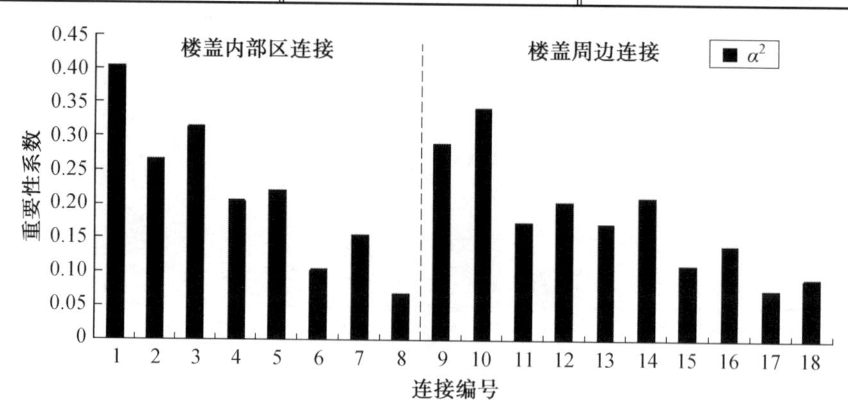

图 7.9　基于构件及连接单元内力合力大小的重要性系数 α^2 柱状图

从图 7.9 的结果可以看出,对于楼盖内部区连接对,上弦的连接重要性系数均大于对应下弦的,即 $\alpha_1^2>\alpha_2^2$、$\alpha_3^2>\alpha_4^2$、$\alpha_5^2>\alpha_6^2$、$\alpha_7^2>\alpha_8^2$;而对于楼盖周边连接对,结果则是相反的,即 $\alpha_9^2<\alpha_{10}^2$、$\alpha_{11}^2<\alpha_{12}^2$、$\alpha_{13}^2<\alpha_{14}^2$、$\alpha_{15}^2<\alpha_{16}^2$、$\alpha_{17}^2<\alpha_{18}^2$。这一趋势也与概念判断的推测是相符的。对于楼盖内部区连接,重要性系数较大的依次为

1、3、2、5、4 和 7 号连接；对于楼盖周边连接，重要性系数较大的依次为 10、9、14、12、11 和 13 号连接。

(3) 基于结构基本周期的重要性系数 α^3 计算。

基于结构基本周期的重要性系数 α^3，按式(7.12) 和式(7.14) 计算，基本周期取楼盖一阶竖向振动周期，结果见表 7.5 和图 7.10。

表 7.5　基于结构基本周期的重要性系数 α^3 计算结果

编号	α^3	编号	α^3	编号	α^3
1	0.063 786	7	0.004 651	13	0.040 398
2	0.034 505	8	0.000 660	14	0.050 402
3	0.024 532	9	0.055 246	15	0.016 113
4	0.013 371	10	0.068 268	16	0.020 163
5	0.013 406	11	0.020 719	17	0.000 068
6	0.001 783	12	0.025 689	18	0.000 071

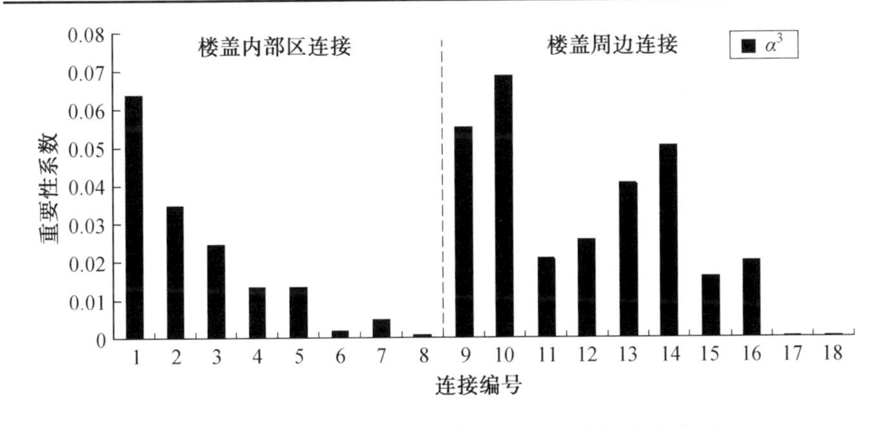

图 7.10　基于结构基本周期的重要性系数 α^3 柱状图

从图 7.10 的结果可以看出，对于楼盖内部区连接对，上弦的连接重要性系数均大于对应下弦的，即 $\alpha_1^3 > \alpha_2^3$、$\alpha_3^3 > \alpha_4^3$、$\alpha_5^3 > \alpha_6^3$、$\alpha_7^3 > \alpha_8^3$；而对于楼盖周边连接对，结果则是相反的，即 $\alpha_9^3 < \alpha_{10}^3$、$\alpha_{11}^3 < \alpha_{12}^3$、$\alpha_{13}^3 < \alpha_{14}^3$、$\alpha_{15}^3 < \alpha_{16}^3$、$\alpha_{17}^3 < \alpha_{18}^3$。这一趋势也与概念判断的推测是相符的。对于楼盖内部区连接，重要性系数较大的依次为 1、2、3、5、4 和 7 号连接；对于楼盖周边连接，重要性系数较大的依次为 10、9、14、13、12 和 11 号连接。

(4) 基于结构最大竖向位移的重要性系数 α^4 计算。

基于结构最大竖向位移的重要性系数 α^4，按式(2.12) 和式(2.14) 计算，基本周期取楼盖一阶竖向振动周期，结果见表 7.6 和图 7.11。

表 7.6　基于结构最大竖向位移的重要性系数 α^4 计算结果

编号	α^4	编号	α^4	编号	α^4
1	0.231 115	7	0.004 986	13	0.078 109
2	0.137 002	8	0.000 178	14	0.099 026
3	0.058 982	9	0.113 421	15	0.030 366
4	0.032 035	10	0.142 157	16	0.038 058
5	0.005 242	11	0.038 077	17	0.000 207
6	0.008 564	12	0.047 104	18	0.000 227

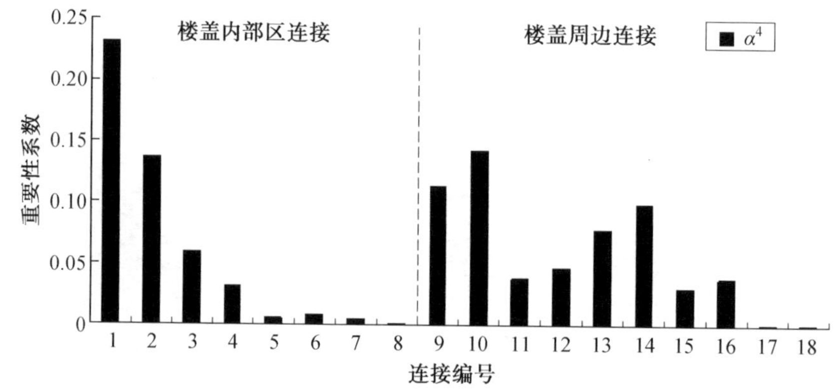

图 7.11　基于结构最大竖向位移的重要性系数 α^4 柱状图

从图 7.11 的结果可以看出，对于楼盖内部区连接对，除了 5 号和 6 号连接对，其余连接对中上弦的连接重要性系数均大于对应下弦的，即 $\alpha_1^3>\alpha_2^3$、$\alpha_3^3>\alpha_4^3$、$\alpha_5^3<\alpha_6^3$、$\alpha_7^3>\alpha_8^3$；而对于楼盖周边连接对，下弦的连接重要性系数大于对应上弦的，即 $\alpha_9^3<\alpha_{10}^3$、$\alpha_{11}^3<\alpha_{12}^3$、$\alpha_{13}^3<\alpha_{14}^3$、$\alpha_{15}^3<\alpha_{16}^3$、$\alpha_{17}^3<\alpha_{18}^3$。这一趋势也与概念判断的推测大致是相符的。对于楼盖内部区连接，重要性系数较大的依次为 1、2、3、4、6 和 5 号连接；对于楼盖周边连接，重要性系数较大的依次为 10、9、14、13、12 和 11 号连接。

2. 分析结果对比

(1) 基于结构构件响应的重要性分析结果对比。

将基于结构构件响应的重要性系数 α^1 和 α^2 绘于一张柱状图中，如图 7.12 所示，可知以节点竖向位移为响应参数的分析结果与以构件及连接单元内力合力大小为响应参数的分析结果一致，对于楼盖内部连接，重要性较高的连接是 1、2、3、4 和 5 号连接，对于楼盖周边连接，重要性较高的连接是 9、10、12、13 和 14 号连接。

(2) 基于整体结构响应的重要性分析结果对比。

将基于整体结构响应的重要性系数 α^3 和 α^4 绘于一张柱状图中，如图 7.13 所

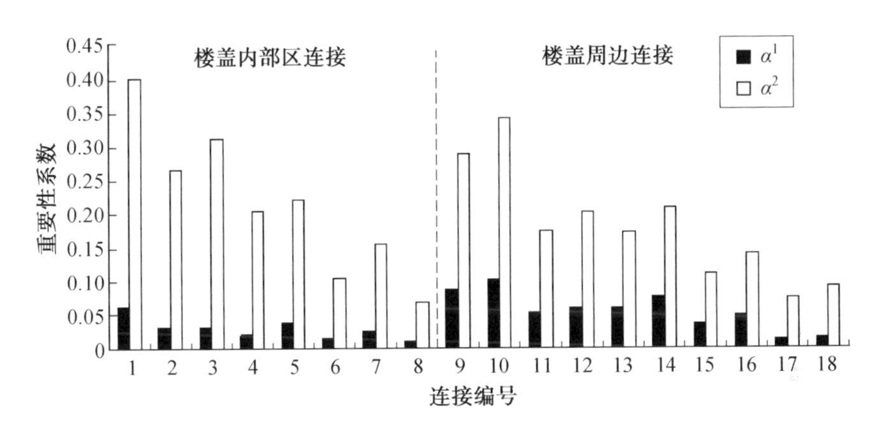

图 7.12　基于结构构件响应的重要性系数 α^1 和 α^2 对比柱状图

示，可知以结构基本周期为响应参数的分析结果与以结构最大竖向位移为响应参数的分析结果较为一致，对于楼盖内部连接，重要性较高的连接是 1、2、3 和 4 号连接，对于楼盖周边连接，重要性较高的连接是 9、10、12、13 和 14 号连接。

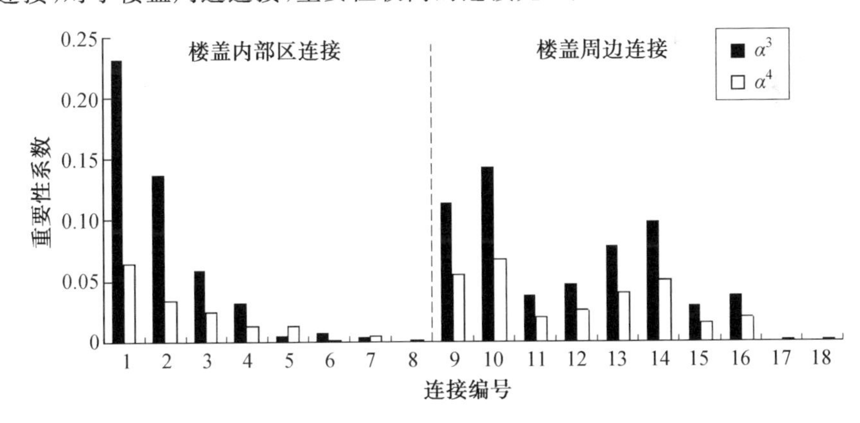

图 7.13　基于整体结构响应的重要性系数 α^3 和 α^4 对比柱状图

(3) 四种响应参数的重要性分析结果对比。

将基于四种不同响应参数的重要性分析结果分成楼盖内部区连接和楼盖周边连接，重要性系数最大的前 6 个连接由大到小汇总于表 7.7。

表 7.7　连接重要性系数汇总表

重要性系数	楼盖内部区连接	楼盖周边连接
α^1	1、5、3、2、7、4	10、9、14、12、13、11
α^2	1、3、2、5、4、7	10、9、14、12、11、13
α^3	1、2、3、5、4、7	10、9、14、13、12、11
α^4	1、2、3、4、6、5	10、9、14、13、12、11

由上述对比可以看出：

① 基于节点竖向位移、基于构件及连接单元内力合力大小、基于结构基本周期和基于结构最大竖向位移的重要性分析结果均较为一致，对于楼盖内部区连接对，上弦连接的重要性普遍大于下弦的，而对于楼盖周边连接对，则是下弦连接的重要性大于上弦的，这与概念分析的推测相吻合。

② 采用上述四种不同响应参数进行敏感性计算和重要性分析，均可以较快地找出新型楼盖中的关键连接，其中以整体结构响应（结构基本周期和结构最大竖向位移）为参数的敏感性计算采用了计算速度较快的模态分析和静力计算，灵敏性好、结果区分度强、操作简单；而以结构构件响应（节点竖向位移和构件及连接单元内力合力大小）为参数的敏感性计算稳定性较好，因此实际运用时可以从这两类响应参数中挑选合适的参数进行对比验证，提高准确性。

③ 对于新型装配式楼盖关键连接的判别，采用基于结构响应的敏感性计算和重要性分析方法是可行的，可以有效地找出结构中的关键连接。综合以上计算结果，对于本书算例结构的楼盖内部区连接，以 1、2、3 和 5 号连接作为关键连接；对于楼盖周边连接，以 9、10、13 和 14 号连接作为关键连接。

7.3 装配式桁架梁组合楼盖连接失效模拟方法

7.3.1 典型结构构件失效的模拟方法

目前，在工程分析中使用较多的构件失效模拟方法有瞬时加载法、等效荷载瞬时卸载法和全动力等效荷载瞬时卸载法。

1. 瞬时加载法

瞬时加载法是最简单的动力分析方法，即在完整结构移除失效构件后的剩余结构上，直接施加幅值与原结构所受静力荷载大小相同的动力荷载，也就是从剩余结构无任何位移和变形的初始状态下开始动力时程分析，过程如图 7.14 所示。瞬时加载法的动力荷载－时程曲线如图 7.15 所示，该方法假定动力荷载从零增加到与原结构所受静力荷载大小相同的幅值过程为线性的，此后保持不变。因此剩余结构在受到图 7.15 的时程荷载作用下，将在$[0,t_0]$时间段内均匀受载，然后在$(t_0,+\infty)$时间段内做受迫振动。

将瞬时加载法应用到本书所研究的新型楼盖连接失效模拟分析中，即从完整结构中移除指定的关键连接单元，然后对剩余楼盖结构施加图 3.2 的荷载－时程曲线，进行动力时程分析，加载分析过程如图 7.16 所示。

2. 等效荷载瞬时卸载法

以图 7.14 所示平面框架结构为例，等效荷载瞬时卸载法的分析步骤如下：首

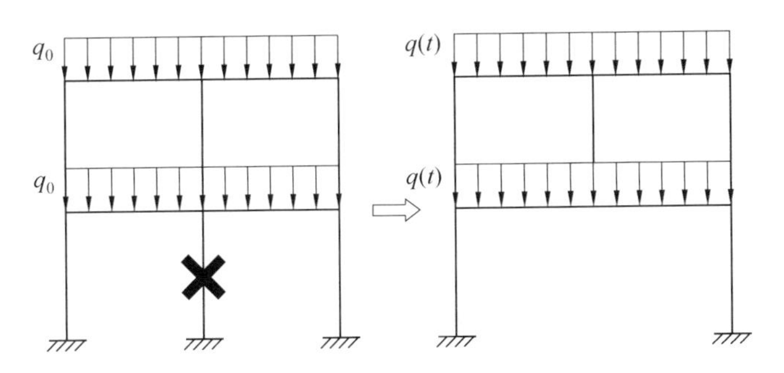

图 7.14　平面框架瞬时加载法分析过程

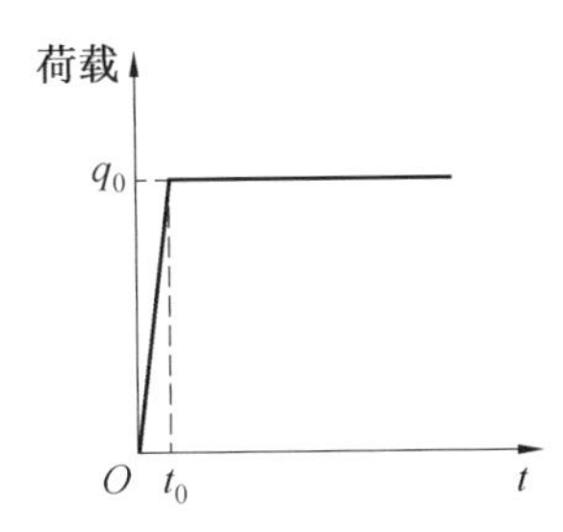

图 7.15　瞬时加载法动力荷载－时程曲线

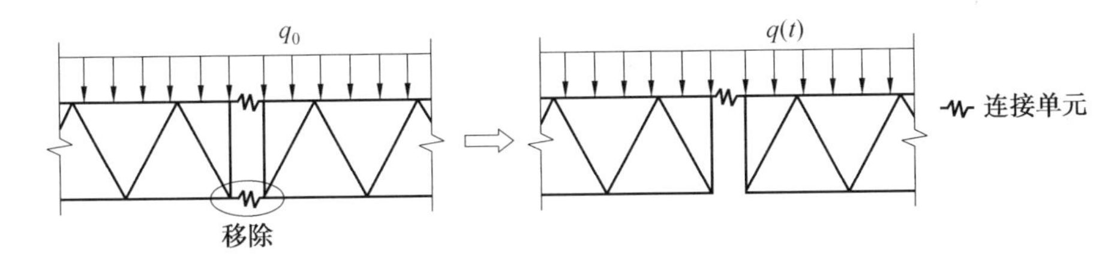

图 7.16　装配式组合楼盖瞬时加载法分析过程

先，通过静力计算，求解荷载 q_0 作用下底层中柱的内力 P(示例结构为对称结构，荷载分布也对称，因此底层中柱只受轴力；对于其他结构，内力则包括轴力、剪力和弯矩)；然后，移除底层中柱，将所求得的底层中柱内力 P 转化为节点荷载 P' 施加在原中柱上端节点，P 与 P' 大小相等，方向相反(P' 即 P 的“等效荷载”)，此时剩余结构在荷载 q_0 和 P' 作用下的变形和内力与原结构在荷载 q_0 作用下的完全一致，称此时的结构为“等效结构”，如图 7.17 所示；最后，在等效结构的基础上进行动力时程分析。

上述方法涉及等效荷载 P' 由静力荷载属性到动力荷载属性的变化，在实际的软件操作中难以实现，因此通常有两种处理办法：一种是从分析一开始就将等效荷载 P' 定义为动力时程荷载，时程曲线如图 7.18 所示，$[t_0, t_1]$ 时间段内等效荷载 $P'(t)$ 的幅值快速下降为 0，即结构“卸载”的过程；另一种方法是在静力荷载 q_0 和 P' 作用下得到“等效结构”后，将这一结构状态作为动力时程分析的起

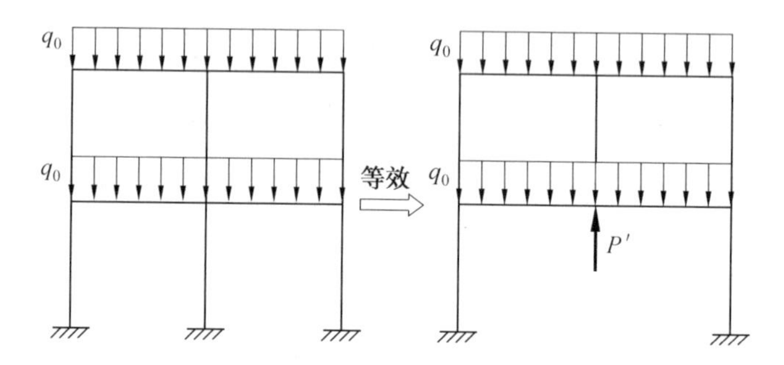

图 7.17　平面框架等效荷载瞬时卸载法的“等效结构”

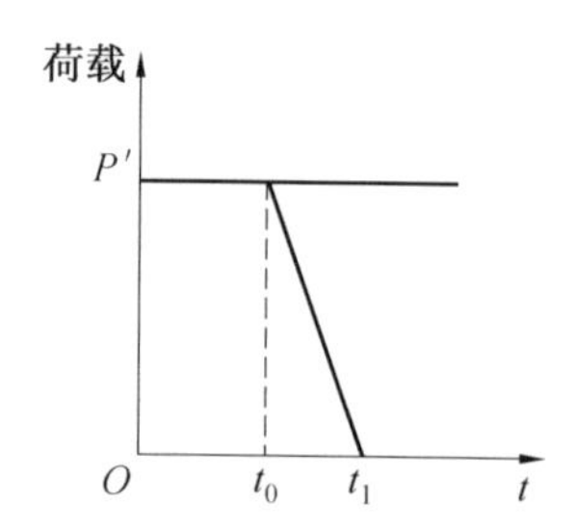

图 7.18　等效荷载瞬时卸载法动力荷载－时程曲线

点，在失效点处再施加一个与等效荷载 P' 反向的动力时程荷载 $P''(t)$，如图 7.19 所示，时程曲线如图 7.20 所示，其最大值与等效荷载 P' 一致，相当于将静力荷载 P' 卸载，该处理方法从动力分析的角度来看，是动力荷载 $P''(t)$ 加载的过程，因此也有相关研究将这种处理方式称为“瞬时加载法”。上述两种处理方式中，后一种方法的动力计算历程较前一种短，计算更快，本书所采用的等效荷载瞬时卸载法均指采用后一种处理方式的计算方法。

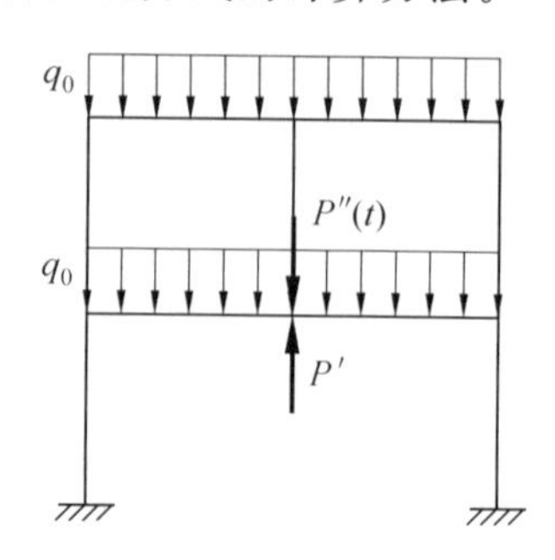

图 7.19　采用加载方式处理的等效荷载瞬时卸载法

利用 Midas 对新型装配式组合楼盖采用等效荷载瞬时卸载法进行失效模拟分析步骤：首先，在静力计算工况下求得指定连接的内力；然后，从完整结构中移除指定的关键连接单元，将上一步求得的连接内力等值反向施加到相应节点上，再进行一次静力计算;最后,以上一步静力计算的结果作为动力分析初始状态,对剩余楼盖结构施加图 7.20 的荷载—时程曲线,进行动力时程分析,分析过程如图 7.21 所示。

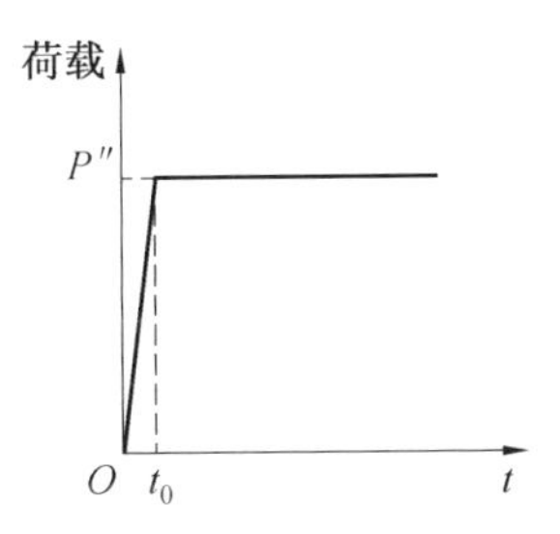

图 7.20　等效荷载瞬时加载法动力荷载—时程曲线

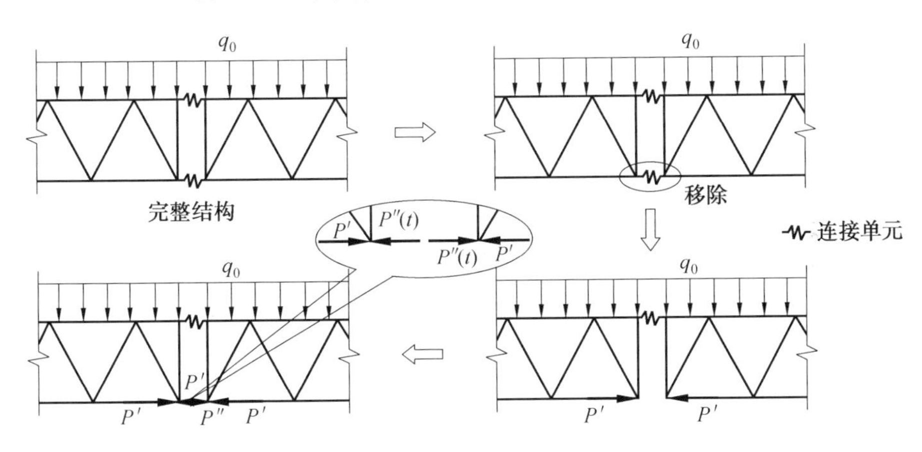

图 7.21　装配式组合楼盖等效荷载瞬时卸载法分析过程

3. 全动力等效荷载瞬时卸载法

全动力等效荷载瞬时卸载法是在等效荷载瞬时卸载法思路的基础上,将静力荷载 q_0 和等效荷载 P' 都定义为动力时程荷载,二者的动力时程曲线分别如图 7.22 和图 7.23 所示。

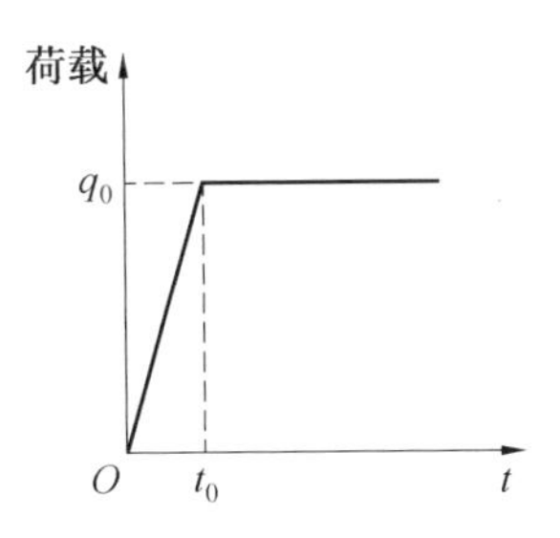

图 7.22　全动力等效荷载瞬时卸载法静力荷载—时程曲线

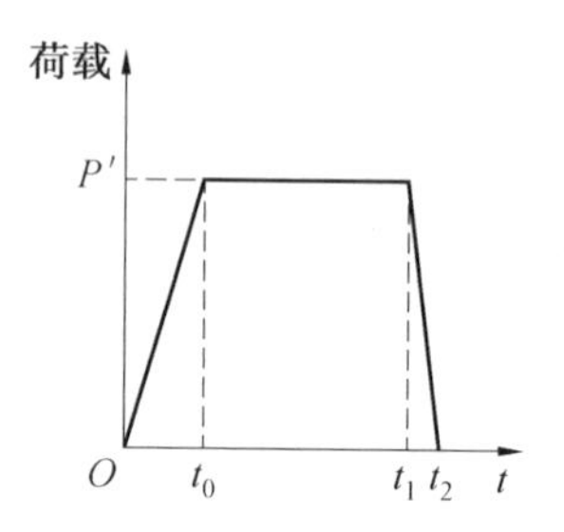

图 7.23　全动力等效荷载瞬时卸载法等效荷载－时程曲线

同样以图 7.24 所示的平面框架为例，说明全动力等效荷载瞬时卸载法的分析步骤：首先，通过静力计算求解荷载 q_0 作用下底层中柱的内力 P；然后，移除底层中柱，在结构上施加动力时程荷载 $q(t)$，在移除柱的上方节点施加动力时程荷载 $P'(t)$，其方向与内力 P 相反；最后，进行动力时程分析。

那么，在图 7.22 和图 7.23 所示的动力时程荷载作用下，结构将在$[0,t_0]$时间段（以下称为"加载段"）内缓慢受载；在$(t_0,t_1]$时间段（以下称为"持荷段"）内做受迫振动，并在阻尼作用下振幅逐步衰减至稳定，在这一过程中，由于 $q(t)=q_0$，$P'(t)=P$，剩余结构的位移和变形将逐渐与原结构等效；在$(t_1,t_2]$时间段（以下称为"失效段"）内由于等效荷载 $P'(t)$ 快速下降为 0，结构相当于发生了"构件失效"；在$(t_2,+\infty)$时间段（以下称为"振动段"），结构再次发生振动并衰减。

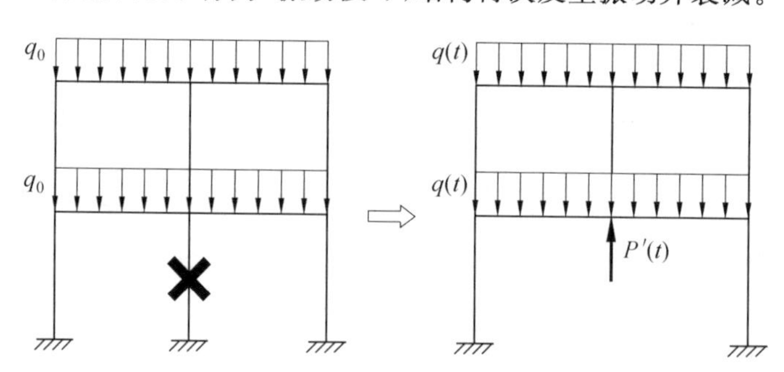

图 7.24　平面框架全动力等效荷载瞬时卸载法分析过程

采用上述方法对本书新型装配式桁架梁组合楼盖进行连接失效模拟的过程如图 7.25 所示。

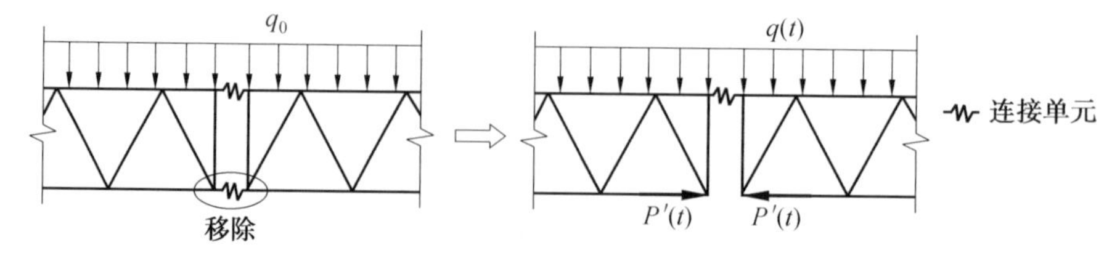

图 7.25　装配式组合楼盖全动力等效荷载瞬时卸载法分析过程

4.模拟方法小结

上述三种方法的对比见表7.8。

表7.8　构件失效模拟方法对比

方法	初始状态的考虑	计算步骤数	耗时程度
瞬时加载法	不考虑初始状态的影响	一次动力时程分析	较短
等效荷载瞬时卸载法	考虑初始状态的影响	两次静力分析＋一次动力时程分析	中等
全动力等效荷载瞬时卸载法	考虑初始状态的影响	一次静力分析＋一次动力时程分析	最耗时

瞬时加载法是上述三种方法中操作最为简单的方法,只需建立一个时程分析工况,加载步骤一步到位,软件实现较为方便,但该方法忽略了结构初始状态对计算结果的影响。通常情况下对于典型框架结构而言,忽略初始状态下的结构变形和位移进行动力分析会带来略为保守的结果,但对于新型装配式楼盖而言,这一影响程度如何尚不得而知,需要进一步研究。

等效荷载瞬时卸载法能够考虑结构初始状态的影响,该方法中的动力时程分析是以结构在构件失效前的稳定状态为起点,因此分析时需要建立两种工况:静力分析工况和动力时程分析工况。分析时需进行两次静力分析和一次动力时程分析,操作相对烦琐,耗时更多。

全动力等效荷载瞬时卸载法是在等效荷载瞬时卸载法的基础上改进而来,因此也能够考虑结构初始状态的影响,相比等效荷载瞬时卸载法而言,减少了一次静力分析,操作上更加快捷,但增加了动力时程分析的时长,计算耗时最多。

上述三种方法对新型装配式楼盖的适用性需进一步对比分析。

7.3.2　连接失效模拟参数

对于瞬时加载法和等效荷载瞬时卸载法,二者的荷载－时程曲线是相似的,最主要的控制参数分别是图7.15和图7.20中时程曲线[0,t_0]时间段的长度,即加载时长t_a和t'_a。对于全动力等效荷载瞬时卸载法,其主要的控制参数有三个,分别是图7.23中时程曲线[0,t_0]、[t_0,t_1]和[t_1,t_2]三个时间段的长度,分别称为加载段时长t_p、持荷段时长t_c和失效段时长t_d。

1.分析模型

分析对象以及分析时采用的三维几何模型同7.2.2节所介绍模型(图7.3),在进行非线性动力分析时,需要对模型设置相应的非线性和动力分析参数。

(1)滞回模型和塑性铰。

进行非线性动力分析时,滞回模型是一个非常重要的参数,Midas为用户提供了丰富的滞回模型曲线，包括钢筋混凝土构件常用的修正武田三折线模型以及钢构件常用的标准双折线模型、随动硬化模型等。本书钢构件滞回模型采用标准双折线模型(图 7.26)，通过集中塑性铰模型来模拟构件的材料非线性，不同构件考虑的塑性铰成分为：框架柱的两端赋予 P－M－M 相关铰，框架梁两端赋予 M3 铰，桁架梁弦杆和腹杆均赋予 P 铰。塑性铰的屈服特性软件根据所选择的滞回模型、构件材料和截面类型自动计算。为简化分析，弹簧连接单元仍假定为线弹性，不考虑其非线性。

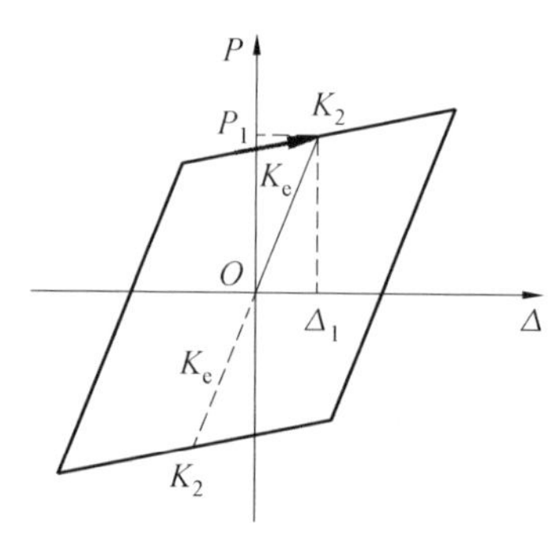

图 7.26　标准双折线滞回模型

(2)$P-\Delta$ 效应和 Rayleigh 阻尼。

根据我国规范 CECS 392:2014 第 4.4.14 条的有关规定，本书考虑 $P-\Delta$ 效应，不考虑几何非线性(大变形、大位移)，结构阻尼采用 Rayleigh 阻尼，阻尼比采用实测值 0.028。

Rayleigh 阻尼假设阻尼 $\boldsymbol{c}$ 与质量矩阵 $\boldsymbol{m}$ 和刚度矩阵 $\boldsymbol{k}$ 的组合成比例，如下所示：

$$\boldsymbol{c}=a_0\boldsymbol{m}+a_1\boldsymbol{k} \tag{7.16}$$

式中，a_0 和 a_1 分别为质量比例系数和刚度比例系数。若已知两个特定的频率 ω_m 和 ω_n 相关的阻尼比 ξ_m 和 ξ_n，根据式(7.16) 可以推导并求解出系数：

$$\begin{bmatrix} a_0 \\ a_1 \end{bmatrix}=2\frac{\omega_m\omega_n}{\omega_n^2-\omega_m^2}\begin{bmatrix} \omega_n & -\omega_m \\ -\dfrac{1}{\omega_n} & \dfrac{1}{\omega_m} \end{bmatrix}\begin{bmatrix} \xi_m \\ \xi_n \end{bmatrix} \tag{7.17}$$

一般情况下很少能够得到阻尼比随频率变化的详细信息，因此通常假设应用与两个控制频率的阻尼比相同，即 $\xi_m=\xi_n=\xi$，故比例系数：

$$\begin{bmatrix} a_0 \\ a_1 \end{bmatrix}=\frac{2\xi}{\omega_m+\omega_n}\begin{bmatrix} \omega_m\omega_n \\ 1 \end{bmatrix} \tag{7.18}$$

在动力计算时，ω_m 和 ω_n 取剩余结构前两阶自振频率。

(3) 非线性动力计算方法。

本书非线性动力计算采用 Newmark－β 直接积分法，采用完全

Newton-Raphson 法进行迭代计算，迭代最小时间步长为 0.000 01 s，动力分析时间步长取0.001 s。

2. 加载时长 t_a 和 t'_a的取值

无论对于瞬时加载法还是等效荷载瞬时卸载法，结构在 t_a 和 t'_a内所经历的荷载变化过程，都相当于经历了构件失效的过程。目前，针对典型框架结构基于AP 法的非线性动力计算模拟构件失效过程，美国 GSA2016 和 DOD2013 的规定是一致的，要求失效时间必须小于剩余结构与竖向振动模式有关的周期的1/10。我国规范 CECS 392:2014 要求被拆除构件的失效时间不大于 $0.1T_1$，T_1为剩余结构的基本周期，但此处的基本周期并未明确说明其方向。此外，结构在意外情况下，构件或连接失效时间一般都非常短暂，显然，失效时间越短，动力响应越强烈，但同时动力计算所需的时间步长也越短，计算越耗时，我国规范 CECS 392:2014 规定动力时程分析的积分步长不宜大于 0.005 s。一般来说积分步长应小于失效时长，这样才能保证响应曲线上具有足够的积分点数目，保证结构响应的计算精度。

本书以楼盖内部区关键连接 1 号连接失效为例，探讨瞬时加载法的加载时长 t_a 的合理取值。分别取加载时长 t_a = 0.001 s、0.01 s、0.024 6 s($0.1T_v^1$，T_v^1 = 0.246 4 s，T_v^1 为移除 1 号连接后剩余结构的一阶竖向振动周期)、0.1 s、0.25 s、0.5 s和 0.75 s 进行动力计算，获得失效连接节点的竖向位移－时程曲线如图 7.27 所示。提取各条时程曲线上位移响应的最大值，得到加载时长 t_a 与最大位移的关系曲线如图 7.28 所示。

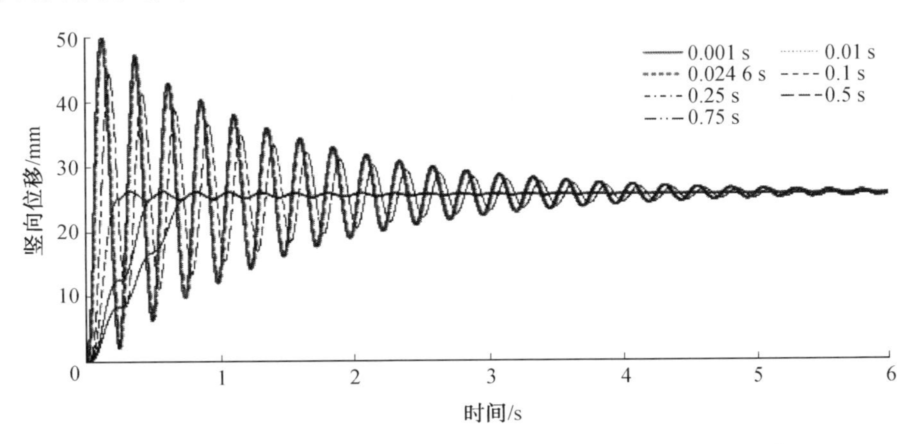

图 7.27　瞬时加载法不同加载时长 t_a 下的失效点竖向位移时程曲线

由图 7.27 和图 7.28 的结果可以看出，加载时间 t_a 越短，剩余楼盖结构的动力响应越大，在 t_a 的上述取值结果中，当失效时间为 0.001 s 时剩余结构的动力响应最大，0.01 s和 0.024 6 s($0.1T_v^1$) 的结果与它非常接近，3 种情况下的位移－

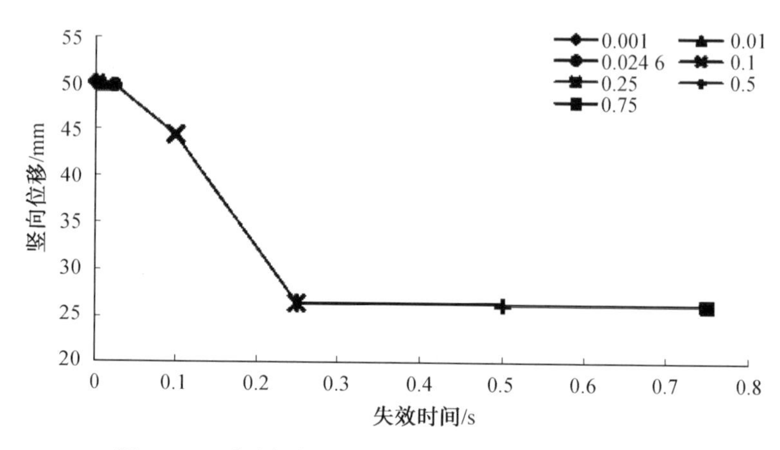

图 7.28　瞬时加载法加载时长 t_a 与最大位移关系曲线

时程曲线几乎重合，最大竖向位移分别为 49.98 mm、49.92 mm 和 49.65 mm，与前者相差分别为 0.1% 和 0.7%；当失效时间为 0.1 s 时，剩余结构的最大竖向位移为 44.38 mm，与失效时间为 0.001 s 时的结果相差为 11.2%；当失效时间超过 0.1 s 后，动力效应的影响急剧下降，当失效时间为 0.25 s，0.5 s 和 0.75 s 时，结构的最大竖向位移分别为 26.33 mm、26.24 mm 和 26.17 mm，此时结构的动力效应已经较小。因此，加载时间 t_a 取不大于剩余结构第一阶竖向振动周期的 0.1 倍和 0.01 s 中的较小值时较为合理，此时的计算结果可以充分反映剩余结构的最大动力响应。

对于等效荷载瞬时卸载法中的加载时长 t'_a，同样以 1 号连接失效为例进行研究，得到的结论与上述瞬时加载法的结论相同，此处不再赘述。

3. 全动力等效荷载瞬时卸载法时间参数取值

全动力等效荷载瞬时卸载法涉及的时间参数主要有三个：加载段时长 t_p、持荷段时长 t_c 和失效段时长 t_d。

(1) 加载段时长 t_p 与持荷段时长 t_c。

加载段和持荷段所要完成的任务，是采用动力加载的方式形成“等效结构”，因此加载的过程应尽量平缓，最大程度减小动力加载引起的动力效应，且持荷的时间应足够长，保证结构的振动趋于平静，从而达到足够的分析精度。

以 1 号关键连接失效为例，分别取加载段时长 t_p 为剩余结构一阶竖向振动周期的 1 倍、2 倍、4 倍和 8 倍进行计算，即分别取 $t_p = 0.246$ s、0.492 s、0.984 s 和 1.968 s。不同时长下失效点处竖向位移－时程结果如图 7.29 所示。

由图 7.29 的结果可以看出，加载段时长 t_p 取 1 倍 T_v^1 时的动力效应最大，失效点的最大竖向位移为 21.54 mm，取 2 倍、4 倍和 8 倍时的最大竖向位移分别为 21.35 mm、21.24 mm 和 21.10 mm，因此当加载段时长 t_p 取 T_v^1 的 1 倍以上时，

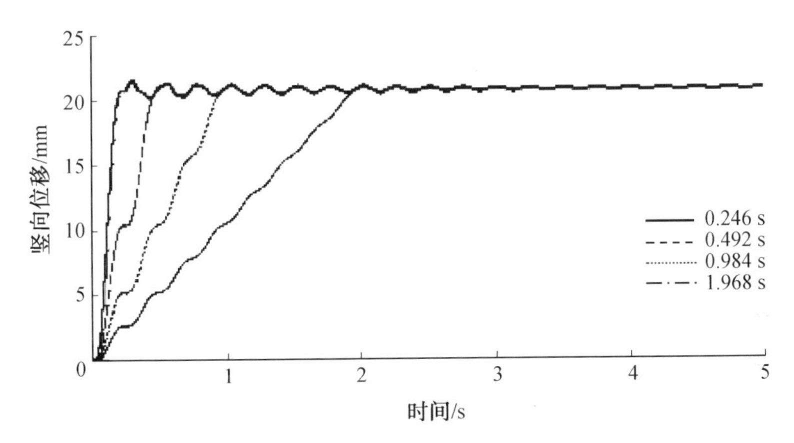

图 7.29　不同加载段时长 t_p 下的失效点竖向位移－时程曲线

结构的动力效应已经影响不大。为节约分析时间，本书建议取剩余结构一阶竖向振动周期 T_v^1 的 2 倍作为加载段时长 t_p。

在加载段时长 t_p 为 2 倍 T_v^1 的基础上，分别取持荷段时长 t_c 为 T_v^1 的 10 倍、20 倍、30 倍和 40 倍进行计算，不同时长下失效点处竖向位移－时程结果如图 7.30 所示。

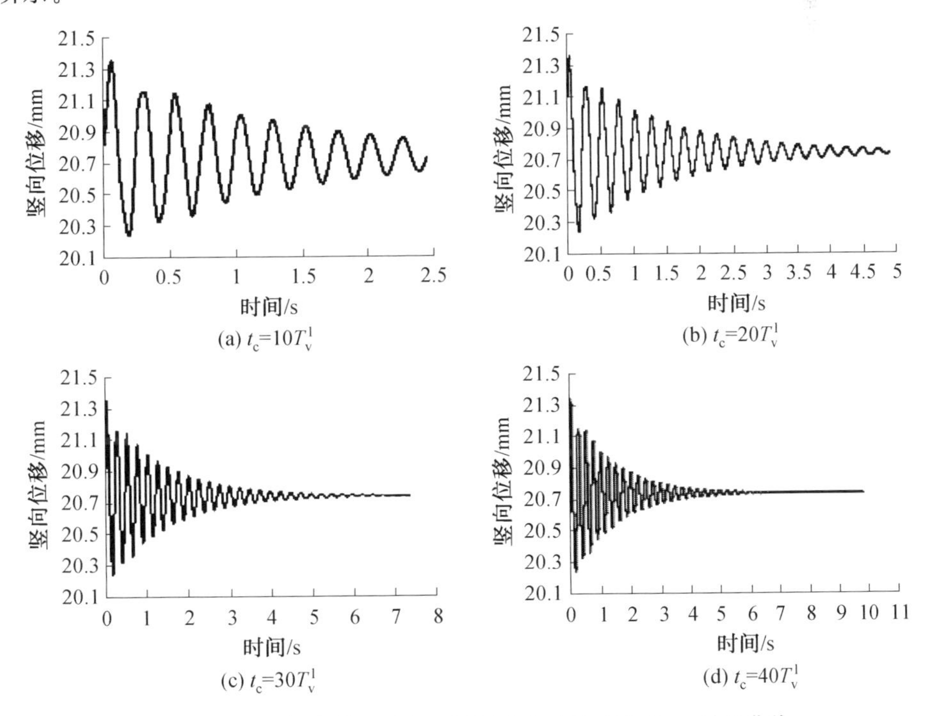

图 7.30　不同持荷段时长 t_c 下的失效点竖向位移－时程曲线

由图 7.30 的结果可以看出，持荷段时长 t_c 取 20 倍 T_v^1 时的振动已经衰减得较充分，此时曲线上最后一个振动周期内的位移极值差（即最后一个完整振动波峰与波谷的位移差值）仅为 0.038 mm；当持荷段时长 t_c 取大于 30 倍 T_v^1 时的振动已经衰减得非常充分，此时曲线上最后一个振动周期内的位移极值差已不足 0.01 mm。为节约分析时间，本书建议取剩余结构一阶竖向振动周期 T_v^1 的 20 倍作为持荷段时长 t_c。

（2）失效段时长 t_d。

全动力等效荷载瞬时卸载法中的失效段时长 t_d 类似于瞬时加载法和等效荷载瞬时卸载法中的加载时长 t_a 和 t'_a，因此同样以 1 号连接失效为例进行研究，得到的结论与上述瞬时加载法的结论相同，此处不再赘述。

4. 模拟结果对比

以楼盖内部区关键连接 1 号连接的失效为例，分别采用瞬时加载法、等效荷载瞬时卸载法和全动力等效荷载瞬时卸载法进行失效模拟，设工况分别为工况 1、工况 2 和工况 3。其中，瞬时加载法和等效荷载瞬时卸载法的加载时间 t_a 和 t'_a 均取为 0.01 s，全动力等效荷载瞬时卸载法的 t_p 取 2 倍 T_v^1，t_c 取 20 倍 T_v^1，t_d 取为 0.01 s。三种模拟方法的结果如图 7.31 所示。

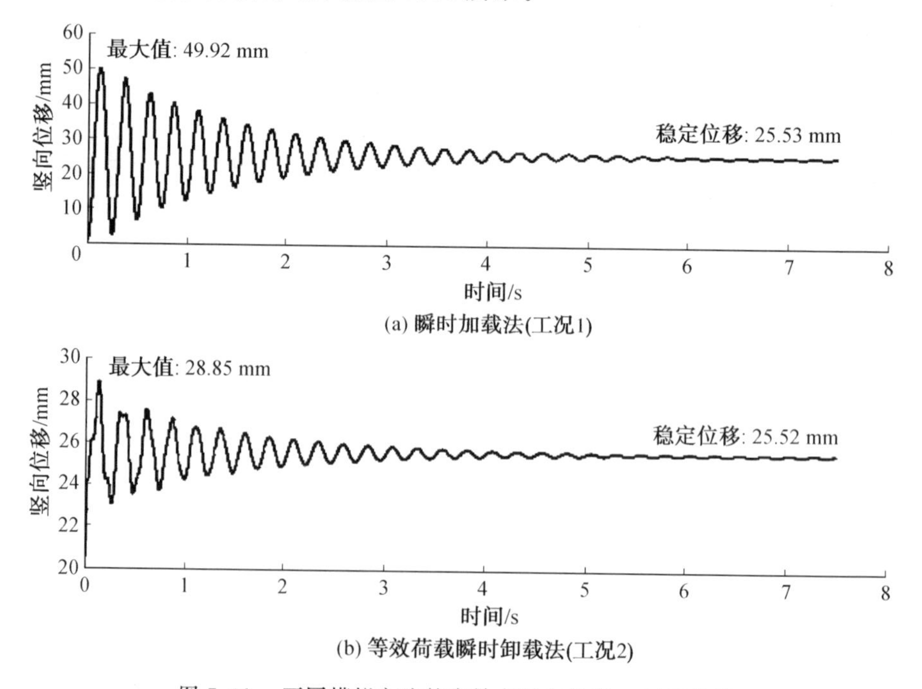

图 7.31　不同模拟方法的失效点竖向位移—时程曲线

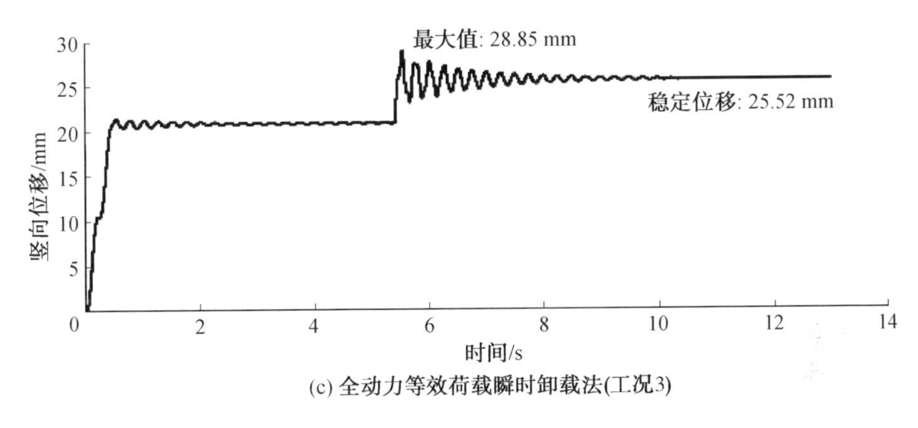

(c) 全动力等效荷载瞬时卸载法(工况3)

续图 7.31

由图7.31的结果可以看出，在相同的失效时间内，工况1的动力效应比工况2和工况3强烈得多，工况1失效点最大竖向位移为49.92 mm，工况2和工况3均为28.85 mm，相差21.07 mm，约等于完整楼盖结构在静力荷载作用下失效点处的位移(20.74 mm)。采用瞬时卸载法对新型装配式楼盖进行动力分析时，楼盖的最大动力响应将包含约两倍的初始静力位移。因此初始状态的影响对于新型装配式楼盖的动力分析不可忽略，应采用能够考虑初始状态的等效荷载瞬时卸载法或全动力等效荷载瞬时卸载法来模拟楼盖关键连接的失效过程。

对于等效荷载瞬时卸载法和全动力等效荷载瞬时卸载法，两种方法均能考虑结构的初始状态，且对连接失效后结构响应的计算结果是一致的，但等效荷载瞬时卸载法计算耗时短、效率高，因此是一种更适合工程应用的方法。

7.4　装配式桁架梁组合楼盖荷载动力放大系数

7.4.1　荷载动力放大系数

在结构动力学中有放大系数(magnification factor)的概念，它表示单自由度线弹性系统的质量在激励 $P(t)$ 作用下的最大动位移 $[y(t)]_{\max}$ 与静位移 y_{st} 的比值 β，即

$$\beta=\frac{[y(t)]_{\max}}{y_{st}} \tag{7.19}$$

有些文献中该比值也被称为“动力放大系数”(dynamic magnification factor)。

Tasi 对连续倒塌问题中的动力放大系数(Dynamic Amplification Factor,

DAF）分别以位移和力为研究对象，提出了基于位移和基于力的定义，如图7.32所示。基于位移的定义为单自由度系统在施加相同大小荷载 P 下分别由动力计算和静力计算得到的最大动力位移 Δ_{dy} 和静力位移 Δ_{st} 的比值，即

$$\mathrm{DAF}_{\Delta}=\frac{\Delta_{dy}}{\Delta_{st}} \tag{7.20}$$

对于线弹性段，有

$$\mathrm{DAF}_{\Delta}=\frac{\Delta_{dy}}{\Delta_{st}}=\frac{P/k_{dy}}{P/k_{st}}=\frac{k_{st}}{k_{dy}} \tag{7.21}$$

式中，k_{st} 和 k_{dy} 分别为系统在线弹性阶段的等效静力刚度和动力刚度。基于力的定义则是同样的系统在静力计算和动力计算中产生相同位移 Δ 时对应的静力荷载 P_{st} 和动力荷载 P_{dy} 之比，即

$$\mathrm{DAF}_{P}=\frac{P_{st}}{P_{dy}} \tag{7.22}$$

同样，对于线弹性段，有

$$\mathrm{DAF}_{P}=\frac{P_{st}}{P_{dy}}=\frac{k_{st}\Delta}{k_{dy}\Delta}=\frac{k_{st}}{k_{dy}} \tag{7.23}$$

从图7.32以及式(7.20)和式(7.22)可以看出，在弹性阶段，两种定义下的DAF值相等，即 $\mathrm{DAF}_{\Delta}=\mathrm{DAF}_{P}$。而在弹塑性阶段，由于荷载引起的位移响应不再呈线性关系，不能采取式(7.20)和式(7.22)的方法计算DAF值，但仍可以通过式(7.19)和式(7.21)来定义基于不同研究对象的动力放大系数。

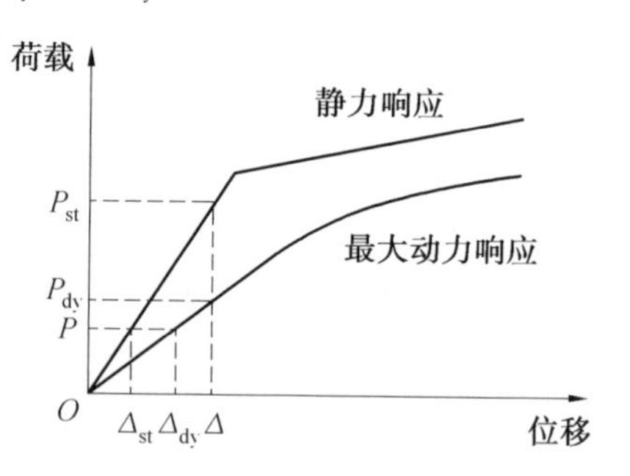

图7.32　动力放大系数DAF的定义

在结构的连续倒塌静力计算中，为了考虑动力效应的影响，通常采用的方法是基于相同位移条件下，引入荷载动力放大系数(Dynamic Increase Factor，DIF)来放大静力荷载，使得结构在动力荷载作用下产生的最大位移响应和经过放大了的静力荷载作用下的位移响应相当。由此可见，该系数放大的对象为荷载，因此在DOD2013规范中也将该系数称为“荷载放大系数”(Load Increase Factor，LIF)。

对于荷载动力放大系数的确定，目前一般采用试算的方法进行，具体步骤如下：首先，对结构进行非线性动力计算；然后，设置放大系数和作用范围不同的分析工况，依次对结构进行静力计算，包括线性静力和非线性静力计算；最后，对比前两步的计算结果，找出与非线性动力计算结果吻合度最好的工况，从而确定荷载动力放大系数的合理取值。

7.4.2　不同规范对荷载动力放大系数的规定

荷载动力放大系数是荷载组合的内容之一，国内外规范针对不同计算方法所采用的荷载组合都提出了较为具体的要求和建议，涉及荷载动力放大系数的内容主要有两方面：荷载动力放大系数的大小以及作用范围，以美国的两大抗倒塌规范 GSA 和 DOD 以及我国规范 CECS 392:2014 为例，有关规定如下：

1. GSA2003

GSA2003 作为国际上最早的抗倒塌专门规范之一，反映了当时抗连续倒塌领域的许多最新成果。该规范推荐了线性和非线性静力、线性和非线性动力四种计算方法，其中，根据计算方法的不同，考虑的荷载组合分别为

$$\text{Load}=2(\text{DL}+0.25\text{LL}) \tag{7.24}$$

$$\text{Load}=\text{DL}+0.25\text{LL} \tag{7.25}$$

式中，DL、LL 分别为恒、活荷载标准值。静力计算时采用式(7.24)，动力计算时采用式(7.25)，荷载动力放大系数为一定值，取 2.0，但该规范对其作用范围并未做明确要求。

2. DOD2005

该规范推荐了三种计算方法：非线性动力、线性静力与非线性静力计算。与 GSA2003 不同，DOD2005 规范考虑了水平荷载作用以及荷载分项系数的按情况取用，且对荷载放大区域也有相应说明，规定如下：

$$G_S=2.0\,[(1.2\text{ 或 }0.9)D+(0.5L\text{ 或 }0.2S)]+0.2W \tag{7.26}$$

$$G_D=(1.2\text{ 或 }0.9)D+(0.5L\text{ 或 }0.2S)+0.2W \tag{7.27}$$

式中，D、L、S 和 W 分别表示恒荷载、活荷载、雪荷载和风荷载。静力计算时采用式(7.26) 的组合，动力计算时则为式(7.27)；荷载动力放大系数的取值与 GSA2003 相同，取 2.0；恒荷载分项系数 0.9 仅当恒载有利时取用。荷载动力放大系数的作用范围为被拆除柱顶端及以上楼层与被拆除柱相邻开间。

3. DOD2013 和 GSA2016

DOD2013 和 GSA2016 是目前最新的版本，相较之前的版本有较大的改进，且 GSA2016 在修订时考虑了与 DOD 规范的兼容性，因此，对于荷载组合的规定，两部规范的内容是一致的，具体如下：

$$G_L=\Omega_L\,[1.2D+(0.5L\text{ 或 }0.2S)] \tag{7.28}$$

$$G_N=\Omega_N\,[1.2D+(0.5L\text{ 或 }0.2S)] \tag{7.29}$$

$$G=[1.2D+(0.5L\text{ 或 }0.2S)] \tag{7.30}$$

式中，Ω_L、Ω_N 为荷载动力放大系数，分别在线性静力计算和非线性静力计算时取用；D、L 和 S 的定义与式(7.26) 相同。

对于不同类型结构，Ω_L 和 Ω_N 的取值见表 7.9。表中，m 为 ASCE 41 中与构

件和连接性能有关的系数；m_{LIF} 为被移除柱上方与其直接相连构件的 m 值的最小值；θ_{pra} 为构件在不同性能水平下的塑性转角限值；θ_{y} 为屈服转角。

表 7.9　DOD2013 和 GSA2016 规范不同类型结构荷载动力放大系数的取值

结构类型	Ω_{L}		Ω_{N}
	延性构件	脆性构件	
钢框架	$\Omega_{\mathrm{L}}=0.9m_{\mathrm{LIF}}+1.1$	2.0	$\Omega_{\mathrm{N}}=1.08+\dfrac{0.76}{\dfrac{\theta_{\mathrm{pra}}}{\theta_{\mathrm{y}}}+0.83}$
RC 框架	$\Omega_{\mathrm{L}}=1.2m_{\mathrm{LIF}}+0.8$	2.0	$\Omega_{\mathrm{N}}=1.04+\dfrac{0.45}{\dfrac{\theta_{\mathrm{pra}}}{\theta_{\mathrm{y}}}+0.48}$
RC 剪力墙	$\Omega_{\mathrm{L}}=2.0m_{\mathrm{LIF}}$	2.0	2.0

荷载动力放大系数的作用范围如图 7.33 所示。

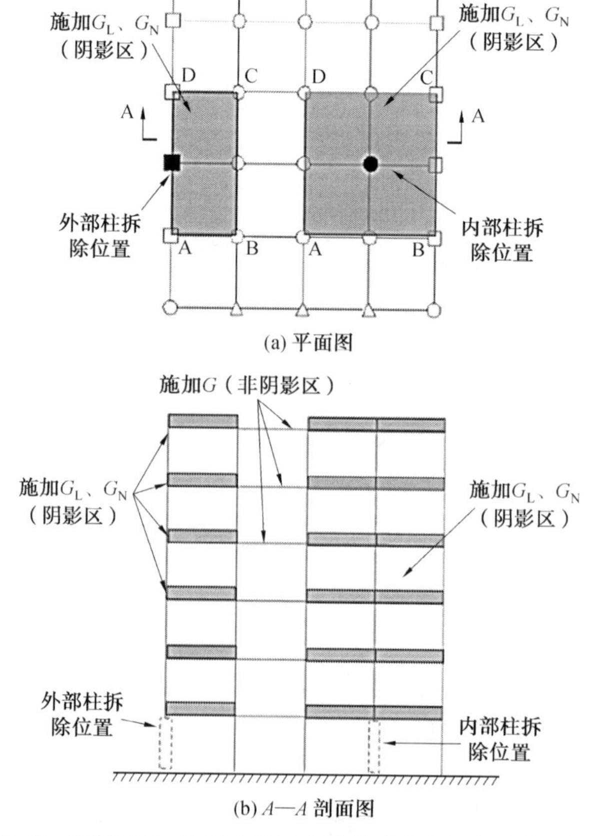

图 7.33　DOD2013 和 GSA2016 规范荷载动力放大系数施加区域

4. 我国规范 CECS 392:2014

我国《建筑结构抗倒塌设计规范》(CECS 392:2014) 在编写时主要参考了美国 DOD2010 和我国《高层建筑混凝土结构技术规程》(JGJ 3—2010) 规范的相关规定，具体规定如下：

$$S_d = S_V + S_L \tag{7.31}$$

$$S_L = \psi_L S_{Lk} \tag{7.32}$$

式中，S_d 为剩余结构荷载组合的效应设计值；S_V 和 S_L 分别为重力荷载组合效应设计值和水平荷载的效应设计值；S_{Lk} 为水平荷载效应标准值；ψ_L 为水平荷载组合系数，取 0.2。重力荷载组合效应的设计值规定如下：

$$S_V = A_d\,[S_{Gk} + (\psi_q S_{Qk}\ \text{或}\ \gamma_S S_{Sk})] \tag{7.33}$$

$$S_V = S_{Gk} + (\psi_q S_{Qk}\ \text{或}\ \gamma_S S_{Sk}) \tag{7.34}$$

式中，S_{Gk}、S_{Qk} 和 S_{Sk} 分别为楼盖永久荷载、活荷载和雪荷载标准值的效应；ψ_q 为活荷载准永久值系数，取 0.5；γ_S 为雪荷载分项系数，对轻型钢屋盖取 1.0，其他取 0.2；A_d 为动力放大系数，对于钢结构，线性静力分析取 2.0，非线性静力分析取 1.35，其作用范围为与被拆除柱相连跨以上层的楼层。

非线性动力计算时，竖向荷载组合的效应设计值可按下式计算：

$$S_{VS} = \gamma_G S_{Gk} + \gamma_Q S_{Qk}(\text{或}\ \gamma_S S_{Sk}) \tag{7.35}$$

但规范未对式(7.35) 中的分项系数 γ_G 和 γ_Q 的取值做规定和说明。

7.4.3　大跨装配式组合楼盖连续倒塌的荷载动力放大系数

本节针对我国规范 CECS 392:2014 中有关荷载动力放大系数的规定对本书新型装配式楼盖连续倒塌分析的适用性展开研究。

1. 分析模型

分析对象以及分析时采用的三维几何模型同 7.2.2 节介绍模型，如图 7.3 所示。在进行非线性动力分析时，需要对模型设置相应的非线性和动力分析参数；在进行静力分析时，需要对模型设置相应的非线性或线性分析参数。

(1) 非线性动力计算时的参数。

非线性动力计算方法采用 7.3.1 节的全动力等效荷载瞬时卸载法，加载段时长 t_a' 取 0.01 s、持荷段时长 t_c 取 2 倍剩余结构第一阶竖向振动周期，失效段时长 t_d 取 20 倍上述周期。其他模型参数和设置与 7.3.2 节的相同。

(2) 静力计算时的参数。

根据我国规范 CECS 392:2014 第 4.4.12 和 4.4.13 条的有关规定，进行线性静力分析时，采用线弹性材料模型，考虑 $P-\Delta$ 效应，静力荷载一次性施加在剩余结构上进行静力计算；进行非线性静力分析时，采用考虑材料非线性的构件力－变形关系骨架线，考虑 $P-\Delta$ 效应，静力荷载分步施加在剩余结构上进行静力计算。因此本章进行非线性静力分析时，框架柱的两端赋予 P－M－M 相关铰，框架梁两端赋予 M3 铰，桁架梁弦杆和腹杆均赋予 P 铰，根据 FEMA 356 确定塑性铰的参数。同时考虑 $P-\Delta$ 效应，静力荷载分布施加到剩余结构上，荷载从零增大到分析最终值的加载步设为 20 步。

(3) 荷载组合。

采用荷载准永久组合，楼盖永久荷载分项系数取 1.0，楼盖活荷载准永久系数取 0.5。不考虑水平风荷载作用。动力放大系数 A_d，对于钢结构，线性静力分析取 2.0，非线性静力分析取 1.35。

2. 荷载动力放大系数作用区域

从图 7.33 可以看出，在连续性倒塌分析中，放大系数的作用范围有限，荷载放大区域一般在失效构件相邻的一定范围内。对于本书的新型装配式楼盖，连接失效后动力效应的影响区域也可能是有限的，若对整个楼盖的荷载都进行放大，可能会过高地估计失效点以外节点的位移响应。因此，对于我国规范建议的荷载动力放大系数，本书将对比局部放大和全楼盖放大工况下结构位移与动力分析的最大响应结果的吻合程度。

图 7.34 是本节所考虑的荷载局部放大方式，图中阴影部分为考虑放大的区域，即与该失效连接临近的梁区格。例如，图 7.34(a) 是位于楼盖内部的连接(即板－板连接) 失效时，局部放大区域为四个与其紧密相连的区格，图 7.34(b) 是位于楼盖四周的连接(即板－柱 Ⅰ 型和板－柱 Ⅱ 型连接) 失效时，局部放大区域为四个临近的区格，图 7.34(c) 是位于楼盖角部(即板－柱 Ⅲ 型连接) 失效时，局部放大区域仅为与其紧密相连的一个区格，和上述局部放大形成对照的是图 7.30(d) 的全楼盖放大。

3. 静力计算与动力计算结果对比

本节共有四种不同类型的连接，因此各挑选一种为例，分别以 1 号、10 号、14 号和 18 号连接失效进行荷载动力放大系数的研究，依次进行非线性动力计算、考虑局部放大的线性静力计算(简称线性静力 a)、考虑全楼盖放大的线性静力计算(简称线性静力 b)、考虑局部放大的非线性静力计算(简称非线性静力 a) 和考虑全楼盖放大的非线性静力计算(简称非线性静力 b)。为便于比较计算结果，将楼盖内部区域桁架梁相交处的 9 个节点的位移输出进行比较，9 个位移输出点的位置如图 4.4(d) 所示，从左上至右下依次编号为 1 ～ 9。计算结果如表7.10 ～ 7.13 和图 7.35 ～ 7.38 所示。

对比表 7.10 ～ 7.13 的计算结果，可以看出各失效工况下“线性静力 b” 的结果均是最保守的，1 号、10 号和 14 号的相对误差在 73% 左右，18 号的相对误差达到了 92% 左右；各失效工况下“非线性静力 a” 的结果是最接近非线性动力计算的结果的，误差均在 10% 以内。各失效工况下，在线性静力计算的两种情况中，

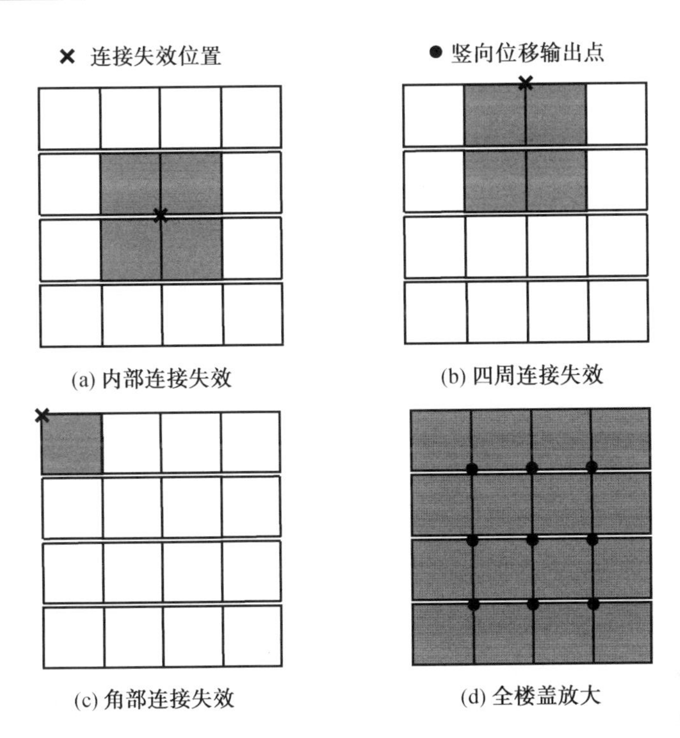

图 7.34　荷载放大区域

“线性静力 a” 的结果误差均小于“线性静力 b”；在非线性静力计算的两种情况中，“非线性静力 a” 的结果误差也均小于“非线性静力 b”，即同一计算方法下考虑荷载局部放大的情况其计算结果误差更小。由此可见，按我国 CECS 392:2014 规定的“线性静力计算时动力放大系数 A_d 取 2.0，非线性静力计算时动力放大系数 A_d 取 1.35” 进行计算时，动力放大系数 A_d 的作用区域考虑局部放大时的结果与动力计算的结果更吻合。

因此，可以得到如下适用性结论：对于新型装配式楼盖的抗连续倒塌计算，动力放大系数 A_d 按我国 CECS 392:2014 的建议取值时，宜考虑荷载的局部放大。在考虑荷载局部放大的基础上，按线性静力计算 A_d 取 2.0 和非线性静力计算 A_d 取 1.35 时，对于线性静力计算，除角部连接失效的计算结果与动力计算结果吻合较好外，其他区域连接失效的计算结果偏于保守；而对于非线性静力计算，结果均吻合较好。

表 7.10　1 号连接失效计算结果与误差对比

编号	位移 /mm					相对误差 /%			
	非线性动力	线性静力 a	线性静力 b	非线性静力 a	非线性静力 b	线性静力 a	线性静力 b	非线性静力 a	非线性静力 b
1	11.10	14.75	19.47	11.68	13.31	32.8	75.4	5.2	19.9
2	15.99	21.33	27.49	16.66	18.78	33.4	71.9	4.2	17.5
3	11.10	14.75	19.47	11.68	13.31	32.8	75.4	5.2	19.9
4	17.97	24.67	31.29	19.07	21.35	37.3	74.1	6.1	18.8
5	28.85	40.11	49.53	30.53	33.75	39.1	71.7	5.8	17.0
6	17.97	24.67	31.29	19.07	21.35	37.3	74.1	6.1	18.8
7	11.10	14.75	19.47	11.68	13.31	32.8	75.4	5.2	19.9
8	15.99	21.33	27.49	16.66	18.78	33.4	71.9	4.2	17.5
9	11.10	14.75	19.47	11.68	13.31	32.8	75.4	5.2	19.9
平均误差 /%						34.6	73.9	5.3	18.8

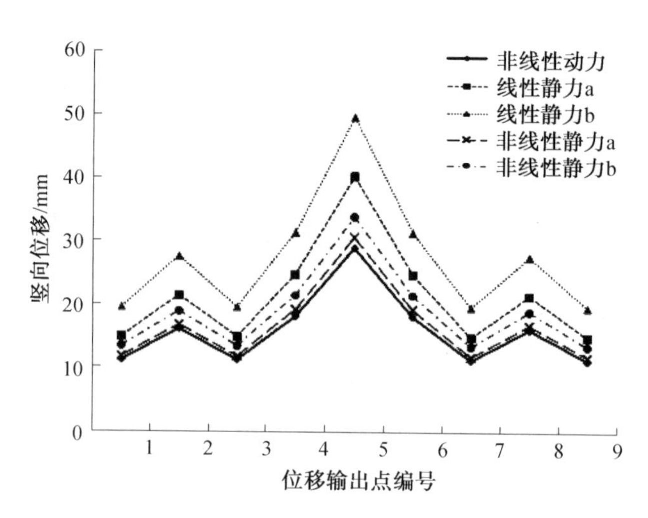

图 7.35　1 号连接失效下不同计算方法位移值比较

表 7.11　10 号连接失效计算结果与误差对比

编号	位移 /mm					相对误差 /%			
	非线性动力	线性静力 a	线性静力 b	非线性静力 a	非线性静力 b	线性静力 a	线性静力 b	非线性静力 a	非线性静力 b
1	11.69	15.46	20.78	12.38	14.22	32.2	77.8	5.9	21.7
2	17.00	20.61	29.74	17.18	20.34	21.2	75.0	1.1	19.7
3	11.88	12.88	20.15	11.27	13.79	8.4	69.6	−5.1	16.1
4	19.40	26.12	33.85	20.49	23.16	34.6	74.5	5.6	19.4
5	26.73	32.54	45.79	26.73	31.30	21.7	71.3	0.0	17.1
6	18.38	19.89	30.58	17.22	20.92	8.2	66.4	−6.3	13.8
7	11.69	15.46	20.78	12.38	14.22	32.2	77.8	5.9	21.7
8	17.00	20.61	29.74	17.18	20.34	21.2	75.0	1.1	19.7
9	11.88	12.88	20.15	11.27	13.79	8.4	69.6	−5.1	16.1
平均误差 /%						20.9	73.0	0.3	18.3

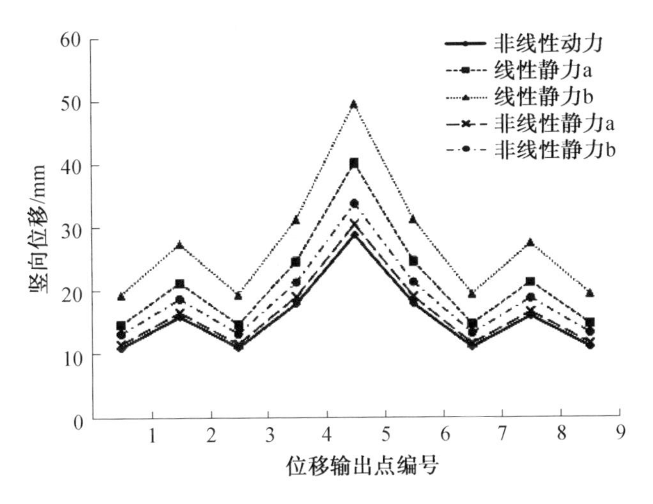

图 7.36　10 号连接失效下不同计算方法位移值比较

表 7.12　14 号连接失效计算结果与误差对比

编号	位移 /mm					相对误差 /%			
	非线性动力	线性静力 a	线性静力 b	非线性静力 a	非线性静力 b	线性静力 a	线性静力 b	非线性静力 a	非线性静力 b
1	11.58	15.65	20.62	12.40	14.12	35.1	78.1	7.0	21.9
2	17.96	24.94	31.93	19.43	21.84	38.9	77.8	8.2	21.6
3	11.58	15.65	20.62	12.40	14.12	35.1	78.1	7.0	21.9
4	16.55	20.43	29.51	17.04	20.18	23.4	78.3	3.0	22.0
5	24.96	31.04	44.02	25.61	30.10	24.3	76.3	2.6	20.6
6	16.55	20.43	29.51	17.04	20.18	23.4	78.3	3.0	22.0
7	11.36	12.25	19.70	10.90	13.49	7.8	73.4	−4.1	18.7
8	17.15	18.31	29.13	16.18	19.93	6.7	69.8	−5.7	16.2
9	11.36	12.25	19.70	10.90	13.49	7.8	73.4	−4.1	18.7
平均误差 /%						22.5	75.9	1.9	20.4

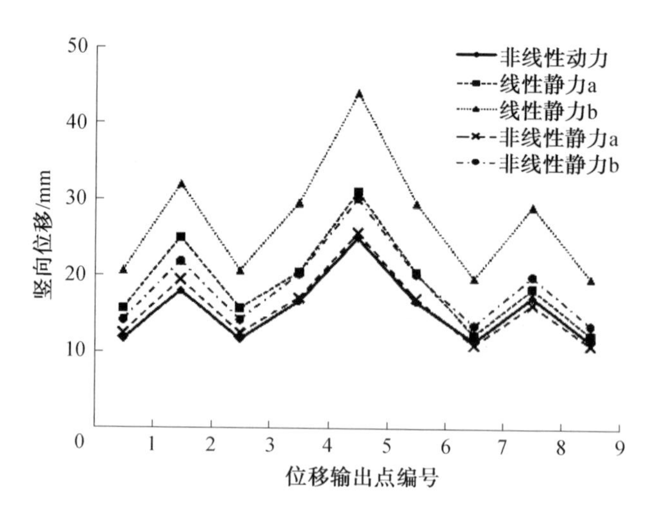

图 7.37　14 号连接失效下不同计算方法位移值比较

表 7.13　18 号连接失效计算结果与误差对比

编号	位移 /mm					相对误差 /%			
	非线性动力	线性静力 a	线性静力 b	非线性静力 a	非线性静力 b	线性静力 a	线性静力 b	非线性静力 a	非线性静力 b
1	9.57	10.25	18.39	9.77	12.59	7.1	92.1	2.0	31.5
2	13.92	14.26	26.79	13.98	18.32	2.4	92.4	0.5	31.6
3	9.55	9.62	18.35	9.54	12.56	0.8	92.2	−0.1	31.6
4	14.14	14.41	27.20	14.18	18.61	1.9	92.4	0.3	31.6
5	20.84	21.11	40.14	20.84	27.43	1.3	92.6	0.0	31.6
6	14.14	14.24	27.19	14.11	18.60	0.7	92.4	−0.2	31.6
7	9.55	9.58	18.36	9.52	12.57	0.4	92.3	−0.2	31.6
8	13.92	13.99	26.79	13.89	18.32	0.5	92.4	−0.2	31.6
9	9.55	9.59	18.36	9.53	12.57	0.4	92.1	−0.3	31.5
平均误差 /%						1.7	92.3	0.2	31.6

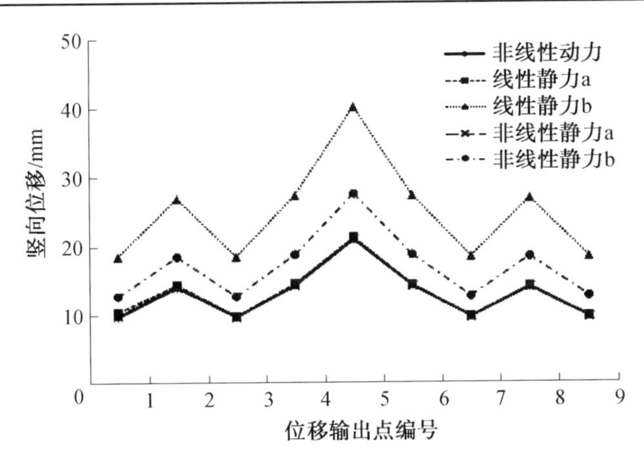

图 7.38　18 号连接失效下不同计算方法位移值比较

7.4.4　荷载动力放大系数的影响因素

1. 连接非线性的影响

7.4.3 节关于荷载动力放大系数的研究，在非线性分析时，计算模型通过设置塑性铰考虑了构件的材料非线性，但为简化分析而假定了弹簧连接的弹性阶段足够长，即没有考虑弹簧连接单元的非线性特性，可能会带来一定的误差。为了判断连接非线性的影响，考虑采用理想的弹塑性模型（即两折线模型，如图 7.39 所示）模拟连接的非线性特性，弹簧连接单元的屈服强度 P_y 取表 2.1 中的对应连接承载能力值，三个方向（一个轴向、两个切向）的非线性特性相互独立，非线性特性取拉、压对称，K_c 为初始刚度按表 2.1 中的对应连接刚度取值。

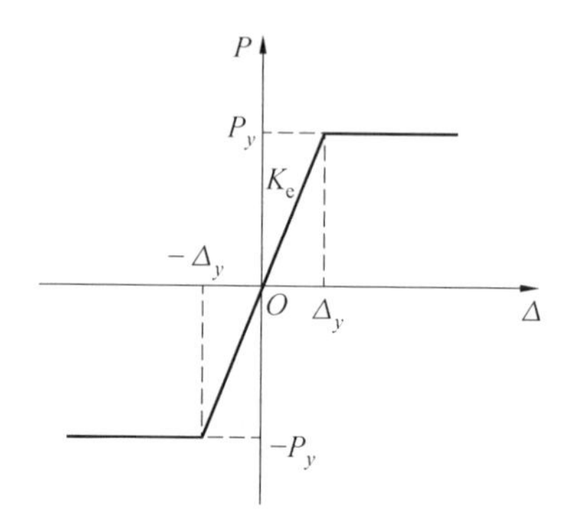

图 7.39　弹簧连接单元的单轴荷载－滑移曲线

添加弹簧连接单元的非线性特性后，考虑荷载局部放大，对 4.3.3 节的 4 种失效情况进行非线性计算，考虑连接非线性的工况记为“非线性动力 *”和“非线性静力 a^*”，计算结果和误差对比见表 7.14～7.17。可以看出，考虑了连接非线性后，各失效工况下的非线性动力计算得到的最大位移结果和静力计算得到的最终位移结果均略有增大，对于 1 号、10 号、14 号和 18 号连接失效下的非线性静力计算结果平均相对误差，依次由原来不考虑连接非线性的 5.3%、0.3%、1.9% 和 0.2% 增加到考虑连接非线性后的 8.8%、4.9%、4.9% 和 1.9%，增加的幅度非常小。由此可见，连接非线性对 7.4.3 节关于我国规范动力放大系数对新型装配式楼盖适用性结论的影响不大。

表 7.14　考虑连接非线性的 1 号连接失效计算结果与误差对比

编号	位移 /mm				相对误差 /%	
	非线性动力	非线性动力*	非线性静力 a	非线性静力 a*	非线性静力 a	非线性静力 a*
1	11.10	11.49	11.68	12.57	5.2	9.5
2	15.99	16.49	16.66	17.90	4.2	8.5
3	11.10	11.49	11.68	12.57	5.2	9.5
4	17.97	19.65	19.07	21.26	6.1	8.2
5	28.85	31.00	30.53	33.49	5.8	8.0
6	17.97	19.65	19.07	21.26	6.1	8.2
7	11.10	14.49	11.68	12.57	5.2	9.5
8	15.99	16.49	16.66	17.90	4.2	8.5
9	11.10	11.49	11.68	12.57	5.2	9.5
平均误差 /%					5.3	8.8

表 7.15　考虑连接非线性的 10 号连接失效计算结果与误差对比

编号	位移 /mm				相对误差 /%	
	非线性动力	非线性动力*	非线性静力 a	非线性静力 a*	非线性静力 a	非线性静力 a*
1	11.69	11.89	12.38	12.71	5.9	6.9
2	17.00	17.34	17.18	17.76	1.1	2.4
3	11.88	11.95	11.27	11.56	−5.1	−3.2
4	19.40	19.44	20.49	20.93	5.6	7.7
5	26.73	27.00	26.73	27.38	0.0	1.4
6	18.38	18.46	17.22	17.61	−6.3	−4.6
7	11.69	11.89	12.38	12.71	5.9	6.9
8	17.00	17.34	17.18	17.76	1.1	2.4
9	11.88	11.95	11.27	11.56	−5.1	−3.2
平均误差 /%					0.3	1.9

表 7.16　考虑连接非线性的 14 号连接失效计算结果与误差对比

编号	位移 /mm				相对误差 /%	
	非线性动力	非线性动力*	非线性静力 a	非线性静力 a*	非线性静力 a	非线性静力 a*
1	11.58	11.77	12.40	12.97	7.0	10.2
2	17.96	18.22	19.43	20.30	8.2	11.4
3	11.58	11.77	12.40	12.97	7.0	10.2
4	16.55	17.20	17.04	18.28	3.0	6.3
5	24.96	25.42	25.61	27.10	2.6	6.6
6	16.55	17.20	17.04	18.28	3.0	6.3
7	11.36	11.64	10.90	11.43	−4.1	−1.8
8	17.15	17.47	16.18	16.95	−5.7	−3.0
9	11.36	11.64	10.90	11.43	−4.1	−1.8
平均误差 /%					1.9	4.9

表 7.17　考虑连接非线性的 18 号连接失效计算结果与误差对比

编号	位移 /mm				相对误差 /%	
	非线性动力	非线性动力*	非线性静力 a	非线性静力 a*	非线性静力 a	非线性静力 a*
1	9.57	9.57	9.77	9.90	2.0	3.5
2	13.92	13.92	13.98	14.18	0.5	1.9
3	9.55	9.55	9.54	9.67	−0.1	1.3
4	14.14	14.14	14.18	14.50	0.3	2.6
5	20.84	20.84	20.84	21.23	0.0	1.8

续表7.17

编号	位移/mm				相对误差/%	
	非线性动力	非线性动力*	非线性静力 a	非线性静力 a*	非线性静力 a	非线性静力 a*
6	14.14	14.14	14.11	14.44	−0.2	2.1
7	9.55	9.55	9.52	9.66	−0.2	1.2
8	13.92	13.92	13.89	14.09	−0.2	1.2
9	9.55	9.56	9.53	9.66	−0.3	1.1
平均误差/%					0.2	1.9

2. 密柱框架抗侧刚度的影响

本书大跨装配式组合楼盖在实际工程中受周边密柱框筒的约束，图2.3所示即为一个典型的工程案例。工程中楼盖装配单元和外围密柱束筒钢框架装配单元都采用的是标准化构件，组成楼盖的相关构件截面类型和尺寸大小是标准化的，因此实际工程中所有楼盖均是统一的；柱由于受力大小随层高不同，截面尺寸是随层高变化的，外围密柱束筒钢框架的框架梁和框架柱截面类型和尺寸大小主要有表7.18中所示的几种。

表7.18　实际工程中框架梁和框架柱截面类型和尺寸

构件	截面	材质	所用楼层
边柱	H 1 030×407×30×48	Q420	1−20F
	H 1 000×400×19×36		21−40F
	H 982×400×16.5×27		40−57F
角柱	箱型 900×440×40×50	Q420	1−20F
	箱型 900×440×30×30		21−40F
	箱型 900×440×25×25		40−57F
框架梁	H 800×300×14×26	Q345	1−57F

大跨装配式桁架梁组合楼盖受到外围密柱束筒钢框架的侧向约束，随着约束的强弱不同，楼盖的受力性能也不同，密柱框架抗侧刚度的强弱可能对7.3.2节的规范适用性分析结论有一定的影响，因此本节将进行不同框架柱截面下的计算与分析。7.3.2节的计算模型所采用的框架柱截面组合为“边柱：H 1030×407×30×48＋角柱：箱形900×440×40×50”，为反映工程实际情况，本节从表7.18中选取柱截面，增加两种不同的柱截面的工况，分别以“边柱：H 1000×400×19×36＋角柱：箱形900×440×30×30”的组合为工况1，“边柱：H 982×400×16.5×27＋角柱：箱形900×440×25×25”的组合为工况2，计算方法和内容与7.4.3节相同。显然，7.4.3节的柱截面组合的抗侧刚度最大，工况2的柱截面组合的抗侧刚度最小。以1号连接失效为例，两种工况下的计算结果见表7.19～7.20。

表 7.19　工况 1 下的 1 号连接失效计算结果与误差对比

编号	位移 /mm					相对误差 /%			
	非线性动力	线性静力 a	线性静力 b	非线性静力 a	非线性静力 b	线性静力 a	线性静力 b	非线性静力 a	非线性静力 b
1	11.52	15.36	20.27	12.15	13.85	33.3	75.9	5.5	20.2
2	16.55	22.14	28.55	17.29	19.50	33.8	72.5	4.5	17.9
3	11.52	15.36	20.27	12.15	13.85	33.3	75.9	5.5	20.2
4	18.66	25.60	32.49	19.80	22.17	37.2	74.1	6.1	18.8
5	29.85	41.45	51.27	31.57	34.93	38.9	71.8	5.8	17.0
6	18.66	25.60	32.49	19.80	22.17	37.2	74.1	6.1	18.8
7	11.52	15.36	20.27	12.15	13.85	33.3	75.9	5.5	20.2
8	16.55	22.14	28.55	17.29	19.50	33.8	72.5	4.5	17.9
9	11.52	15.36	20.27	12.15	13.85	33.3	75.9	5.5	20.2
平均误差 /%						34.9	74.3	5.4	19.0

表 7.20　工况 2 下的 1 号连接失效计算结果与误差对比

编号	位移 /mm					相对误差 /%			
	非线性动力	线性静力 a	线性静力 b	非线性静力 a	非线性静力 b	线性静力 a	线性静力 b	非线性静力 a	非线性静力 b
1	12.34	16.56	21.85	13.10	14.92	34.2	77.1	6.1	20.9
2	17.63	23.74	30.64	18.54	20.92	34.7	73.8	5.2	18.7
3	12.34	16.56	21.85	13.10	14.92	34.2	77.1	6.1	20.9
4	19.95	27.41	34.84	21.21	23.76	37.4	74.6	6.3	19.1
5	31.69	44.06	54.66	33.61	37.23	39.0	72.5	6.0	17.5
6	19.95	27.41	34.84	21.21	23.76	37.4	74.6	6.3	19.1
7	12.34	16.56	21.85	13.10	14.92	34.2	77.1	6.1	20.9
8	17.63	23.74	30.64	18.54	20.92	34.7	73.8	5.2	18.7
9	12.34	16.56	21.85	13.10	14.92	34.2	77.1	6.1	20.9
平均误差 /%						35.6	75.3	6.0	19.6

对比表 7.10 与表 7.19、表 7.20 的结果可以看出，随着柱抗侧刚度的降低，楼盖竖向位移逐渐增大，动力放大系数的相对误差和平均误差也逐渐增大，但增大的幅度很小，平均误差汇总见表 7.21，可以看出变化的幅度仅在 1 至 2 个百分点之间。由此可见密柱框架抗侧刚度的改变，对 7.4.3 节关于我国规范动力放大系数对新型装配式楼盖适用性结论的影响不大。

表 7.21　各工况下的 1 号连接失效计算结果平均误差对比

工况	线性静力 a	线性静力 b	非线性静力 a	非线性静力 b
4.3.3 节的工况	34.6%	73.9%	5.3%	18.8%
工况 1	34.9%	74.3%	5.4%	19.0%
工况 2	35.6%	75.3%	6.0%	19.6%

7.5　本章小结

本章以 2.2 节点介绍实际装配式结构工程项目为背景，以新型装配式桁架梁组合楼盖体系为研究对象，通过 Midas 软件建立了楼盖算例模型，进行了新型装配式楼盖关键连接判别方法研究、连接失效模拟方法研究和我国规范动力放大系数取值规定的适用性研究，得到以下结论：

(1) 基于节点竖向位移、基于构件及连接单元内力合力大小、基于结构基本周期和基于结构最大竖向位移的重要性分析结果均较为一致，对于楼盖内部区连接对，上弦连接的重要性普遍大于下弦的，而对于楼盖周边连接对，则是下弦连接的重要性大于上弦的，这与概念分析的推测相吻合。

(2) 采用四种不同响应参数进行敏感性计算和重要性分析，均可以较快地找出新型楼盖中的关键连接，其中以整体结构响应(结构基本周期和结构最大竖向位移) 为参数的敏感性计算采用了计算速度较快的模态分析和静力计算，灵敏性好、结果区分度强、操作简单；而以结构构件响应(节点竖向位移和构件及连接单元内力合力大小) 为参数的敏感性计算稳定性较好，因此实际运用时可以从这两类响应参数中挑选合适的参数进行对比验证，提高准确性。

(3) 对于新型装配式楼盖关键连接的判别，采用基于结构响应的敏感性计算和重要性分析方法是可行的，可以有效地找出结构中的关键连接。对于本书算例结构的楼盖内部区连接，以 1、2、3 和 5 号连接作为关键连接；对于楼盖周边连接，以 9、10、13 和 14 号连接作为关键连接。

(4) 瞬时加载法和等效荷载瞬时卸载法中加载时间 t_a、t'_a 和全动力等效荷载瞬时卸载法中失效段时长 t_d 取不大于剩余结构第一阶竖向振动周期的 0.1 倍和 0.01 s中的较小值时较为合理；全动力等效荷载瞬时卸载法中加载段时长 t_p 可取不小于 2 倍该周期，持荷段时长 t_c 可取不小于 20 倍该周期。

(5) 楼盖结构的初始状态对于新型装配式楼盖的动力分析不可忽略，应采用能够考虑初始状态的等效荷载瞬时卸载法或全动力等效荷载瞬时卸载法来模拟楼盖关键连接的失效过程。两种方法对连接失效后结构响应的计算结果是一致的，但等效荷载瞬时卸载法计算耗时短、效率高，是一种更适合工程应用的方法。

(6) 对于本书新型装配式楼盖，线性静力计算的结果相较于非线性静力计算的偏保守，考虑荷载局部放大的计算结果与动力分析的更吻合。在考虑荷载局部放大的基础上，动力放大系数 A_d 按线性静力计算取 2.0 和非线性静力计算取 1.35 时，对于线性静力计算，除角部连接失效的结果吻合较好外，其他区域连接失效的计算结果偏于保守；对于非线性静力计算，各个位置连接失效的结果均吻合较好。

(7) 考虑连接非线性的计算结果其平均相对误差略有增加，但增幅非常小；密柱框架抗侧刚度的减小使位移计算结果有所增加，平均相对误差也逐渐增大，但增幅也非常小。因此连接非线性和密柱框架抗侧刚度变化对上述针对我国规范适用性的结论影响不大。

参考文献

[1] KUNNATH S K, PANAHSHAHI N, REINHORN A M. Seismic response of RC buildings with inelastic floordiaphragms[J]. Journal of Structural Engineering, 1991, 117(4): 1218-1237.

[2] MOON S K, LEE D G. Effects ofinplane floor slab flexibility on the seismic behaviour of building structures[J]. Engineering Structures, 1994, 16(2): 129-144.

[3] 庞瑞. 新型预制装配式楼盖结构承载力及平面内变形的研究[D]. 南京:东南大学, 2008.

[4] 中华人民共和国住房和城乡建设部. 建筑抗震设计规范:GB 50011—2010[S]. 北京: 中国建筑工业出版社, 2010.

[5] CLELAND N M, GHOSH S K. Untopped precast concrete diaphragms in high-seismic applications[J]. PCI journal, 2002, 47(6): 94-99.

[6] MCKEEVERD B. Engineered wood products: a response to the changing timber resource[J]. Pacific Rim Wood Market Report, 1997, 123(5): 15.

[7] MENEGOTTO M, MONTI G. Waved joint for seismic-resistant precast floor diaphragms[J]. Journal of Structural Engineering, 2005, 131(10): 1515-1525.

[8] MOUSTAFA S E. Effectiveness of shear-friction reinforcement in shear diaphragm capacity of hollow-core slabs[J]. PCI Journal, 1981, 26(1): 118-133.

[9] SCHNELLENBACH-HELD M, PFEFFERK. Punching behavior of biaxial hollow slabs[J]. Cement and concrete composites, 2002, 24(6): 551-556.

[10] CHUNG L, LEE S H, CHO S H, et al. Investigations on flexural strength and stiffness of hollow slabs[J]. Advances in Structural Engineering, 2010, 13(4): 591-601.

[11] 庞瑞, 梁书亭, 朱筱俊. 国外预制混凝土双 T 板楼盖体系的研究[J]. 工业建筑, 2011, 4(3):121-126.

[12] FRANGI A, FONTANA M, MENSINGER M. Innovative composite

slab system with integrated installation floor[J]. Structural Engineering International, 2009, 19(4): 404-409.

[13] CECCOTTI A. Composite concrete-timber structures[J]. Progress in structural engineering and materials, 2002, 4(3): 264-275.

[14] YEOH D E C. Behaviour and design of timber-concrete composite floor system[D]. New Zealand:University of Canterbury, Christchurch, 2010.

[15] FRAGIACOMO M, LUKASZEWSKA E. Development of prefabricated timber - concrete composite floor systems[J]. Proceedings of the Institution of Civil Engineers-Structures and Buildings, 2011, 164(2): 117-129.

[16] YEOH D, FRAGIACOMO M, DE FRANCESCHI M, et al. State of the art on timber-concrete composite structures: Literature review[J]. Journal of structural engineering, 2011, 137(10): 1085-1095.

[17] BULL D K. Understanding the complexities of designing diaphragms in buildings for earthquakes[J]. Bulletin of the New Zealand Society for Earthquake Engineering, 2004, 37(2): 70-88.

[18] MIRANDA E, TAGHAVI S. Approximate floor acceleration demands in multistory buildings. Ⅰ: Formulation[J]. Journal of structural engineering, 2005, 131(2): 203-211.

[19] TAGHAVI S, MIRANDA E. Approximate floor acceleration demands in multistory buildings. Ⅱ: Applications[J]. Journal of Structural Engineering, 2005, 131(2): 212-220.

[20] RODRIGUEZ M E, RESTREPO J I, CARR A J. Earthquake-induced floor horizontal accelerations in buildings[J]. Earthquake engineering & structural dynamics, 2002, 31(3): 693-718.

[21] FLEISCHMAN R B, FARROW K T. Dynamic behavior of perimeter lateral-system structures with flexible diaphragms[J]. Earthquake Engineering & Structural Dynamics, 2001, 30(5): 745-763.

[22] RAY-CHAUDHURI S, HUTCHINSON T C. Effect of nonlinearity of frame buildings on peak horizontal floor acceleration[J]. Journal of earthquake engineering, 2011, 15(1): 124-142.

[23] FLEISCHMAN R B, FARROW K T, EASTMAN K. Seismic response of perimeter lateral-system structures with highly flexible diaphragms[J]. Earthquake Spectra, 2002, 18 (3):251-286.

[24] RODRIGUEZ M E, RESTREPO J I, BLANDÓN J J. Seismic design

forces for rigid floor diaphragms in precast concrete building structures[J]. Journal of structural engineering, 2007, 133(11): 1604-1615.

[25] 中华人民共和国住房和城乡建设部. 非结构构件抗震设计规范:JGJ 339—2015 [S]. 北京:中国建筑工业出版社, 2015.

[26] 陈志勇,陈松来,樊承谋,等. 木结构钉连接研究进展[J]. 结构工程师, 2009, 25(4):152-156.

[27] PATTON-MALLORY M, PELLICANE P J, SMITH F W. Modeling bolted connections in wood[J]. Journal of structural engineering, 1997, 123(8): 1054-1062.

[28] PELLICANE P J, STONE J L, DANIEL V M. Generalized model for lateral load slip of nailed joints[J]. Journal of Materials in Civil Engineering, 1991, 3(1): 60-77.

[29] SÀ RIBEIRO R A, PELLICANE P J. Modeling load-slip behavior of nailed joints[J]. Journal of Materials in Civil Engineering, 1992, 4(4): 385-398.

[30] JOHNSSON H, PARIDA G. Prediction model for the load-carrying capacity of nailed timber joints subjected to plug shear[J]. Materials and structures, 2013, 46(12): 1973-1985.

[31] DEBONIS A L, BODIGJ. Nailed wood joints under combined loading[J]. Wood Science and Technology, 1975, 9(2): 129-144.

[32] ROSOWSKY D V, SCHIFF S D. Combined loads on sheathing to framing fasteners in wood construction[J]. Journal of architectural engineering, 1999, 5(2): 37-43.

[33] 祝恩淳,陈志勇,潘景龙. 覆面板钉连接的承载性能试验研究[J]. 同济大学学报(自然科学版), 2011, 39(9):1280-1285.

[34] 周红梅. 木结构钉连接力学性能试验研究[D]. 长沙:中南林业科技大学,2015.

[35] 熊海贝,化明星,康加华,等. 轻型木结构钉节点低周反复试验研究[J]. 结构工程师,2011, 27:195-200.

[36] 熊海贝,潘志付,康加华,等. 轻型木结构面板钉节点单调加载试验研究[J]. 结构工程师, 2011, 27(6), 106-112.

[37] 杜敏,费本华,谢宝元,等. 轻型木结构中钉节点试验研究[J]. 建筑结构, 2012, 42(7), 142-145.

[38] 邹晓静,郭云,刘雁. 轻型木结构中钉节点试验研究[J]. 建筑结构, 2010,

40(3):111-114.

[39] 陈志勇,祝恩淳,潘景龙. 轻型木结构中覆面板钉连接承载性能试验研究[J]. 土木建筑与环境工程, 2010, 32(6):47-53.

[40] SANTOS C L, DE JESUS A M P, MORAIS J J L, et al. A Comparison Between the EN 383 and ASTM D5764 Test Methods for Dowel-Bearing Strength Assessment of Wood: Experimental and Numerical Investigations[J]. Strain, 2010, 46(2): 159-174.

[41] 王春明,刘一楠,孟黎鹏, 等. 木结构销钉类紧固件连接试验方法简介[J]. 林业机械与木工设备, 2011, 39(11), 28-32.

[42] XU J, DOLAN J D. Development of nailed wood joint element in ABAQUS[J]. Journal of structural engineering, 2009, 135(8): 968-976.

[43] NISHIYAMA N, ANDO N. Analysis of load-slip characteristics of nailed wood joints: application of a two-dimensional geometric nonlinear analysis[J]. Journal of Wood Science, 2003, 49(6): 505-512.

[44] MEGHLAT E M, OUDJENE M, AIT-AIDER H, et al. A new approach to model nailed and screwed timber joints using the finite element method[J]. Construction and Building Materials, 2013, 41: 263-269.

[45] DAVIES G, ELLIOTT K S, OMAR W. Horizontal diaphragm action in precast concrete floors[J]. Structural engineer, 68(2), 25-33.

[46] MOUSTAFA S E. Effectiveness of shear-friction reinforcement in shear diaphragm capacity of hollow-core slabs[J]. PCI J, 1981, 26(1): 118-133.

[47] MENEGOTTO M, MONTI G. Waved joint for seismic-resistant precast floor diaphragms[J]. Journal of Structural Engineering, 2005, 131(10): 1515-1525.

[48] MEJIA-MCMASTER J C, PARK R. Tests on special reinforcement for the end support of hollow-core slabs[J]. PCI J, 1994, 39(5): 90-105.

[49] CAO L, NAITO C J. Design of precast diaphragm chord connections for in-plane tension demands[J]. Journal of Structural Engineering, 2007, 133(11): 1627-1635.

[50] CAO L, NAITO C. Precast double-tee floor connectors; Part Ⅱ: Shear performance[J]. PCI J, 2009, 54(2): 97-115.

[51] FLEISCHMAN R B, NAITO C J, RESTREPO J, et al. Seismic design methodology for precast concrete diaphragms, part 1: Design framework[J]. PCI journal, 2005, 50(5): 68-83.

[52] FLEISCHMAN R B, NAITO C J, RESTREPO J, et al. Seismic design methodology for precast concrete diaphragms, Part 2: Research program[J]. PCI Journal, 2005, 51(6):2-19.
[53] FLEISCHMAN R B, WAN G. Appropriate overstrength of shear reinforcement in precast concrete diaphragms[J]. Journal of Structural Engineering, 2007, 133(11): 1616-1626.
[54] NAITO C, CAO L, PETER W. Precast double-tee floor connectors; Part Ⅰ: Tension performance[J]. PCI J, 2009, 54(1): 49-66.
[55] SCHOETTLER M J, BELLERI A, DICHUAN Z, et al. Preliminary results of the shake-table testing for the development of a diaphragm seismic design methodology[J]. PCI Journal, 2009, 54(1): 100-124.
[56] WAN G, FLEISCHMAN R B, ZHANG D. Effect of spandrel beam to double tee connection characteristic on flexure-controlled precast diaphragms[J]. Journal of Structural Engineering, 2012, 138(2): 247-257.
[57] ZHANG D, FLEISCHMAN R B, NAITO C J, et al. Experimental evaluation of pretopped precast diaphragm critical flexure joint under seismic demands[J]. Journal of Structural Engineering, 2011, 137(10): 1063-1074.
[58] NAITO C, RENR. An evaluation method for precast concrete diaphragm connectors based on structural testing[J]. PCI journal, 2013, 58(2).
[59] REN R, NAITO C J. Precast concrete diaphragm connector performance database[J]. Journal of structural engineering, 2013, 139(1): 15-27.
[60] WAN G, ZHANG D, FLEISCHMAN R B, et al. A coupled connector element for nonlinear static pushover analysis of precast concrete diaphragms[J]. Engineering Structures, 2015, 86: 58-71.
[61] 梁书亭,庞瑞,朱筱俊,等. 细部构造对预制混凝土楼板发卡式连接件抗拉(压)性能的影响[J]. 工业建筑,2011, 41(10):59-63.
[62] 庞瑞,梁书亭,朱筱俊,等. 细部构造对预制 RC 楼板发卡式连接件面内抗剪性能的影响[J]. 工业建筑,2011,41(6),79-83.
[63] 庞瑞. 新型预制装配式 RC 楼盖体系力学性能与抗震设计方法[D]. 南京:东南大学,2011.
[64] 张硕. 全装配式楼盖板缝连接节点复合受力机理研究[D]. 郑州:河南工业大学,2014.
[65] 张爱林,张劲爱,刘学春. 装配式钢结构楼板拼接板缝关键问题研究[J]. 工业建筑,2014, 44(8), 39-45.

[66] 赵西安.楼板变形对高层建筑结构内力与位移的影响及计算[J].建筑技术通讯,1982,7,1-9.

[67] 赵西安.现代高层建筑结构设计[M].北京:科学出版社,1992.

[68] JU S H, LIN M C. Comparison of building analyses assuming rigid or flexible floors[J]. Journal of Structural Engineering, 1999, 125(1): 25-31.

[69] 中华人民共和国住房和城乡建设部. 建筑抗震试验规程:JGJ/T 101—2015[S]. 北京:中国建筑工业出版社,2015.

[70] 钟锡根,杨翠如,刘大海. 高层建筑楼板水平地震内力的计算[J]. 建筑结构学报,1989. 20 (5):46-56.

[71] 刘大海,钟锡根,杨翠如.高层建筑抗震设计[M].北京:中国建筑工业出版社,1993.

[72] 刘大海,钟锡根,杨翠如. 装配式高层建筑抗震设计[J]. 结构工程师,1990,4:1-8.

[73] 刘大海,曾凡生,王敏,等. 半刚性楼盖房屋的抗震空间分析切[J].建筑结构,2007,37 (10):30-38.

[74] 侯雪岩,骆万康.装配式钢筋混凝土楼盖在水平荷载往复作用下的变形性能[J]. 重庆建筑大学学报, 1985, 2:30-35.

[75] 侯雪岩, 骆万康. 装配式钢筋砼楼盖在水平荷载往复作用下的变形性能[J]. 建筑结构, 1988, 6:36-51.

[76] 李硕,何敏娟. 轻型木楼盖抗水平力研究进展[J]. 结构工程师, 2010, 26(3):176-180.

[77] FUENTES S, FOURNELY E, BOUCHAÏR A. Experimental study of the in-plan stiffness of timber floor diaphragms[J]. European journal of environmental and civil engineering, 2014, 18(10): 1106-1117.

[78] BRIGNOLA A, PAMPANIN S, PODESTÀ S. Experimental evaluation of the in-plane stiffness of timber diaphragms[J]. Earthquake Spectra, 2012, 28(4): 1687-1709.

[79] FILIATRAULT A, FISCHER D, FOLZ B,et al. Experimental parametric study on the in-plane stiffness of wood diaphragms[J]. Canadian Journal of Civil Engineering, 2002, 29(4): 554-566.

[80] BOURNAS D A, NEGRO P, MOLINA F J. Pseudodynamic tests on a full-scale 3-storey precast concrete building: behavior of the mechanical connections and floor diaphragms[J]. Engineering Structures, 2013, 57: 609-627.

[81] NEGRO P, BOURNAS D A, MOLINA F J. Pseudodynamic tests on a

full-scale 3-storey precast concrete building: global response[J]. Engineering structures, 2013, 57: 594-608.
[82] 刘季. 多层砖石结构房屋空间作用的实测与分析[J]. 建筑结构，1981，4:13-22
[83] 武汉建筑材料工业学院. 石家庄 KQ-79 型空框架轻板建筑三层空间框架整体破坏性试验研究[J]. 地震工程与工程振动，1982,6:9-25.
[84] SARKISSIAN L, KHALILI J K, ZAHRAEI S M. Impact of Joists Direction on the Diaphragm Behavior of Composite Floor Systems[J], JSEE,2006, 8(1):29-38.
[85] 马仲，何敏娟. 马人乐. 轻型钢木混合楼盖水平抗侧性能试验[J]. 振动与冲击，2014，(8):90-95.
[86] WILSON A, QUENNEVILLE P J H, INGHAM J M. In-plane orthotropic behavior of timber floor diaphragms in unreinforced masonry buildings[J]. Journal of Structural Engineering, 2014, 140(1): 4013038.
[87] SCHLAICH J, SCHÄFER K, JENNEWEIN M. Toward a consistent design of structural concrete[J]. PCI journal, 1987, 32(3): 74-150.
[88] SAFFARINI H S, QUDAIMAT M M. In-plane floor deformations in RC structures[J]. Journal of Structural Engineering, 1992, 118(11): 3089-3102.
[89] 聂建国，陈戈. 钢框架中组合楼盖的面内变形[J]. 力学与实践，2006，28(1):53-57
[90] 詹滨. 地下室顶板刚性及其对高层建筑结构性能的影响研究[D]. 重庆：重庆大学，2007.
[91] KIM J, AN D. Evaluation of progressive collapse potential of steel moment frames considering catenary action[J]. The structural design of tall and special buildings, 2009, 18(4): 455-465.
[92] 李易，陆新征，叶列平. 钢筋混凝土框架抗连续倒塌机制研究[J]. 建筑科学，2011，27(5):12-18.
[93] 李易，叶列平，陆新征. 基于能量方法的 RC 框架结构连续倒塌抗力需求分析 Ⅰ:梁机制[J]. 建筑结构学报，2011，32(11):1-8.
[94] 李易，陆新征，叶列平. 基于能量方法的 RC 框架结构连续倒塌抗力需求分析 Ⅱ:悬链线机制[J]. 建筑结构学报，2011，32(11):9-16.
[95] KHANDELWAL K, EL-TAWILS. Pushdown resistance as a measure of robustness in progressive collapse analysis[J]. Engineering Structures, 2011, 33(9): 2653-2661.

[96] 陆新征，江见鲸.世界贸易中心飞机撞击后倒塌过程的仿真分析[J].土木工程学报，2001，34(6):8-10.
[97] 熊进刚，蔡官民，李艳.带转换梁的高层建筑结构抗连续倒塌性能分析[J].南昌大学学报(工科版)，2011，33(1):33-37.
[98] 王赞，刘国友，王寒冰,等.考虑楼梯的框架结构连续倒塌分析[J].建筑结构,2012，42(9):90-93.
[99] 刘金凤.框架结构抗连续倒塌概率评价方法研究[D].大连:大连理工大学,2014.
[100] 黄鑫，陈俊岭，马人乐.水平加强层对钢框架结构抗连续倒塌性能的影响[J].解放军理工大学学报(自然科学版)，2012，13(1):80-87.
[101] 刁延松，孙玉婷，曹亚东.偏心支撑对高层钢框架结构抗连续倒塌性能的影响[J].钢结构，2016，31(7):53-59.
[102] 刘世鹏.考虑梁柱节点受力机理的钢框架抗连续倒塌性能研究[D].天津:天津大学,2015.
[103] MITCHELL D, COOK W D. Preventing progressive collapse of slab structures[J]. Journal of Structural Engineering, 1984, 110(7): 1513-1532.
[104] SASANI M, BAZAN M, SAGIROGLU S. Experimental and analytical progressive collapse evaluation of actual reinforced concrete structure[J]. ACI Structural Journal, 2007, 104(6): 731-739.
[105] 易伟建，何庆锋，肖岩.钢筋混凝土框架结构抗倒塌性能的试验研究[J].建筑结构学报，2007，28(5):104-109.
[106] 熊进刚，吴赵强，何以农,等.钢筋混凝土空间框架结构连续倒塌性能的试验研究[J].南昌大学学报(工科版)，2012，34(3):229-232.
[107] 王磊，陈以一，李玲.引入初始破坏的桁梁结构倒塌试验研究[J].同济大学学报(自然科学版)，2010，38(5):644-649.
[108] 韩春，袁大伟，李青宁,等.新型预制装配式楼盖抗倒塌试验研究[J].地震工程学报，2017，39(1):45-51.
[109] MARJANISHVILI S, AGNEW E. Comparison of various procedures for progressive collapse analysis[J]. Journal of performance of constructed facilities, 2006, 20(4): 365-374.
[110] 舒赣平，凤俊敏，陈绍礼.对英国防结构倒塌设计规范中拉结力法的研究[J].钢结构，2009，24(6):51-56.
[111] 梁益，陆新征，李易,等.国外RC框架抗连续倒塌设计方法的检验与分析[J].建筑结构，2010，40(2):8-12.
[112] 蔡建国，王蜂岚，冯健,等.建筑结构连续倒塌概念设计[J].工业建筑，

2011，41(2)：74-77.
[113] 张建兴. 多层钢框架连续倒塌性能和设计方法研究[D]. 北京：清华大学，2013.
[114] 王全凤，叶桦. 关于高层建筑楼板刚度的若干问题[J]. 固体力学报，2005，26(S1)：164-166.
[115] 叶桦. 影响框剪结构楼板刚性的参数分析[D]. 泉州：华侨大学，2002.
[116] 吕大刚，宋鹏彦，崔双双，等. 结构鲁棒性及其评价指标[J]. 建筑结构学报，2011，32(11)：44-54.
[117] 杨逢春. 基于结构体系可靠度的空间结构杆件重要性分析[D]. 杭州：浙江大学，2015.
[118] 胡晓斌，钱稼茹. 结构连续倒塌分析改变路径法研究[J]. 四川建筑科学研究，2008，34(4)：8-13.
[119] 叶列平，林旭川，曲哲，等. 基于广义结构刚度的构件重要性评价方法[J]. 建筑科学与工程学报，2010，27(1)：1-6.
[120] 张雷明，刘西拉. 框架结构能量流网络及其初步应用[J]. 土木工程学报，2007，40(3)：45-49.
[121] PANDEY P C，BARAI S V. Structural sensitivity as a measure of redundancy[J]. Journal of Structural Engineering，1997，123(3)：360-364.
[122] 蔡建国，王蜂岚，韩运龙，等. 大跨空间结构重要构件评估实用方法[J]. 湖南大学学报(自然科学版)，2011，38(3)：7-11.
[123] 张再华，舒兴平，贺冉，等. 全装配式桁架梁组合楼盖平面内刚性性能分析及评估[J]. 建筑结构学报，2017，38(8)：105-112.
[124] 舒兴平，张再华，贺冉，等. 全装配式桁架梁组合楼盖平面内刚性性能试验研究[J]. 建筑结构学报，2017，38(8)：93-104.
[125] ZHANG Z，SHU X，HE R. A kind of high rise steel frame assembly and its simplified structural analysis[J]. The IES Journal Part A：Civil & Structural Engineering，2015，8(2)：145-154.
[126] 蔡建国，王蜂岚，冯健，等. 大跨空间结构连续倒塌分析若干问题探讨[J]. 工程力学，2012，29(3)：143-149.
[127] 朱奕锋，冯健，蔡建国，等. 梅江会展中心张弦桁架抗连续倒塌分析[J]. 建筑结构学报，2013，34(3)：45-53.
[128] 胡晓斌，钱稼茹. 单层平面钢框架连续倒塌动力效应分析[J]. 工程力学，2008，25(6)：38-43.
[129] 钱稼茹，胡晓斌. 多层钢框架连续倒塌动力效应分析[J]. 地震工程与工程振动，2008，28(2)：8-14.

[130] 张云鹏，剧锦三，蒋秀根.考虑初始静力荷载效应的框架结构部分底层柱失效时的瞬时动力分析[J]. 中国农业大学学报，2007，12(4):90-94.

[131] 舒兴平，廖荣庭，卢倍嵘. 远大小天城楼盖人致振动舒适度实测及研究[J]. 工业建筑，2015，45(10):36-41.

[132] CLOUGH R，PENZIEN J. 结构动力学[M].2 版. 北京:高等教育出版社，2006.

[133] 龙驭球，包世华. 结构力学 [M]. 2 版.北京:高等教育出版社，2006.

[134] TSAI M H. An analytical methodology for the dynamic amplification factor in progressive collapse evaluation of building structures[J]. Mechanics Research Communications，2010，37(1)：61-66.